KB260196

Patterns in Evolution

진화의 패턴

Patterns in Evolution: The New Molecular View

by Roger Lewin

Patterns in Evolution

진화의 패턴

로지 르윈 · 진병욱 옮김

사이언스 북스
SCIENCE BOOKS

Patterns in Evolution

감사의 글

자진화학이 태동할 때에 그것을 직접 목격하고 연구자로서 참여하는 특권을 누릴 수 있게 된 것은 일일이 거명할 수 없을 정도로 많은 사람들의 격려와 지지 덕분이다. 그러나 무례를 범치 않기 위해서 나는 특히 모리스 굿맨, 데이비드 힐리스 및 에밀 주커캔들에게 감사함을 표하고자 한다. 알프레드 슬론 재단은 슬기롭게도 마이클 타이텔바움의 주도하에 젊은 연구자들을 지원함으로써 분자진화학 연구를 촉진시키는 프로그램을 확립했다. 이 책을 준비하는 동안 재단의 도움에 감사한다. 모친에게 가장 깊은 사랑과 존경을 드리고 싶다.

암, 수 나비들을 보면 자연의 다양함과 아름다움을 느낄 수 있는데, 생물학자들은 자연사의 전통적인 의문점을 해결하기 위하여 현대의 분자적 기법을 적용하려고 하는 중이다.

자연을 보는 새로운 수단

1

분자생물학이라는 새로운 학문은
생물학자가 오랫동안 답하고 싶었으나
손이 닿지 않았던 문제들을 다루는 방법에
일대 혁신을 가져왔다.

동료들의 말에 따르자면, 스코틀랜드 에든버러 대학교의 동물학자인 니콜라스 데이비스Nicholas Davis는 동물의 행동을 주의 깊게 관찰하는 뛰어난 학자 중의 한 사람이다. 침팬지나 사자처럼 화려해 보이는 연구 재료를 선택하는 대신에 데이비스는 케임브리지 대학교의 식물원에서 바위종다리dunnock를 관찰하는 데 수십 년을 보냈다. 외견상으로는 평범하게 보이는 이 작은 갈색 새들은 결코 단순하지 않은 사회 생활을 하고 있다. 예를 들어 고니가 보여주는 전설적인 일부일처제와는 달리 바위종다리의 사회에서는 한 수컷과 여러 암컷(일부다처제), 한 암컷에 여러 수컷(일처다부제), 심지어는 여러 수컷이 여러 암컷을 공유하는 이상한 방식(다처다부제) 등 다양한 양상을 나타낸다.

바위종다리의 경우에서 보듯이 동물의 행동은 피상적으로는 무질서하게 보이지만, 실제로는 단순한 다윈의 법칙을 따른다는 것이 진화생물학의 기본적인 전제이다. 즉 각 개체는 번식 능력, 다시 말하자면 그들이 생산하는 자손의 수를 최대로 늘리려고 한다. 데이비스가 관찰했듯이 바위종다리가 다양한 행동 패턴을 나타내는 것은 그들이 사회적으로 변태에 빠져 있기 때문이 아니고 실상은 매우 세련된 다윈식의 행동을 하기 때문이다.

암, 수의 관심이 통상적으로 다르기 때문에 자손을 생산한다는 것은 자연계에서 불공정한 거래와 같다. 수컷이 가지는 다윈식의 목표는 가능한 한 많은 자손을 번식시키는 것이다. 반면에 암컷의 목표는 자기 자식을 가능한 한 성공적으로 부양하는 것이다. 어떤 특정한 종이 나타내는 사회 구조는 얻을 수 있는 식량원과 그것들을 얻는 데 필요한 노력에 의해 크게 영향을 받는다. 특히 포유동물에서는 수컷이 말 그대로 아비 구실을 하지 않는 데 비해 암컷은 새끼를 보호하도록 남겨져서 유일한 부양자의 역할

바위종다리는 복잡한 짝짓기 방식을 갖는다. 유전적인 분석에 따르면 개체들은 다윈이 이야기한 적응성을 최대로 나타낸다. 다시 말하자면 그들은 자손을 가장 많이 생산하기 위해 이러한 방식을 이용한다. 이것은 극도로 효율적이다.

을 하는 경우가 많다. 그렇지만 새끼들은 한 부양자가 제공할 수 있는 것보다 훨씬 더 많은 먹이를 요구하는 경우가 흔하며, 따라서 일부일처제의 상황에서 전형적으로 나타나듯이 아비의 보살핌을 받는 것이 보통이다. 바위종다리가 복잡한 사회 생활을 하는 것은 이들처럼 서로 다른 다원적 이해가 다양하게 얽혀 있기 때문이다.

예를 들어 데이비스는 겉으로 일부일처제로 나타나는 쌍에서조차 암컷이 종종 교미를 하기 위해 두번째 수컷을 유혹하려고 노력한다는 사실을 발견하였는데, 그러한 노력은 새끼에게 먹이를 공급해 주는 데 또다른 수컷을 참여시키는 효과가 있다고 본다. 이러한 일이 일어나면, 원래의 수컷은 침입자를 계속 쫓아내려고 애쓴다. 이런 경우에, 두번째 수컷은 교미가 성공한 정도에 따라 새끼들에게 먹이를 공급해 주는데 이는 다원주의의 관점에서 볼 때 타당하다. 데이비스는 어떤 수컷들은 먹이를 주기 위해 많이 애쓰는 반면, 다른 수컷들은 거의 무관심하다는 것을 알았다. 표면적으로 어떤 종류의 다원적인 조정이 진행되고 있음이 명백하였다. 예를 들어, 두번째 수컷들이 암컷과 교미할 수 있는 경우, 80퍼센트는 새끼를 먹이려고 노력했다. 두번째 수컷들이 암컷과 교미할 수 없는 경우에는 그들은 9퍼센트의 시간만을 먹이 공급에 할애했다. 게다가 교미에 성공할 수 있었던 수컷들은 교미가 성공한 정도에 따라 먹이를 주려는 노력을 조정하였다. 그들은 교미한 만큼 일을 하였다. 다른 말로 표현하자면, 데이비스가 새에서 관찰할 수 있었던 행동은 다원식의 목표에 합리적으로 부합하는 것이었다. 그러나 어떤 수컷이 새끼를 낳게 했는지를 알 수 없었으므로 그는 그들이 다원적인 목표에 얼마나 부합하게 행동하는가에 대한 확신을 가질 수가 없었다. 예리한 관찰로 말미암아 바위종다리의 사회적인 행동을 파악할 수 있었지만, 관찰만으로는

불충분하였다.

1980년대 말 데이비스는 새끼가 어느 수컷의 자식인지를 결정할 수 있는 방법을 제시하였다. 영국 레스터 대학교의 유전학자인 테리 버크Terry Burke와 공동 작업을 하면서 그는 새의 혈액 샘플을 채취하여 DNA 지문 감식법DNA fingerprinting을 사용하여 친자 확인 작업을 하였다. 레스터 대학교에서 알렉 제프리스Alec Jeffries에 의해 근래에 개발된 이 방법은 개별 DNA의 독특한 패턴

1980년대 중반 잉글랜드에서 개발된 DNA 지문 감식법은 개체와 그들의 가까운 친척들을 구별할 수 있는 방법을 제공한다. 여기에서 DNA 절편의 혼합물들이 겔 상에 가해지면 그 절편들은 분리되어 개체마다 독특한 사다리꼴 패턴을 만든다.

을 밝혀내고 어떤 개체가 다른 개체와 관련이 있는가를 밝혀낼 수 있었다.

조사 결과 새들은 생물학자가 상상한 만큼 훌륭한 것은 아니었지만, 번식에서 성공을 거둘 수 있는 적합한 행동을 하는 것으로 나타났다. 교미의 빈도가 커질수록 부성 행동은 증가했지만 교미의 성공과 번식의 성공 정도(즉 부화한 새끼의 수)는 정확하게 일치하지 않았다.

침입자의 행동과 다윈식의 이해 사이에는 얼마만큼의 관련성이 있는가? 암컷과 원래의 수컷의 경우는 어떠한가? 데이비스는 초기 연구를 통해 두 아비와 한 어미에 의해서 먹이를 공급받는 새끼들은 일부일처쌍에 의해 부양받는 새끼보다 더욱 성공적으로 번식할 수 있었음을 밝혀냈다. 일부일처쌍에 의해 부양되었을 경우보다 더욱 많은 새끼들이 살아남았고, 둥지를 떠날 때의 몸무게도 더 무거웠다. 두번째 수컷의 관심을 끎으로써 암컷이 얻을 수 있는 이점은 명백하게 밝혀졌다. 데이비스의 계산에 따르면 원래의 수컷도 새끼의 약 60-70퍼센트를 부양할 수 있으므로 역시 이익을 얻는다고 한다. 원래의 수컷은 자신이 번식에서 결정적인 성공을 거두지 못할 수도 있다는 사실을 알고 있으므로 다른 수컷을 쫓아내려는 전형적인 행동을 보인다고 추정되었다. 실제로 DNA 지문 감식법 데이터에 의하면 평균적으로 원래의 수컷과 두번째 수컷이 한 배에서 난 새끼를 먹일 경우, 원래 수컷이 아비일 경우는 자손의 45-55퍼센트에 불과하다고 한다. 따라서 그가 두번째 수컷을 쫓아내려고 하는 것은 당연하다.

바위종다리에 관하여 데이비스가 이룩한 업적은 유전적인 차원의 연구가 이루어지기 이전에 행해진 개척적인 것으로서 칭송을 받아 마땅하다. 게다가 새로운 분자적인 방법을 도입함으로써 데이비스는 한때 불가능하다고 여겨질 정도까지 그의 관찰 결과를 확인할 수 있었을 뿐만

아니라 현재 전통적인 생물학을 쇄신시키는 혁명의 선구자가 될 수 있었다. 분자생물학 실험실에서 우연히 발견된 기법인 DNA 지문 감식법은 (바위종다리의 연구에서 볼 수 있듯이) 개체의 부모를 밝혀내는 것에서부터 수십억 년의 뿌리를 가진 생명의 계통적인 진화 관계를 밝히는 데까지 여러 가지 진화적인 의문점을 해결하려고 애쓰고 있는 야외생물학자들의 수중에 들어가 위력적인 기법이 되었다. 이런 DNA 지문 감식법은 이전에는 그 누구도 상상할 수 없었던 방법으로, 아무도 대답할 수 없었던 의문점을 해결할 수 있는 분자생물학적 최신 기법 중의 하나에 지나지 않는다. 이제는 단백질의 전체 구조를 비교하는 데에서부터 유전자, 심지어는 작은 게놈의 완벽한 DNA 서열을 읽는 데까지 분자생물학적 기법은 여러 가지가 있다. 진화생물학evolutionary biology은 생물학자로 하여금 유전자 자체가 아니라 유전자의 산물, 즉 생물체의 해부학적 측면만을 검사할 수밖에 없었던 초기의 기술적인 제한으로부터 벗어나 분자생물학이라는 막강한 도구에 힘입어 새로운 세기로 진출하게 되었다.

진화적인 관점

〈진화의 관점에서 보지 않는다면 생물학의 어떤 것도 의미를 가질 수가 없다〉고 유전학자인 테오도시우스 도브잔스키Theodosius Dobzansky는 이십여 년 전에 주장하였다. 자연계는 진화의 산물이기 때문에 그 말은 옳을 수도 있다는 정도가 아니라 옳을 수밖에 없는 것이다.

천여 년 동안 학자들은 생물체들 사이의 연관 관계를 밝히기 위하여 그들의 행동과 해부학적인 형태를 조사함으로써 생명의 다양성을 밝히고, 기술하고, 이해하고자

노력해 왔다. 다윈 이전의 시대에는 이들의 연관 관계는 신에 의한 창조의 패턴을 드러내는 것으로 생각되었다. 그런데 다윈의 이론이 대두되면서 이들 연관 관계는 진화의 패턴을 드러내는 것으로 인식되었다. 예를 들어 18세기와 19세기 초에 학자들은 아리스토텔레스에 지적 근원을 두고 있는 개념인 존재의 커다란 사다리라는 형태로 자연계의 질서를 파악하였다. 가장 단순한 형태의 생물인 세균으로부터 가장 복잡한 사람에 이르기까지 자연계는 창조의 질서를 반영하는 계층 구조로서, 일정하게 단계적인 간격으로 배열된다고 보았다. 그 사다리는 창조 이후로 그래왔고 앞으로도 그러할 자연계를 나타냈다.

1758년 칼 린네 Carolus Linnaeus는 『자연의 체계 Systema Naturae』에서 오늘날에도 사용되고 있는 형태적인 분류 체계를 사용하여 생물체 간의 관계를 기술하고자 하였다. 린네는 종들의 해부학적 차이를 이용하여 유사성이 크면 유연 관계가 가깝고, 유사성이 적으면 멀다라는 식으로 그들 사이의 유연 관계를 파악하려고 했다. 예를 들어 새들의 날개는 기본 구조가 같다는 점에서 유사성을 나타내지만 포유동물의 앞다리와는 뚜렷하게 구분된다. 그러면 이들의 관계는 가장 낮은 단계에 있는 각개 종 자신으로부터 속, 과, 목, 강, 문 그리고 계에 이르기까지 더욱 포괄적인 그룹으로 구성되는 분류의 층위 구조로 반영된다. 예를 들어 우리 자신은 사람속 Homo sapiens에 속한다. 상위 분류군으로는 사람과에 속하며(우리가 나중에 살펴보겠지만 사람과에 대한 견해는 최근 흥미로운 방향으로 전개되고 있다) 영장목, 포유동물강, 척색동물문, 그리고 동물계에 속한다. 예를 들면 사람속에는 단 한 종만이 속하고 있지만, 영장목에는 183종이, 그리고 포유동물강에는 약 4,000종이 소속되어 있다.

1859년 찰스 다윈 Charles Darwin의 『종의 기원』이 출판되고 자연선택에 의한 진화가 점진적으로 인정받음에 따라 자연계의 패턴은 신의 창조에 의해서가 아니라 공동 조상으로부터 유래한 것이라는 사실이 인식되기 시작했다. 모든 종들은 그들을 구별하는 차이점을 나타내지만 공동 조상을 가진 종들은 그들이 역사를 공유한다는 표식으로서 특정한 해부학적 · 행동학적 면을 공유한다. 폭넓게 이야기하자면 그들이 공유하는 특성을 인식하고자 하는 학문을 계통학 systematics이라고 할 수 있는데, 이는

18세기 중엽 린네는 해부학적 유사점에 근거하여 종들을 분류하는 체계를 개발했다. 현대인을 나타내는 호모 사피엔스라는 용어에서 볼 수 있듯이 어떤 생물을 속과 종에 의하여 표현하는 이명법과 함께 그 체계는 오늘날에도 여전히 쓰인다.

전통 생물학의 중심 학문으로 자리잡고 있다. 다윈 시대를 전후로 방법론은 동일하게 유지되었기 때문에 모든 생물학자들은 유연 관계를 반영하는 유사성을 찾고자 해부학적 특징들을 비교하고 있다. 바뀐 것이 있다면 이들 유사성을 나타내는 원인에 대한 해석이다.

궁극적으로, 모든 종은 생명의 가지를 펼치는 커다란 계통수의 일부분이며, 현존하는 종은 가지의 끝이며, 멸종한 종은 생장이 멈춘 가지이다. 계통학을 연구하는 생물학자들은 이 나무 주위를 돌면서 여기 저기서 진화적인 관계를 찾아보려고 하며, 집합적인 관점에서 전체를 부분으로 나누어 보기도 하는 것이다. 백여 년 전에 다윈은 그의 친구 토머스 헨리 헉슬리에게 다음과 같이 썼다. 〈비록 내가 살아서 그러한 사실을 보지 못한다 할지라도, 자연

현대 진화론의 아버지인 찰스 다윈은 언젠가는 모든 살아 있는 생물 간의 진화적인 유연 관계를 보여줄 생명의 계통수가 완전히 재구성될 수 있을 것이라는 희망을 가지고 있었다. 이 사진은 1868년에 찍은 것이다.

을 구성하는 생물계에서 의심할 바 없는 계통수를 세우게 되는 때가 오리라고 나는 확신한다.〉 다윈의 꿈은 아직 이루어지지 않고 있다. 그러나 유전자에 관한 연구가 중요한 역할을 하면서 그것은 현실적으로 구체적인 형태를 갖추게 되었다.

다윈 시대 전후를 통틀어 세계 각처의 대형 자연사박물관에는 계통학을 연구할 수 있는 유산이 풍부하다. 생물학자들은 야생의 자연으로 이리저리 퍼져서 그들의 흥미를 끄는 종이 속하는 그룹들의 살아 있는 표본을 찾았으며 현존하는 생명의 다양성을 나타내는 식물, 곤충 및 고등동물의 수집물들을 꾸준히 정리하기 시작하였다. 그들은 린네의 전통에 따라 신종을 동정하고 명명하였으며 이미 알려진 종과의 관계를 식별하였다. 동시에 고생물학자들은 고대의 지층을 탐험하여, 현재는 멸종했지만 다양한 현존종의 조상이 되는 여러 생물종의 화석을 수집하였다. 그것은 격렬한 경쟁과 라이벌 관계, 그리고 시간이 걸리는 실험실 내의 분석을 요하는 고도의 탐험을 동반하기도 하였다. 때로는 상위 분류군에서의 의문점, 예를 들자면 척추동물의 서로 다른 강들은 어떤 유연 관계를 가지고 있는가라는 의문점이 제시되기도 했다. 하지만 설치류 그룹 내에서의 또는 절지동물의 분화 사이에서의 진화적인 관계와 같은 좀더 세밀하고 더욱 해결되기 쉬운 문제들이 흔히 제기되었다. 해부적인 유사성에 근거하여 생물체 사이의 진화적인 관계를 식별해내는 것은 말처럼 그리 쉽지는 않다. 왜냐하면 그러한 유사성이 실제로 공동 조상을 반영할 수도 있지만 생물들이 유사한 환경적 상황에 적응하게 된 결과에서 유래할 수도 있기 때문이다. 예를 들어 물고기와 고래는 수영에 필요한 유체역학의 필요성에 따라 비슷한 형태를 나타내지만 그렇다고 해서 밀접한 진화적인 관계가 있다고는 말할 수 없다. 두 종류의 유사성을

구분 짓는 일은 곤란한 경우가 많으며, 때로는 불가능하기까지 하다. 따라서 진화 패턴에 대해 여러 가지 이견이 있을 수 있다(유전자 정보를 사용하는 커다란 이유 중의 하나는 이 난제를 우회하기 위해서였는데, 이제는 진화 과정을 밝히는 데 가장 기본적인 기법이 되고 있다). 전통적인 방법들에 근거하여 생명의 패턴에 대한 대략적인 윤곽을 얻을 수 있었음에도 불구하고, 의문점은 아직도 많이 남아 있으며 그 시각차도 상당히 크다.

우리는 무려 3천만에 달하는 종들과 함께 공존하고 있지만 이는 단지 멸종과 종 분화를 거듭하는 과정의 현재적 단면에 불과하다. 99퍼센트 이상의 종들이 지금까지 멸절되었거나 지금 멸절되고 있으며 이러한 사실로 미루어본다면 우리가 그 유래를 더듬어야 하는 역사는 무궁무진하다는 사실을 깨달을 수 있다.

약 40억 년 전, 지구 역사의 초기에 생명은 단순한 단세포 생물의 형태로 생겨났다. 광막한 시간이 흐르면서 원래의 주제는 변주되기 시작하였다. 약 5억 년 전에는 많은 세포로 조립된 좀더 복잡한 생물체들이 진화하였다. 폭발적으로 다양화되었기 때문에 흔히 캄브리아 대폭발기Cambrian explosion라고 불릴 정도로 짧은 순간에 엉뚱할 정도로 창의적인 진화가 일어나 다수의 상이한 체형을 갖는 생물들이 나타났다. 각각 많은 종들을 포함하는 여러 종류의 〈문〉들은 기본적인 모델의 역할을 하는 독특한 체형을 나타냈다. 지금 우리의 눈에는 낯설게 보이는 백여 종류의 이 창시문들은 얕은 해저 위나 부근에서 생활하였다. 이 모든 생물들이 살아남은 것은 아니지만 모든 현생문들은 그 당시에 기원하였다. 이 기본적인 주제를 중심으로 진화가 계속됨에 따라 각 문들은 무수한 변화를 겪었으며, 급작스러운 생물의 대량 멸절과 발산이 반복되었다. 해양에서 서식하는 소수의 단순한 생물체로부터, 세계 곳곳에서 다양한 생태적 지위를 가지며 자연을 점유하여, 마침내는 오늘날 우리가 보는 것과 같은 종의 군집이 생태계를 이룩하게 되었다.

따라서 현재의 생태계는 40억 년 동안의 진화의 결과이다. 그것은 서로 다른 종류의 생물체인 구성원(세균과 균류, 식물과 동물로, 그들 중 일부는 포식자였으며 일부는 피식자인) 사이에서 상호 작용하여 만들어진 단명한 산물이다. 생태계는 생물이 끊임없이 바뀌고 있다는 점에서 생각해 본다면 순간적이라고 할 수 있겠지만, 세월을 통해 반복적으로 유사한 생태적 지위에 따른 종이 대치되면서 동일한 생태학적 주제가 되풀이되고 있다는 점에서 영원하기도 한 것이다. 과거에는 검치호saber-toothed tiger가 아프리카의 주된 포식자였으나, 지금은 사자가 왕노릇을 하고 있다. 과거에는 데이노테리아Deinotheria가 삼림을 지배하였으나 지금은 코끼리가 그 역할을 맡고 있다. 이미 바위종다리의 경우에서 언급하였듯이 역사상 어떤 시기, 어떤 장소를 막론하고 각 종에 속한 개체들은 그들의 번식 가능성을 최대로 늘리라는 다윈주의의 명령에 따라서 행동한다. 각 종은 다윈이 말한 대로 〈생존 경쟁〉에 참여하게 된다. 따라서 종에 속한 개체나 종 자체가 세상에서 살아나가는 방법을 다루는 학문인 생태학ecology은 쉬지 않고 작동하는 진화를 연구하는 학문이라고 할 수 있다. 물론 이 경쟁에서 중요한 요소는 물질계, 즉 토양 화학 및 우세한 기후와 그것이 자연에 끼치는 영향 등이다.

이와 같이 전통적인 생물학은 생명의 역사를 이해하고 재구성하는 것, 생태계의 구성원으로서 개체, 집단, 종의 행동을 이해하는 것 등과 같은 이미 언급한 몇 가지 문제들을 다루어 왔다. 이들 연구 분야의 업적은 방대한데 특히 그 문제를 지적인 기준에서 평가할 때 그러하다. 예를 들어 20세기 동안에 특히 지난 20년 동안에 야외생물학자

들은 약 20가지 종의 야생 집단을 연구하여 정교한 행동 이론을 내놓았다. 그러나 이러한 업적에도 불구하고 전통적인 생물학은 수학적인 공식이 많이 사용되어 고상한 과학으로 여겨지는 입자물리학이라든가 우주과학과 비교할 때 〈덜 세련된〉 과학으로 또는 지적으로 열등한 사촌쯤으로 치부되어 왔다(그러나 최근 이런 경향은 특히 이론 생태학에서는 바뀌고 있다). 자연과학의 선구자 역할을 담당했던 박물관의 수장품들은 거의 지적으로 가치가 없는 골동품 정도로, 그리고 계통학의 노련한 큐레이터들을 〈우표 수집가〉 정도로 치부하는 경향은 점점 심해져 왔다. 결과적으로 최근 현대 생물학 즉, 분자생물학에 눌려 일부 주요 박물관의 수장품들도 흩어 없어지고 말았다.

따라서 분자생물학이 유전 정보에 참신하게 접근하는 기법을 제공함으로써 현재와 같이 전통적인 생물학이 중

진화적인 혁신이 짧은 지질학적 기간 동안에 일어난 5억 3,000만 년 전의 캄브리아 대폭발기에는 여기서 일부 볼 수 있는 것과 같은 많은 다양한 형태의 생물들이 생겨났다. 오늘날 존재하는 문들(* 표시)의 전부와 이미 멸종해 버린 생물들이 모두 이때 생겼다.

홍을 이루도록 했다는 것은 아이러니가 아닐 수 없다. 모든 생물체의 중앙에는 생물체 자신을 만드는 정보를 갖는 게놈이라고 불리는 유전자 꾸러미가 있다. 게놈의 DNA에는 단일한 수정란으로부터 성숙한 개체로 발달하는 지령이 암호화되어 있다. 수정란이 완전히 형태를 갖춘 성체로 되는 방법은 아직도 생물학에서 풀리지 않은 커다란 수수께끼의 하나로서 도전해봄직한 과제로 남아 있다. 그러나 개체의 게놈 속에 암호화되어 있는 또다른 한 가지 정보는 생명의 기원으로까지 거슬러 갈 수도 있는 유전의 엉켜진 실타래라고 할 수 있는 그 종의 역사이다. 종에 따라 정도의 차이는 있지만 모든 종들은 그들이 공유하는 유전자를 통하여 서로 관련되어 있다. 예를 들어 사람은 다른 포유동물뿐만 아니라 식물, 균류 및 세균과도 유전자를 공유하고 있다. 비록 먼 친척보다는 가까운 친척과

생물학자들은 수세기 동안 옆의 사진에서 보여주는 다채로운 하와이산 나무달팽이 아카티넬라 파에조나(*Achatinella phaezona*)의 껍질처럼, 자연의 풍부한 다양성을 나타내는 표본을 수집해 왔다.

많은 수의 유전자를 공유하기는 하지만 말이다. 예를 들어 어떤 종의 지역적으로 분리된 두 집단 사이의 유전적인 차이는 작을 것이다. 그러나 분지된 유전적 경로를 갖는 두 개의 뚜렷한 종 사이에서는 그 차이가 훨씬 크게 나타날 것이다. 예를 들자면 플로리다 해안을 따라 서식하는 해변 참새 집단 사이의 유전적인 차이는 약 6,000만 년 전에 진화적으로 분지되어 온 구세계와 신세계 종인 벨벳원숭이velvet monkey와 짖는원숭이 howler monkey 사이에서 볼 수 있는 유전적인 차이의 몇 분의 일에 불과하다.

생물학자들은 흥미로운 많은 진화적 문제(그들 중에는 진화의 계통수evolutionary tree를 재구성하는)에 답하기 위해 유전 정보를 소유하고 그러한 유전적인 차이점을 분석하는 능력을 갖출 수 있기를 오랫동안 갈망해 왔다. 실제로 그러한 정보를 얻으려는 노력은 영국의 생물학자인 조지 헨리 포크너 너틀George Henry Falkner Nuttall이 사람과 다른 몇 종의 영장류(침팬지, 고릴라, 오랑우탄 및 긴팔원숭이)의 일부 혈액 단백질의 면역학적인 특성을 비교하였던 20세기 초로 거슬러 올라간다. 비록 그의 관심사가 혈액화학에 집중되어 있었기 때문에 진화사에 명백히 적용되지는 않았지만 너틀의 결과는 사람이 아시아 유인원보다는 아프리카 유인원과 유연 관계가 가깝다는 사실을 보여주었다. 이것은 60년 뒤 캘리포니아 공과대학의 에밀 주커캔들Emile Zuckerkandle과 라이너스 폴링 Linus Pauling 및 웨인 주립대학의 모리스 굿맨Morris Goodman 등이 역시 혈액 단백질에 관한 실험에서 사람의 선사에 대한 중요한 지식을 얻는 전기가 되었다. 그 60년 동안에 전통적인 생물학적인 문제에 대한 분자적인 접근은 이루어지지 못했는데 왜냐하면 적절한 방법이 아직 개발되지 않았기 때문이었다.

18

단백질들은 유전자의 산물이며, 따라서 비록 유전자를 완전히 읽었을 때 얻을 수 있는 상세한 부분까지는 아니더라도 유전 정보를 드러내고 있다. DNA의 구성 단위는 뉴클레오티드 염기라고 불리는 화학적 소단위로서 이들은 아데닌, 구아닌, 시토신, 그리고 티민(약하여 A, G, C 그리고 T)의 네 가지 타입으로 되어있는데 뉴클레오티드 염기는 줄에 구슬이 꿰인 상태처럼 소위 유전자의 DNA 서열을 형성한다. 단백질도 줄에 꿰인 구슬처럼 늘어서 있는데 구성 단위는 스무 가지의 다른 아미노산이다. 어떤 유전자의 DNA 서열은 그것이 만드는 단백질의 아미노산 서열을 직접 결정한다. 코돈이라고 불리는 뉴클레오티드 세 개는 특별한 순서를 가질 때 스무 가지 아미노산 중의 하나를 특정화하는 암호로서 작동한다. 그러므로 최소한 유전자의 DNA 서열에는 단백질의 아미노산 서열에 있는 것보다 세 배나 많은 정보가 있는 것이다(실제로는 이것보다 더 많은데 왜냐하면 세 자리 중 어떤 위치의 뉴클레오티드는 그 종류가 바뀌어도 그것이 암호화하는 아미노산의 종류에는 영향을 미치지 않기 때문이다). 단백질 특성의 차이는 따라서 그들이 유래하는 개체의 유전자의 차이를 반영한다.

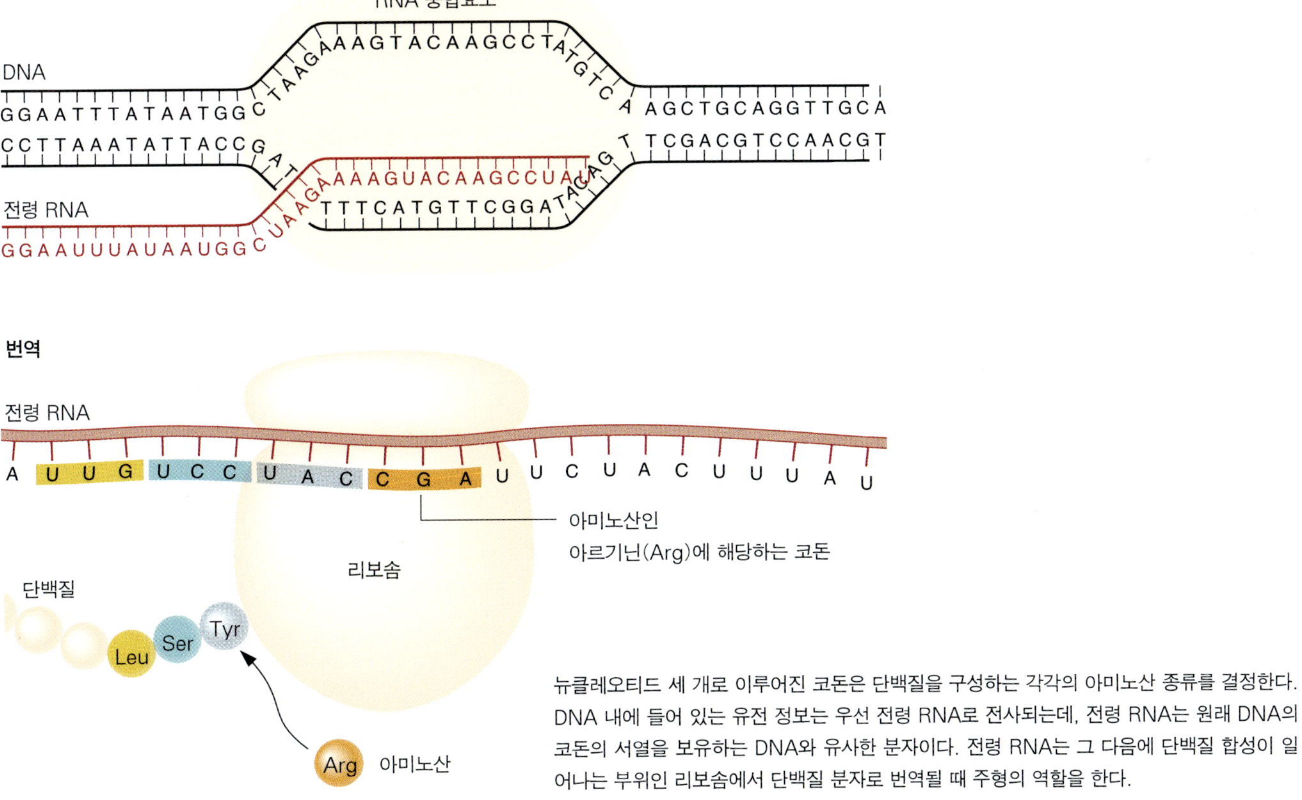

뉴클레오티드 세 개로 이루어진 코돈은 단백질을 구성하는 각각의 아미노산 종류를 결정한다. DNA 내에 들어 있는 유전 정보는 우선 전령 RNA로 전사되는데, 전령 RNA는 원래 DNA의 코돈의 서열을 보유하는 DNA와 유사한 분자이다. 전령 RNA는 그 다음에 단백질 합성이 일어나는 부위인 리보솜에서 단백질 분자로 번역될 때 주형의 역할을 한다.

그런 차이들은 서로 다른 진화 계열에서 끊임없이 누적된 돌연변이mutation에 의해서 형성된 것으로 역사적인 결과물이다. 때로는 세포가 분열할 때 DNA 사슬이 복제되면서 실수가 일어나기도 한다. A가 되어야만 하는 뉴클레오티드가 G나 혹은 C로 대체되거나 모조리 소실되기도 한다. 여러 가지 방법에 의해서 DNA의 뉴클레오티드 서열에 돌연변이가 일어날 수 있다. 수정되지 않은 채로 남아 있는 돌연변이는 (만약 그것이 유전자가 지시하는 단백질의 특성에 영향을 미친다고 한다면) 잠재적으로 어떤 종의 진화적인 미래에 영향을 미칠 수 있다. 제대로 기능을 하지 못하는 돌연변이 단백질은 제거될 것이다. 돌연변이 단백질을 갖는 개체들은 정상적인 단백질을 갖는 다른 개체들과 비교해 볼 때 선택에 있어 불리하게 된다. 그들은 자손을 적게 남기기 때문에 (혹은 자손을 남기지 못하기 때문에) 자연선택을 통하여 집단으로부터 돌연변이는 제거되게 된다. 만약 단백질의 기능 변화가 아주 작아서 돌연변이가 그것을 지닌 개체를 약화시키거나 혹은 커다란 이점을 주지 않는다고 한다면 돌연변이는 집단 내에 낮은 빈도로 자리잡게 된다. 단백질의 기능을 촉진시키는 돌연변이를 갖는 개체는 정상적인 단백질을 갖는 개체보다 더욱 잘 적응하여 (예를 들자면 대사를 효율적으로 잘 수행하는 등의 방법으로) 집단 내에서 곧 보편적인 것이 될 수도 있다.

돌연변이는 DNA 서열 내의 단일 뉴클레오티드의 변화에만 국한되지 않는다. 종종 길다란 DNA 서열을 갖는 절편이 소실되거나 덧붙여지기도 한다. 이런 과정들은 결실deletion과 삽입insertion이라 한다. 그러나 그 원리는 동일하다. 그러한 돌연변이가 어떤 종의 유전자 꾸러미의 일부로서 자리잡게 되는 것은 그들이 종의 적응에 영향을 미치지 않아서 용인되거나, 혹은 그들이 적응에 유리하여

긍정적으로 선택되거나 하는 두 가지 이유 중 하나이다. 많은 돌연변이가 일어나지만 모든 돌연변이가 살아남아 어떤 종의 유전자 꾸러미의 일부가 되는 것은 아니다. 그러한 돌연변이가 조금씩 축적되어 동일한 종들이 다른 집단들로 분화되거나 다른 종들로 분화된다. 이 유전적 변이genetic variation는 진화의 재료이며, 어떤 종의 유전적 역사genetic history를 조사하기 위하여 수집할 수 있는 근거이다.

1960년대와 그 이전의 연구자들은 단백질을 분석하여 간접적으로 유전적 변이에 대한 정보를 얻어야 했지만 1970년대 말과 1980년대에 이르러 분자생물학자들은 드디어 DNA 자체를 분석하는 방법을 알아내었다. 처음에는 제한 부위restriction site라고 알려진 특정한 서열에서 일어난 변화를 밝혀내는 방법이 과학자들에 의해서 개발되었는데, 이로써 상이한 생물체의 유전자에서 큰 규모로 나타나는 DNA 패턴의 차이를 알 수 있게 되었다. 흔히 대여섯 개의 뉴클레오티드 염기 서열로 구성되는 그러한 부위는 소위 제한효소restriction enzyme의 표적이 된다. 이들 효소에 의해 공격을 받는 유전자들은 따라서 이 부위에서 절단되어 결과적으로 DNA 절편들이 특정한 길이를 갖게 되므로 특징적인 패턴을 나타낸다. 만약 이 부위의 하나 혹은 그 이상에서 돌연변이가 일어난다면 그 변화는 절단 작용을 막게 될 것이고 효소를 처리하면 원래와는 다른 길이를 갖는 절편들이 만들어질 것이다. 동일한 종에 속하는 다른 개체에서 또는 다른 종에서 DNA 절편의 길이 패턴이 달리 나타나는 이유는 돌연변이 또는 기존의 유전적 차이 때문이다. 제한효소 절편 다형성restriction fragment length polymorphism(RFLP) 분석이라고 불리는 이 방법은 효율적으로 전체 유전자의 5퍼센트 정도를 표본으로 취할 수 있다. 유전자 자체의 서열을

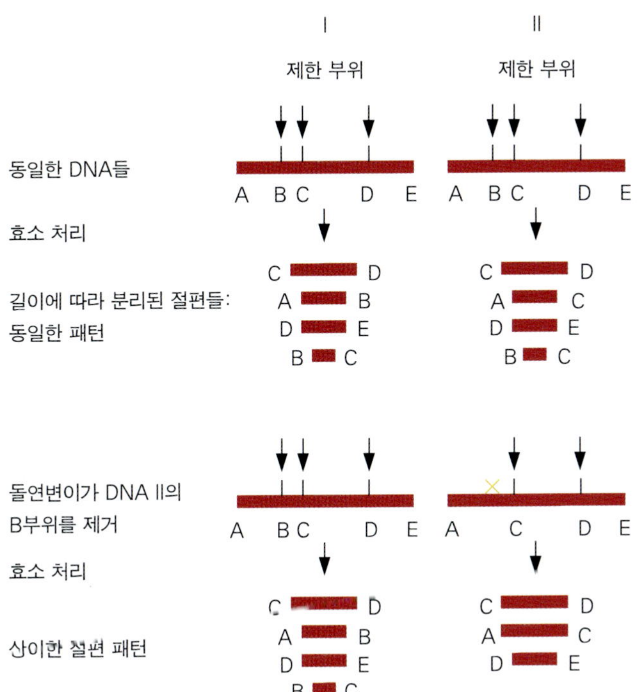

제한효소 절편 다형성(RFLP) 분석의 원리: 제한 효소는 특이한 부위에서 DNA 가닥을 잘라서 특징적인 길이 패턴을 갖는 절편을 만든다. 동일한 DNA를 갖는 개체들은 동일한 절편 패턴을 나타낸다(위). 만약 돌연변이가 제한효소 절단 부위를 변화시키면 절편 패턴도 달라진다(아래).

읽을 수 있는, 다시 말하자면 유전자의 목걸이를 구성하는 구슬에 해당하는 뉴클레오티드 염기의 순서를 결정하는 방법이 최근 개발됨으로써 유전학 사상 두번째의, 그리고 최종적인 발전이 이루어졌다.

처음 방법은 책 안에 무엇이 씌어 있는지는 모르지만 어떤 문장의 존재 여부를 밝혀내는 것과 흡사하다. 두번째 방법은 책 전체를 한 자 한 자 읽을 수 있는 것과 같다. 초창기의 DNA 서열 분석은 느리고, 비용이 많이 들며 어려운 방법이었으나 자동 분석법이 개발됨으로써 그 과정을 손쉽게 하게 되었다. 불과 몇 년 전만 하더라도 공상 과학 소설의 영역에서나 가능했던 일이 오늘날에 와서는 분자생물학에 아무런 경험이 없는 대학원생이라도 서열 분석 기술을 배울 수 있으며 졸업 논문을 쓸 때까지는 수

백 개체에서 흥미로운 유전자를 분석할 수 있게 되었다.

유전자 서열 분석이 인상적이기는 하지만 그것만으로는 전통적인 생물학에서 관심을 갖는 의문점들을 폭넓게 해결하기에는 충분하지 않다. 서열 분석을 위해서는 생물 재료로부터 DNA의 원하는 가닥을 떼어내는 방법과 개체의 DNA를 식별할 수 있는 신뢰성 있는 방법이 필요했다. DNA 지문 감식법이 후자에 해당되며, 중합효소 연쇄 반응polymerase chain reaction(PCR)이라고 알려진 과정이 전자에 속한다. (이들 두 기법은 1980년대 중반과 후반에 각각 개발되었는데 다음 장들에서 논의될 것이다.) PCR의 위력은 대단하여 그것이 분자생물학 및 전통 생물학에 끼친 영향은 지대하였으며, 이 방법을 거의 완벽하게 개발했던 캐리 멀리스Kary Mullis는 1993년에 노벨 화학상을

공동 수상하게 되었다. 비록 시료에 단일 분자의 표적 DNA가 있다고 하더라도 이론적으로는 PCR을 사용하여 서열 분석에 충분할 정도로 많은 양의 DNA를 만들어낼 수 있다. 실제로 생물학자들은 피부에서 떼어낸 머리카락 한 개의 모근과 같은 적은 양의 시료로부터 DNA를 통상적으로 추출해낸다. 심지어는 죽은 조직으로부터도 DNA를 분리해낼 수가 있는데 이렇게 되면 역사의 영역 안으로 유전적 분석을 도입하게 되는 것이다.

이처럼 여러 가지 분자생물학 기법들이 개발되어 전통적인 생물학자들은 매우 유익한 정보를 제공하는 유전적 자료들을 얻을 수 있게 되었다. 그 유전적 자료에 의하여 현재(부모와 자매가 누구였는가)로부터 근래(특정한 지리적 장소에서 어떻게 집단이 성립했는가), 또한 가장 과거(어떻게 그 종이 다른 종과 관계를 지니고 있는가)에 이르기까지 모든 시간의 척도에서 특정한 개체의 역사를 재구성할 수 있다.

신세계

다음의 장들은 전통적인 생물학의 세계를 새로운 방법을 통해 볼 수 있도록 해준다. (비록 초기 단계이기 때문에 정체된 것처럼 보이지만) 우리는 진행되어 가는 혁명의 결과를 보게 될 것이다. 사전 준비를 위해서 우리는 생물학자가 어떻게 유전적 정보라는 새로운 관점과 해부학이라는 전통적 관점이라는 두 가지 방식을 통하여 진화를 파악했는지를 살펴볼 것이다. 이 〈분자 대 형태〉의 관점이 대립하면서 몇 가지 논쟁을 불러 일으켰는데, 특히 사람의 진화사에서 그런 경향이 두드러지게 나타난다. 그러나 양자 간의 조화가 점점 이루어지고 있다. 우리는 유전 정

보를 이용하여 생명의 계통수 자체의 궁극적인 기원을 이해하는 것을 포함하는 생명의 진화사를 밝혀내려고 한다. 집단이나 종 사이에 존재하는 유전적 변이의 근거와 그것을 식별할 수 있는 수단이 생겼기 때문에 혁명적인 성과를 얻을 수 있었다. 우리는 이것을 다음에 더욱 자세히 (유전 정보는 진화적인 사건을 시간에 따라 정확하게 나타내는 데 사용할 수 있다는, 다시 말하자면 분자 시계의 근거가 되는 개념을 포함하여) 논의하고자 한다.

마지막 세 장에서는 유전 정보가 어떻게 생태학, 인류학에 이용되고 있는가, 그리고 문자적으로뿐만 아니라 박물관에 수장된 표본들에 다시 생명을 부여하기 위하여 실제로 어떻게 사용되고 있는가를 밝힐 것이다. 예를 들어 생태학자들은 왜 바다거북green turtle은 수천 킬로미터나 떨어진 산란 장소로 이동하는가, 어떻게 가위개미leaf-cutter ant가 균류를 재배할 수 있게 되었는가를 밝히는 데에도 새로운 과학을 사용할 수 있다. 인류학자들은 사람과의 기원과 우리들과 같은 현생 인류가 언제 어떻게 진화했는가에 대해 더욱 깊이 이해할 수 있을 것이다. 그리고 박물관의 큐레이터들은 최근까지 생각할 수도 없었던 질문에 답하기 위해 늑대의 가죽, 미라 그리고 호박 속의 곤충을 재조사할 수도 있게 되었다. 마이클 크라이튼Michael Crichton이 『쥐라기 공원Jurassic Park』에서 가정한 공룡의 부활은 적어도 지금 세상에서는 무리한 것이지만, DNA 기법들을 통하여 알게 된 오래전에 사라진 개체와 군집의 생활에 대한 지식은 더할 나위 없이 우리의 상상력을 자극한다.

비록 초기 단계에 있기는 하지만 혁명은 빠르게 진전하고 있다. 요즈음 대학교나 주요 자연사박물관에는 DNA 분석을 하는 데 필요한 설비를 갖추지 않은 생물학과를 찾아보기 힘들다. 수십 년 또는 수백 년 동안 축적되었던

사진 속의 캘리포니아 폴리테크닉 주립대학교의 실험실과 같은 곳에서 연구자들은 죽은 조직, 심지어는 화석으로부터 DNA를 추출하고 있는데, 이는 언젠가 공룡을 되살릴 수 있을지도 모른다는 희한한 상상력을 불러일으킨다.

박물관 수장품들은 단순히 건조한 가죽과 뼈의 저장물이 아니라 유전적인 정보의 귀중한 저장소로 인식되고 있다. 현대 생물학, 즉 분자생물학의 입장에서 그러한 수장품들을 시대에 맞지 않는 것으로 여겨 분산을 추진했던 연구자들은 이제 자신들의 잘못을 뉘우치고 있다.

최근까지 생물학을 연구하기를 원했던 학생들은 아주 극단적으로 나누어진 학문 분야인 분자생물학 또는 생물체생물학whole organism biology 중의 하나를 택해 왔다. 그러나 오늘날에는 동물 행동이나 계통을 연구하는 학생들도 분자생물학의 기법을 배우려고 한다. 또한 분자생물학자들은 그들이 유전자에서 읽어내는 DNA의 서열이 진화사의 기록이라는 것을 더욱 잘 알고 있다. 따라서 예전에 별도로 분리되었던 학문들은 최근의 혁명에 의하여 이익을 얻고 있지만, 그중에서도 전통적인 생물학이 얻는 이익이 더욱 크다. 줄곧 관심을 가져왔던 문제는 동일하게 남아 있다. 그리고 중심적인 방법론인 비교 접근법도 변하지 않았다. 그러나 분자생물학이라는 새로운 학문은 생물학자가 오랫동안 답하고 싶었으나 손이 닿지 않았던 문제들을 다루는 방법에 일대 혁신을 가져왔다.

유전적 분석에 의해 홍학의 진화적 관계에 관한 오래된 수수께끼를 해결할 수 있었다.

분자 대 형태 2

비교형태학적 방법에 근거한
전통적인 방법이 성공을 거두지 못할 때
분자적 방법을 사용하여
진화적 관계를 밝힐 수 있다.
그러나 이것을 적용하는 것은
생각만큼 그렇게 간단치만은 않다.

분자 정보를 사용하여 진화적 숙제를 해결한 대표적인 예로 멀리 그리스까지 거슬러 올라가는 홍학의 분류에 대한 논쟁을 종식시킨 것을 들 수 있다. 홍학은 거위목 Anseriformes에 속하는가, 그렇지 않으면 황새목 Ciconiiformes에 속하는가? 홍학은 길다란 목과 다리, 그리고 두개골과 골반과 같은 기본적인 해부적 측면에서 황새를 닮았다. 그러나 그들은 갈퀴가 있는 발, 꽥꽥거리는 울음, 조숙한 솜털로 둘러싸인 새끼 상태, 그리고 부리의 기본적인 구조 등의 측면에서는 거위를 닮았다.

이러한 형태적인 자료에 근거해서는 관계 문제를 해결할 수 없었기 때문에 생물학자들은 홍학의 깃털에 기생하는 이lice를 조사하는 방법에 호소했다. 그 이는 거위의 것을 닮았는가? 황새의 것을 닮았는가? 이런 연구는 기생충들이 매우 특이적이며, 보통 숙주와 밀접한 관련을 맺고 진화한다는 사실에 근거를 두고 있다. 조사 결과 홍학의 깃털에 기생하는 이는 거위의 것과 같았다는 것이다. 그러나 이 자체도 역시 홍학과 거위를 분리시켰으리라고 생각되는 오랜 진화 작용의 대상이 될 수 있다는 것이다. 어떤 경우이건 가능성은 작지만 홍학이 진화적인 관계가 같아서가 아니라, 생태적인 성질을 공유하기 때문에 거위와 유사한 이가 기생할 가능성은 있는 것이다. 뚜렷한 결론을 얻지 못한 나머지, 일부 과학자들은 홍학을 거위와 황새의 중간 그룹에 넣는 타협안이 가장 좋은 해결책이라고 생각했다.

1985년 당시 예일 대학교에 재직했던 찰스 시블리 Charles Sibley와 존 알퀴스트Jon Ahlquist는 마침내 그 수수께끼가 풀렸다고 선언하였다. 새의 해부학을 조사하는 대신에 시블리와 알퀴스트는 DNA－DNA 잡종형성 hybridization 방법을 사용하여 그들의 유전 물질을 검사하였다. 이는 각 종의 커다란 유전자 절편을 효과적으로 비교할 수 있는 방법이다. 다른 종과 유전적으로 가까운 종은 유전적으로 먼 종보다는 유전자의 전체 구조가 더욱 유사할 것이다. 이런 기준으로 본다면 홍학은 황새에 속한다.

이 홍학의 계보 이야기는 진화사를 발견하는 계통발생학phylogeny이라고 알려진 학문의 두 가지 대조적인 방법을 보여주고 있다. 하나는 이미 수백 년이나 묵은 방법으로서 형태, 구조 그리고 관찰할 수 있는 신체적인 특징의 유사성과 차이점을 파악하는 형태학morphology이다. 다른 하나는 보다 최근의 방법으로서 종들 내의 유전적인 정보를 비교하기 위한 유전적 분석을 적용하는 분자계통학molecular phylogenetics이다.

지난 20년 동안에 분자계통학은 처음에는 새로운 것에 대한 호기심으로부터 현대적이고도 다양한 연구 방법을 가진 현대 진화생물학으로 발달하였다. 모든 종류의 생물에서 얻은 그리고 지금도 추가되고 있는 방대한 분자생물학적인 데이터에 힘입어, 그리고 이들 데이터를 분석하는 혁신적인 방법이 개발되고 아울러 필수적인 컴퓨터 연산 능력이 발전함에 따라 진화의 역사를 완전히 이해하는 방법으로서 분자계통학은 일부 학자들에 의하여 환영받고 있다. 홍학에 대한 시블리와 알퀴스트의 연구에 대하여 논평하면서 스티븐 제이 굴드Stephen Jay Gould는 〈우리는 분자계통학의 성공을 축하해야만 한다〉고 썼는데, 왜냐하면 비교형태학적 방법에 근거한 전통적인 방법이 성과를 거두지 못할 때 분자적 방법을 사용하여 진화적 관계를 밝힐 수 있기 때문이다. 하버드 대학교의 고생물학자인 굴드는 계속했다. 〈나는 우리가 지붕 꼭대기에서 그 소식을 선포해야 한다고 생각한다. 계통학의 숙제는 해결된 것이다.〉 이것은 계통학의 주요 문제와, 분자 기법이 그것에 끼친 충격에 대해 언급하고 있다. 예를 들어 그 분석 방법이 형태적이건 혹은 분자 데이터에 근거하건 간에 생물들 사이의 진화적인 관계를 어떻게 식별할 것인가? 만약 두 방법에 따른 분석이 서로 다른 결론을 낸다면 어떤 일이 일어날 것인가? 다른 말로 하자면, 굴드가 여기서 언급한 바와 같이 분자계통학은 비교형태학보다 실제로 우위에 있는 것인가? 분자계통학이 최초로 중요한 영향을 끼치기 시작했을 때, 많은 분자생물학자들은 이것을 전통적인 분류 방법에 내재되어 있는 문제를 극복할 수 있는 간단하고도, 강력한 수단으로 보았음에 틀림없다. (우리가 앞으로 살펴보겠지만 형태학자들은 이에 대해 덜 수용적이었다.) 예측하였듯이 새롭게 사용하려는 도구가 강력하다는 데 대해서는 이견이 없지만, 이것을 적용하는 깃은 생삭처럼 그렇게 간단치만은 않다. 이 장에서는 먼저 역사에 관해 약간 언급하고 나서 이 문제들을 비교적 자세히 탐구하려고 한다. 다음 장에서는 분자계통학이 여러 분야에서 생명의 역사를 규명하는 데 중요한 공헌을 했다는 예들을 제시하려고 한다.

상동과 상사

생물학에서 가장 오래된 분야 중의 하나인 생물분류학은 그리스 과학에 뿌리를 두고 있다. 형태와 구조의 유사성과 차이점을 찾아내는 비교형태학적 방법을 통하여 종은 계층적으로 배열되어 있는 자연적인 그룹에 속하는 것으로 동정된다. 린네는 이 방법을 사용하여 오늘날에도 기본적으로 타당하다고 인정받고 있는 최초의 포괄적인 생물 분류 체계를 개발하였다(1758). 생물 사이의 유연 관계를 인식하는 데 중요하게 간주되었던 것은 두 유형 type 간의 물리적인 유사성, 즉 상동 homology과 상사 analogy

를 구별하는 능력이었다. 이들 용어는 19세기 중엽 영국의 해부학자였던 리처드 오웬 Richard Owen 경에 의해서 창안되었다.

오웬에 의해서 주해된 상동이란 〈다양한 형태와 기능을 가지는…… 동일한 기관〉을 나타낸다. 예를 들면, 사람의 팔, 말의 앞다리, 새의 날개는 상동 기관이다. 왜냐하면 이들은 네발 동물의 다섯 개의 발가락을 가진 앞발이라는 동일한 기본적 해부학적 구조로 이루어지기 때문이다. 그러나 이러한 공통적인 구조적 기원에도 불구하고 팔과 다리, 그리고 날개는 매우 다른 기능을 수행한다. 이와는 대조적으로 상사는 〈동일한 기능을 가지는…… 부위나 기관〉이지만, 상이한 기본 신체 조직으로부터 유래된 것을 나타낸다. 새의 날개와 나비의 날개는 상사 구조의 예이다. 그들은 동일한 기능을 갖지만 곤충 날개의 기원은 새의 날개를 만드는 앞다리의 구조와는 관련성이 없

상동이라는 용어를 창안한 영국의 해부학자 리처드 오웬 경

기술적으로는 DNA-DNA 잡종형성은 두 종 사이에서 전체의 유전자 서열의 유사성을 결정하는 비교적 단순한 기법이다. 그 기법은 DNA가 단일 가닥으로 존재하지 않고, 널리 알려진 바대로 수소 결합에 의해 두 가닥이 마주보며 꼬인 이중 나선 구조를 형성하며 존재한다는 데 근거한다. 두 가닥은 상보적인 뉴클레오티드 염기 서열을 갖는다. A는 T와 쌍을 이루고, G는 C와 쌍을 이룬다. (이 상보성 때문에 분자는 정보를 간직할 수 있는 능력을 갖게 되며 쉽게 복제될 수 있다.) 단일 개체에서는 두 가닥이 서로 완벽하게 대응하기 때문에 이 상보성은 완전하다. 이 경우에, 두 가닥 사이의 결합력은 최대가 된다. 서로 다른 종의 개체에서 얻은 DNA의 경우처럼 DNA 가닥이 상보성이 100퍼센트보다 적은 두번째 가닥과 쌍을 이룰 때 두 가닥 사이의 수소 결합은 더 약화된다. DNA-DNA 잡종형성에 의하여 그러한 쌍 사이에 존재하는 결합력을 측정할 수 있으며, 그래서 DNA 서열의 비유사성을 측정하게 된다.

우선 세포에서 비교하고자 하는 개체의 DNA를 추출하여, 결합된 RNA와 단백질을 제거하여 정제하고, 그 다음은 길이가 약 500 염기쌍 정도인 절편으로 자른다. 커다란 게놈을 구성하는 DNA는 다수의 짧은 서열이 반복적으로 끼어들어간 유전자가 독특하게 배열된 것이

DNA-DNA 잡종형성 기법을 사용하여 연구 대상인 두 종의 전체 게놈을 효과적으로 비교할 수 있다. 매우 유사한 DNA 가닥들은 닮지 않은 서열을 가진 DNA 가닥보다 서로 더욱 단단히 결합한다는 사실에 근거하고 있다 (자세한 내용을 보려면 본문을 참조하시오).

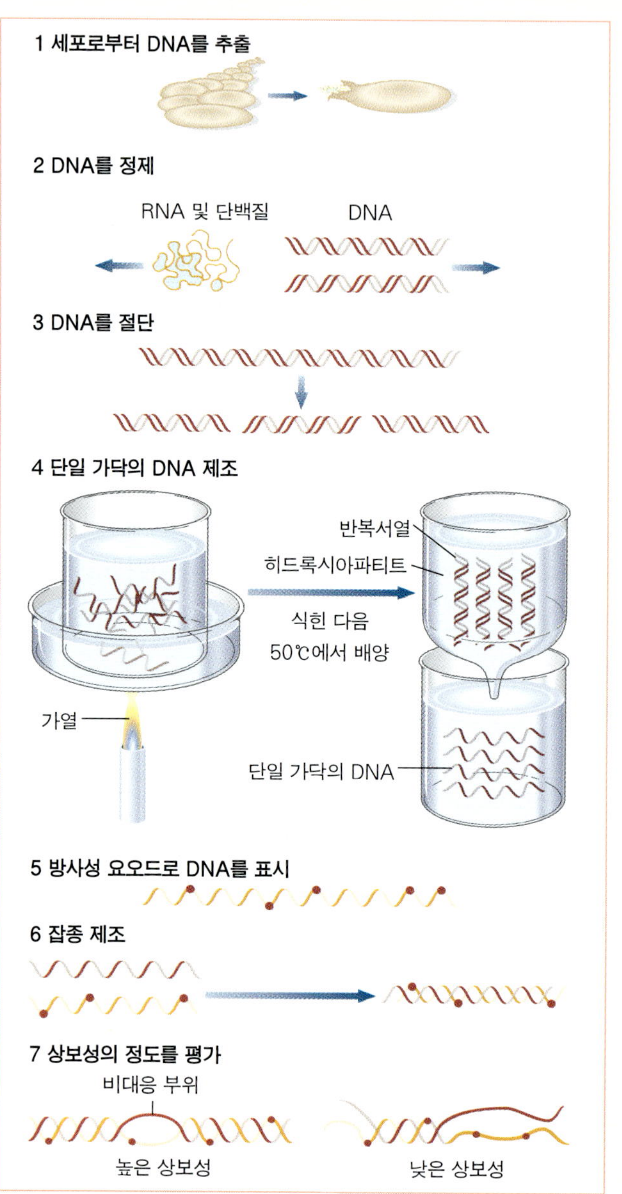

다. 가장 중요한 유전적 정보는 유전자의 서열 내에 들어 있기 때문에 두 게놈을 비교하기 전에 반복 서열을 제거해야 한다. 이것을 위해서 우선 절편화된 혼합물을 가열하여 이중 가닥의 절편을 분리하고, 단일 가닥의 혼합물을 만든다. 그 다음 혼합물을 50℃에서 잠깐 동안 가열하면 반복 서열은 빨리 재결합하며, 독특한 서열은 단일 가닥으로 남아 있게 된다. 이 단일 가닥들을 분리하여 비교한다.

요오드 농위 원소를 사용하여 비교하고자 하는 두 종 중의 하나로부터 얻은 독특한 서열의 단일 가닥 혼합물이 방사성을 띠도록 한다. 이제 두 종의 단일 가닥의 혼합물을 함께 섞어 잡종형성을 유도한다. 즉, 서로 유사한 서열끼리 우연히 만나 이중 나선을 형성하도록 한다. 두 가닥 사이의 결합력은 서열의 전반적인 유사성에 의하여 결정된다. 잡종형성이 완전히 이루어지면 혼합물을 히드록시아파티트 칼럼에 옮겨놓고 중탕 장치에서 점차로 열을 가하여 2.5℃ 단위로 60℃에서 90℃까지 점차로 온도를 올린다. 온도가 높아지면 혼성체 사이의 수소 결합은 약해져서 마침내 단일 가닥으로 되돌아가면서 끊어지게 된다(융해된다). 서열의 비유사도가 높은 잡종에서는 낮은 잡종보다 낮은 온도에서 결합이 끊어진다. 온도가 높아지면 방사성을 띤 절편들이 칼럼을 빠져오는 현상을 통해 융해점을 측정할 수 있다.

비유사도를 알아보기 위하여 연구자들은 융해 온도, 혹은 T_m이라고 알려진, 50퍼센트의 잡종 분자들이 융해된 온도를 측정하게 된다. 말하자면 동일한 A 시료로 이루어진 순종(동형 이합체, A:A)과 A와 B 시료로 이루어진 잡종(이형 이합체, A:B)의 융해 온도를 비교하여 두 종 A와 B를 비교할 수 있다. 대체적으로 융해 온도가 1도 다르면 DNA 서열의 1퍼센트가 다른 것(즉 100개 뉴클레오티드로 이루어진 서열 중 1개의 뉴클레오티드가 다른 것)과 마찬가지다.

이 기법은 종 사이의 유전적 거리를 측정할 수 있게 하지만 형질 상태(즉, 게놈의 어떤 특정 위치에 어느 뉴클레오티드 염기가 존재하는가)에 대한 정보는 주지 않는다. 이런 이유 때문에, 이 방법은 분자계통학에서 그리 널리 쓰이지 않는다. 분자계통학의 방법론으로는 형질 상태(분지론적)의 분석이 주도적으로 사용되고 있다.

다. 새의 날개와 박쥐의 날개는 상동(구조적으로는 앞다리)이면서 동시에 상사(기능적으로는 날개의 역할) 기관이다.

물론 오웬은 다윈 이전의 사람이었으며 그가 상동과 상사를 구분하고자 노력했던 것은 자연계 내에서의 생명의 층위 구조natural hierarchy를 발견하려는 방법 중의 하나였다고 추측된다. 그때까지 진화는 논의되지 않았으며, 대신 다양한 생물들은 창세기에 기록된 신의 창조 산물로서 간주되었다. 지구상의 생물은 신이 질서 있게 정한 원형에 따라 구분될 수 있는, 동시에 형성된 변이체들simul-taneous variations로 구성된다.

진화론을 받아들임에 따라 생물들을 구별하는 방법은 변하지 않았지만 층위 구조를 이루는 생명의 기원에 대한 생물학자의 생각은 바뀌었다. 다윈의 표현을 빌리자면 진화는 고정되어 있는 것보다는 〈변화하며 전달〉되는 것으로 층위 구조를 파악하며 그것에 의미를 부여하고 있다. 다른 말로 표현하자면, 자손은 해부학적으로 그들의 조상과 유사하지만, 자연선택을 통하여 여러 방식으로 변형되었다. 즉, 특수하게 변형되어 개체의 생존과 번식에 성공

상동

박쥐의 날개

쥐의 앞다리

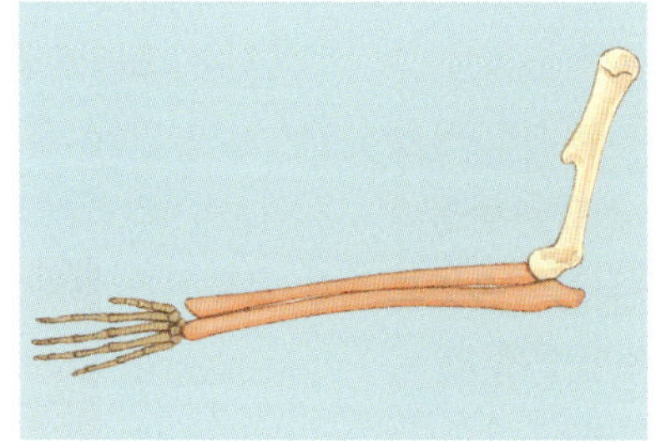

사람의 팔

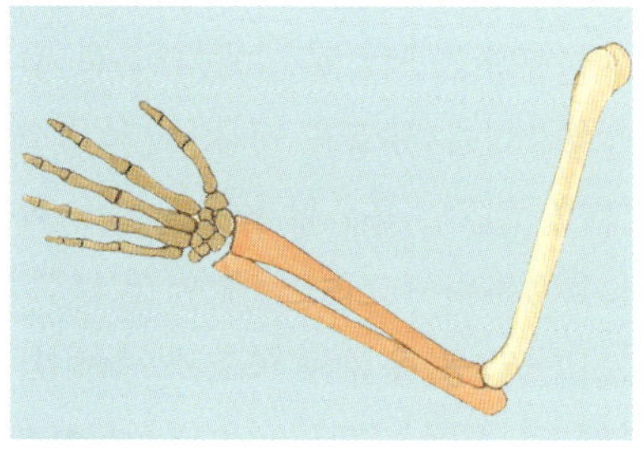

상사

박쥐의 날개

새의 날개

나비의 날개

상동과 상사: 박쥐의 날개, 쥐의 앞다리, 그리고 사람의 팔은 상동 구조라고 불린다. 왜냐하면 비록 그들은 상이한 기능을 갖지만 동일한 해부학적 요소로부터 유래하였기 때문이다. 각 전지는 동일한 기본적 구조를 갖지만 서로 다른 기능을 하기 위해 변형되었다. 이러한 구조적인 일치로 미루어보아 이들 세 종류는 사지를 갖는 공동 조상을 가졌음을 나타내준다. 박쥐의 날개와 새의 날개는 상동이지만, 그들은 나비의 날개와는 상사이다. 상사 구조는 동일하거나 유사한 기능(이 경우에는 나는 기능)을 수행하지만 동일한 환경적 요구에 의하여 서로 다른 해부학적 요소로부터 유래한 것이다. 자연계에서 상사가 널리 존재한다는 사실은 자연선택의 위력을 증명해 주는 것이기도 하다.

함으로써 그들은 변화하는 환경의 요구에 잘 적응하게 되었다. 예를 들자면, 납작하고 노를 닮은 앞발을 갖는 것은 바다에 사는 포유동물(물개와 해마)에게 이롭다. 반면에 풀을 뜯어 먹거나, 땅을 파거나, 날아가는 곤충을 잡는 등의 방법에 의해서 살아가는 포유동물의 앞발은 그 목적에 이롭게 변형되었다. 이 같은 입장에서 본다면 원형은 공동 조상이라 해야 옳으며, 상동은 공통적인 설계 때문이 아니고 공동 조상을 갖기 때문에 나타난다고 할 수 있다. 상사는 표면적인 유사성을 나타내도록 설계되었기 때문이 아니라 수렴 진화convergent evolution, 즉 (예를 들자면 새와 나비의 경우처럼) 조상이 반드시 유사할 필요는 없으나 변형된 유전자가 독립적인 경로를 따라 후세에 전날되어 기능적(이 경우에는 나는 기능)으로 수렴된 때문으로 여겨진다.

그러나 비교형태학은 이들 진화적인 패턴을 인식하는 수단으로 남아 있다. 영국의 고생물학자인 콜린 패터슨Colin Patterson이 언급했던 것처럼 〈비교형태학에서는 방법이라기보다는 학설의 변화가 있었다〉. 이후로 비교형태학은 생물의 개체가 아니라 생물의 집단과 관련이 있는 계보genealogy를 밝히는 계통학을 재확립하는 데 사용되었다. 다윈은 충분한 시간과 노력을 기울인다면 생명의 역사를 자세히 기술할 수 있을 것이라고 낙관하였다. 그는 종의 기원에서 〈우리 시대의 분류학은 결국 계통학이 될 것이다〉라고 썼다.

이러한 언급이 있은 지 1세기 동안 전문가들은 계통수 전체를 이루는 일부분들에 대하여 개별적인 노력을 기울여, 계통학을 확립시키려 했다. 그들의 노력을 합친 결과 계통수의 윤곽이 세워졌다. 그러나 관심의 축이 계통학에서 유전학, 생태학 그리고 진화의 기작으로 옮아가면서 결국 이러한 시도는 점점 약화되기 시작하였다.

그 이유들은 역설적이다. 한 가지 이유는 생명의 계통수의 전체적인 모습은 거의 알아냈고 단지 세세한 부분만 채우면 된다는 생각이 대두되었기 때문이다. 다른 이유는 학자들이 계통학에서 사용해왔던 그들의 연구 방법들을 전통적인 과학에 적용할 경우 엄격하게 부합하지 않는다는 것, 예를 들면 관계를 추론하기 위하여 사용되는 기준들이 잘 표준화되지 않는다는 것을 인식하게 되었기 때문이다. 상동과 상사 사이를 구별하는 데 고도의 정확성이 요구된다는 점도 과학자들에게 실망을 안겨주었다.

말로 표현하기는 비교적 쉽지만, 그것은 홍학의 예가 보여주듯이 실제로는 구분하기가 매우 어려운 경우가 많다. 기능적인 필요에 따라 해부학적 특징을 갖추는 데 자연선택은 상당히 강력한 힘을 발휘하기 때문에, 아주 근연 관계가 적은 종들도 매우 비슷한 형태학적 특징을 나타내게 된다. 태즈메이니아 늑대Tasmanian wolf(유대 포유류)와 유라시아 늑대Eurasian wolf(태생 포유류)가 구별하기 어려울 정도로 흡사한 외양을 가지고 있다는 점은 설득력 있는 증거이다. 유대류와 다른 포유류는 진화적으로 유연 관계가 거의 없지만 모양과 구조가 서로 매우 비슷하다. 상사를 통해서 외면적으로 유사성을 나타낼 수 있기 때문에 비교형태학을 통해서 계통을 추론할 경우 훈련된 학자라도 실수를 범할 수 있다. 이러한 문제점을 가지고 있기 때문에 일부 학자들은 비교형태학적인 접근 방법이 남용되어 왔다고 선언하였다. 더욱이 계통수의 많은 기부의 가지(오래된 가지), 예를 들어 단순한 다세포 생물의 기원과 초기 방산을 밝히는 문제는 패터슨이 지적했듯이 〈단서는 없고 자국은 희미하기〉 때문에 전통적인 비교학적 방법으로는 해결할 수 없는 것처럼 여겨졌다.

표현론과 분지론

1960년대에 이르러 이런 방법론적인 난관을 돌파하기 위하여, 두 가지의 새로운 그리고 독립적인 노력들이 경주되었다. 비록 그들의 목표는 같았지만 철학적으로는 극단적으로 달랐으며, 어느 것이 더욱 타당한 것인가의 여부를 놓고 활발한(때로는 악의적인) 논쟁이 벌어졌다. 이런 논쟁의 여파로 분자계통학이 처음 출현했을 때는 거의 주목을 받지 못했다.

두 가지 새로운 접근법 중의 하나가 표현론phenetics 이다. 수리분류학numerical taxonomy이라고도 불리는 표현론은 종의 분류에 있어서 객관적인 판단 기준, 즉 운영 분류 단위operational taxonomic unit(OTUs)를 찾고자 했다. 표현론은 계보를 세운다기보다는 전반적인 형태의 유사성에 근거하여 생물들을 집단으로 묶으려고 했다. 동물에서의 치아의 모양과 식물에서의 꽃잎의 길이 등과 같이 연구하는 종들 사이에서 각각 동일한 가중치를 갖는 다수의 특성들을 통계적인 방법으로 비교하여 방법론에 객관성을 기하려고 했다. 그 결과는 각 생물의 쌍들에 대한 다변량 집단 통계치multivariate cluster statistic로 나

1950년, 분지론이라고 알려진 계통분류학 기법을 담은 저서를 저술한 독일의 곤충학자 빌리 헨니히. 오늘날 분지론은 계통을 재구성하기 위해서 가장 널리 쓰이는 기법이다.

타나며, 관계를 나타내는 각 집단 간의 층위 관계를 궁극적으로 드러낸다.

전반적인 유사성을 가지고 진화적 관계를 합리적으로 추론할 수도 있으나 표현론은 그와 같이 계통수를 재건축하려고는 하지 않는다. 다시 말하자면 그 방법은 계통수의 분기점을 밝히려는 목표는 가지지 않는다. 만약 계통수 내에서 진화적인 변화 속도가 일정하거나 거의 일정하다면 표현론은 종을 분리한 진화적 차이나 시간 간격에 대한 척도를 제공해 줄 수 있다. 표현론적 거리는 요컨대 각 가지의 길이를 나타낸다.

두번째 방법인 분지론cladistics은 1950년 독일의 곤충학자인 빌리 헨니히Willi Hennig에 의해 출판된 책에 그 기원을 두고 있는데, 1966년 영역판이 나오기 전까지는 그다지 널리 인정받지 못했다. 분지론은 표현론과는 달리 진화사를 재건축하려는 명백한 목표를 갖는다. 어떤 그룹의 생물들 사이에는 실제로 잘 밝혀지지는 않았다고 해도 단 하나의 진정한 진화사가 존재할 것이다. 분지론적 분석은 공유 파생 형질synapomorphy이라고 알려진 어떤 특징으로부터 진화적 역사를 추론하고자 한다. 이와 대조적으로 분지론자들에 의하여 원시적primitive이라고 불리는 형질은 공동 조상을 가지고 있음을 나타내지 않는다. 어떤 형질을 원시적이라거나 공유 파생 형질로 보는 것은 상황에 따라 다르다. 즉, 어떤 층위 구조에서 우리가 보고 있는가에 따라서 달라질 수 있다. 이 차이를 설명하기 위해서는 예를 들어보는 것이 가장 좋을 것이다.

구세계의 원숭이, 유인원 및 사람을 포함하는 유인원아목Catarrhini을 생각해 보자. 이 그룹에 속하는 비비, 침팬지 및 사람은 모두 손가락 끝에 손톱을 가지고 있으나, 그들은 이 점에서 독특한 것은 아니다. 모든 영장류들은 손톱을 가지고 있다. 손톱은 영장류의 조상과 그 모든 후손에 독특하게 존재하지만, 유인원아목의 공동 조상에서만 독특하게 나타나는 것은 아니기 때문에 (다른 영장류들도 손톱을 가지고 있다), 분지론에서는 유인원아목이 관련되어 있을 경우 손톱을 원시적인 형질로 분류하지만, 영장목 전체에서는 공유 파생 형질로 본다. 비비나 침팬지나 사람을 신세계 원숭이New World monkeys와 독특하게 연결시키는 십여 가지의 특질이 존재한다. 즉, 그런 특징들은 유인원아목에 대하여는 공유 파생 형질이다. 원시 및 공유 파생 형질은 둘 다 동일한 형질들이지만, 진화적 그룹이 서로 다른 수준에서 분류할 경우(이 경우에는 영장목)에는 유용하게 쓰인다.

분지론적 분류의 함정에 너무 깊게 빠져들지 않기 위해서는 다음과 같은 질문을 던져볼 필요가 있다. 실제로 분류를 한다고 할 때 어떤 주어진 예에서 어떤 형질이 원시적인 것인지 파생적인 것인지를 어떻게 결정할 수 있을 것인가? 외집단 비교outgroup comparison라고 알려진 방법은 이런 경우에 도움을 준다. 즉, 고려 중인 종들의 그룹과 이 그룹에 비교적 가까운 그룹 사이를 비교하는 것이다. 손톱을 다시 한번 생각해 보자. 유인원아목에서 손톱이 공유 파생 형질인가를 결정하기 위하여 관련된 그룹에서 손톱이 존재하는가에 대하여 조사해 보자. 예를 들어 신세계 원숭이나 원원아목prosimians에서 그 형질이 존재한다는 것은 그것이 유인원아목의 공유 파생 형질이 아니라는 것을 알려주는데, 왜냐하면 신세계 원숭이와 원원아목은 모두 영장목의 일원이기 때문이다. 이 방법론을 사용하여 분지론자들은 유사성에 근거한 주관적인 판단을 배제할 수 있다는 점에서, 즉 상동-상사의 난제를 벗어날 수 있다는 점에서 그들의 접근 방법이 객관적이라고 주장할 수 있다. 실제로 연구할 형질을 선택하는 과정에서 분지론의 객관성은 표현론과 마찬가지로 확보될 수 있는 것이다.

분지론적 분류에서는 실제 계통을 세우는 것을 가장 중요하게 여기며 따라서 공유 파생 형질을 인식하는 것은 실상을 가설적으로 재구축하는 유일한 수단이다. 표현론적 거리를 측정하는 것은 엄밀하게 상대적이어서 그것이 분자적인 혹은 형태적인 데이터로부터 유래했든지 간에 분지론자들은 받아들일 수 없을 것이다. 홍학의 경우에서 굴드가 그렇게 찬미했던 DNA-DNA 잡종형성은 분자계통학의 다른 방법들과는 달리 특성을 측정하는 것이 아니라 거리를 측정하는 것이었다. 그의 정열적인 찬사는 분지론자들을 열광시켰는데 그 영향의 여파로 분자계통학은 초기에 수용되기가 어려웠으며 그런 경향은 아직도 계속되고 있다. 오늘날 대부분의 생물학자들은 분지론적 접근이 철학적으로 우세하다는 사실을 인식하고 있으나, 이는 계통학을 재건축하는 데 거리의 측정이 아무런 소용이 없다는 것을 의미하는 것은 아니다. 표현론-분지론 간의 논쟁의 결과, 분류의 한 수단으로 사용되는 비교형태학이 침체의 늪으로부터 탈출할 수 있었다는 것이다. 따라서 부활한 비교형태학은 분자계통학의 도전을 더욱 잘 견뎌 낼 수 있었다.

유인원과의 유연 관계

그와 같은 도전을 받게 된 까닭은 무엇보다 일부 분자생물학자들이 비교형태학의 상동과 상사라는 난제를 교묘하게 피해갈 수 있는 자세한 수준의 정보(DNA 염기 서열로 씌어진 진화적 변화의 기본적 기록)를 제공하는 데 있어 형태적인 데이터보다 분자적인 데이터들이 원래 우수하다고 확신했기 때문이다. 게다가 분자적 진화와 형태적

진화는 매우 다른 속도로(분자 진화가 규칙적으로 일어나는 데 반하여 형태 진화는 불규칙적으로) 진행된다고 생각하였다. 이는 분자 데이터를 더욱 믿을 만한 것으로 해석하게 하였다. (그러나 다음 장에서 밝혀지겠지만 이러한 점에서는 단순한 이분법이란 없다.) 이들 가정들은 호모 사피엔스의 계통사 phylogenetic history라는 멋지고, 고도로 민감한 논쟁으로 시험을 받게 되었다.

1970년대 중반까지 몇 가지 분자계통학적 기법들이 개발되었다. 그 당시에는 전기영동, 면역학 그리고 서열 분석법을 사용하여 단백질을 비교하는 것이 고작이었다. 그러나 DNA-DNA 잡종형성 기법을 사용하는 학자들은 유전 물질을 직접적으로 비교할 수 있었다. 1975년 학술지 《사이언스 Science》에 발표된 기념비적인 논문에서 마리-클레르 킹 Marie-Claire King과 앨런 윌슨 Allan Wilson은, 기본적인 유전 정보에 대한 이와 같은 접근을 통하여 〈종간의 '유전적 거리 genetic distance'에 대한 정량적이고도 객관적인 추정치를 얻을 수 있게 되었다〉고 밝혔다. 그들은 모든 종류들을 대상으로 당대에 사용할 수 있는 방법을 모두 적용해 본 결과, 사람과 침팬지 두 종류는 그 방법들을 전부 사용해야만 분류될 수 있다는 것을 알아냈다. 그들은 〈따라서 분자 및 개체 수준에서 얻은 추정치가 일치하는가를 평가할 수 있는 좋은 기회가 주어진 것이다〉라고 자평하였다.

그 논문에서는 여러 가지 분자적 기법으로 분석했을 때 다른 자매종 sibling species보다도 침팬지와 사람이 매우 가까운 유전적 관계를 갖는 것으로 나타났다. 그리고 더 나아가서 킹과 윌슨은 전통적인 형태학적인 (〈개체 수준의〉) 분석에 따른 두 종 사이의 해부학적 차이점이 과장되어 그들을 다른 속뿐 아니라 다른 과에 속하는 것으로 분리시켜 놓았을 가능성을 지적하였다. (호모 사피엔스는

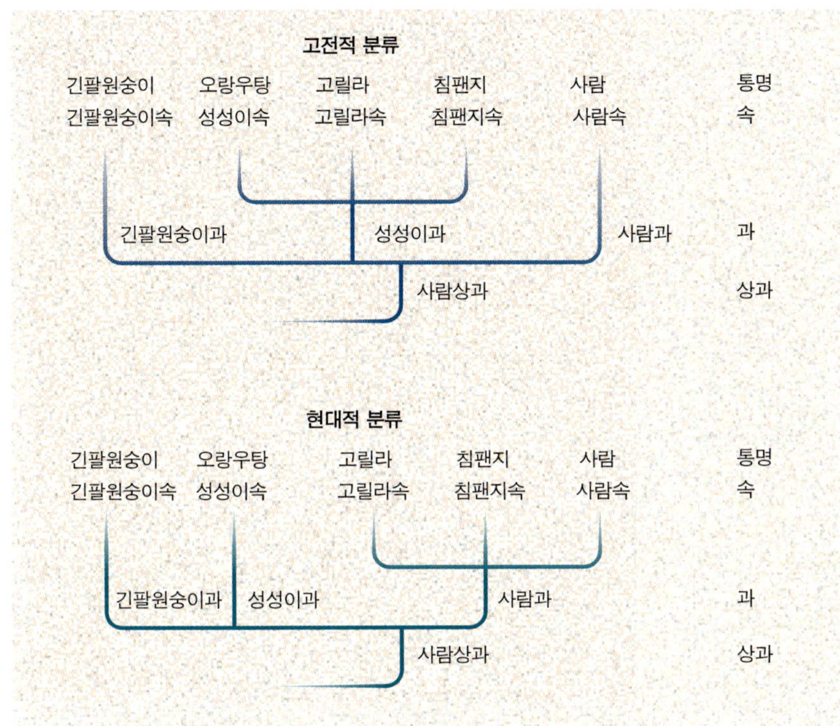

유전 정보에 의하여 사람과 유인원은 재분류되었다. 전통적으로(위), 사람은 사람과의 단일 구성원이었다. 반면에 대형 유인원(고릴라, 침팬지 그리고 오랑우탄)은 성성이과로 묶여 있었다. 그러나 유전적으로 고릴라와 침팬지는 오랑우탄보다는 사람에 더욱 가깝다. 이 관계는 새로운 분류 체계에 반영되어 있는데(아래), 여기서는 사람과 아프리카 유인원이 사람과에 묶여 있고, 반면에 오랑우탄은 성성이과의 단일 구성원이다.

다른 종과는 특히 영적으로 그리고 지적으로 매우 다르게 구분될 것이라는 무언의 믿음 때문에 이 분류 체계가 영향을 받았을 수 있다.) 이들의 관계를 전과 다르게 설정한 주장은 곧 준엄한 반대에 부딪혔다. 흔히 그러하듯이 편을 갈라 설전을 벌였다.

웨인 주립대학의 생물학자인 모리스 굿맨은 1960년대 초기에 사람의 계통을 효과적으로 확립시켰다. 그는 그들 사이의 유전적 근연 관계를 밝히기 위하여 면역적인 방법을 사용하여 유인원과 사람(집합적으로 유인동물 homi-noid, 즉 사람상과에 속하는 동물)의 혈청 단백질을 분석하였다. 단순하지만 효과적이었던 그 방법은 면역계에 의하여 생산되는 항체들이 그들이 접하게 되는 분자 구조의 차이를 민감하게 인식한다는 사실에 바탕을 두고 있다.

첫번째 단계는 사람의 혈청 알부민(혈액 단백질의 일종)을 토끼에 주사하는 것이다. 토끼의 면역계는 사람의 알부민에 단단하게 결합하는 항체를 만들어 반응한다. 그 다음 토끼의 혈청을 채취하여 사람과 관련된 종으로부터 얻은 알부민과 비교하는 데 사용된다. 사람의 알부민을 토끼의 혈청과 혼합시키면, 단단하게 결합하기 때문에 강력한 반응이 일어나며, 알부민은 덩어리로 침전된다. 사람의 알부민과 단백질 구조가 점점 달라지는 알부민은 점차적으로 약한 반응을 나타내어, 침천물을 적게 만들게 된다. 이러한 방법을 사용하여 굿맨이 발견한 유인동물 간의 유연 관계의 패턴은 명백한 것이었다. 즉, 사람과 두 종류의 아프리카유인원African ape(침팬지와 고릴라)은 한 개의 그룹으로 묶이고, 아시아의 대형유인원Asian great ape(오랑우탄)은 그들과 유연 관계가 멀었으며, 아시아의 소형유인원Asian lesser ape(긴팔원숭이)은 더욱 유연 관계가 먼 것으로 나타났다.

우리는 지금 이러한 패턴에 익숙해져 있다. 그렇지만 그 당시에는, 그리고 아직도 일부 교과서에서 나타나고 있지만, 형태적인 분류만 반영되어 있었으며 현재의 패턴과는 매우 다른 유연 관계를 가지는 것으로 인식되었다. 사람은 분류학적으로는 호미니드과(더욱 일반적으로는 사람과)에 속해 있지만 아프리카와 아시아의 대형유인원들은 성성이과Pongidae(더욱 일반적으로는 유인원)라는 별도의 과에 속해 있었다. 주로 조지 게일로드 심슨George Gaylord Simpson의 영향을 받은 이러한 분류법에서는 사람과 대형유인원을 차별하려고 했는데, 많은 사람들은 그것이 진정한 진화사를 반영하는 것으로 생각했다.

1962년 굿맨은 새로운 데이터를 제시하면서 형태에 따른 분류 방식이 바뀌어야 한다는, 즉 아프리카유인원은 사람과 함께 사람과에 소속되어야 하고 오랑우탄만 원래의 성성이과로 남아야 한다는 견해를 발표하였다. 이 견해는 수용되기 어려웠다. 심슨이 언급한 바 있듯이 〈사람이 유인원과 혈족 관계를 가지고 있다는 사실이 확실하다 해도 아마도 동물학자나 교사들은 실제로 하나의 과에 그 두 종이 포함되어 있다는 것에 거부감을 느낄 것이다〉. 다른 말로 표현하자면 심슨이나 대부분의 다른 사람들은 호모 사피엔스가 다른 동물과 동일한 분류적 범주(과)에 속해야 한다는 개념을 단지 받아들이기 힘들었던 것이다. (확실히 이 판단에는 과학적이라기보다는 인간 중심적인 요소, 즉 사람은 독특하며, 나머지 자연계와 구별된다는 생각이 포함되어 있다.) 데이비드 필빔 David Philbeam이 〈20

세기 체질인류학physical anthropology 분야에서 이룩한 가장 중요한 진보 중의 하나〉라고 평가한 굿맨의 발견은 이처럼 분자적 증거가 사람의 기원에 관한 연구 영역에서도 새롭게 사용될 수 있음을 드러내었다. 그러나 그것이 일으킨 파장은 버클리 소재 캘리포니아 대학교의 생화학자인 앨런 윌슨(후에 킹과 공동 저자)과 빈센트 사리크 Vincent Sarich에 퍼부어진 엄청난 비난에 비하면 아무것도 아니었다.

1967년 그들은 굿맨과 유사한 방법을 사용하여 유인동

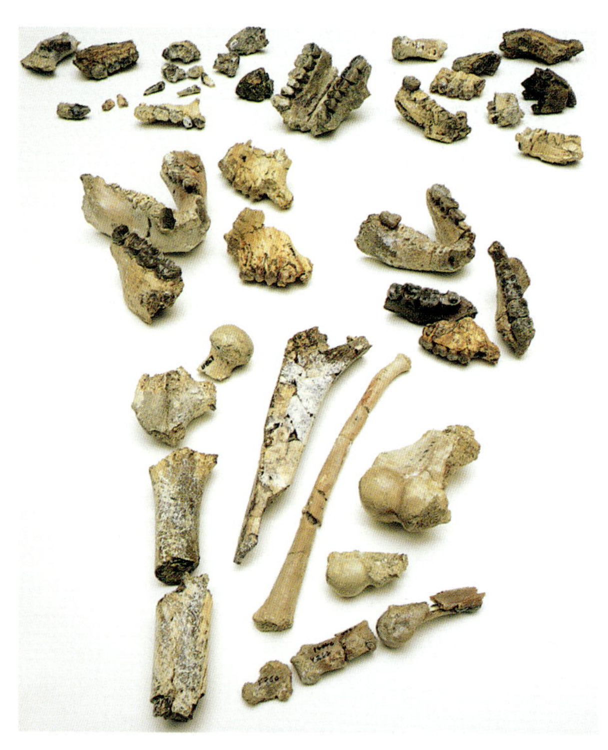

라마피테쿠스 화석 표본의 수집물. 이 원숭이를 닮은 동물의 화석뼈는 1930년대 처음으로 파키스탄에 위치한 중신세 유적지에서 수집되었다. 한때 초기의 호모종이라고 생각되었던 라마피테쿠스는 이제는 사람과 관련이 없고 현대의 오랑우탄의 선조일 것으로 생각되고 있다.

물 관계를 탐구한 결과에 분자 시계molecular clock의 개념에 근거한 시간적 차원을 덧붙여 새롭게 출판했다. 5장에서 설명되겠지만, 유전 물질 내의 돌연변이가 대강 일정한 속도로 축적된다는 것을 가정한다면 존재할 가능성이 있는 시계는 두 종이 공동 조상을 가지고 있을 때 경과한 시간을 측정하는 데 유용하다. 분리된 시간이 길어지면 개별적인 종들에서 독립적으로 축적된 돌연변이는 더욱 많아지게 된다. 이와 같은 개념에 근거하여, 월슨과 사리크는 아프리카유인원과 사람이 500만 년 전에 분리되었다는 결과를 발표했다. 이것은 1,500만 년 전, 아마도 이르다면 3,000만 년 정도로 사람과의 기원을 생각했던 대부분의 인류학자들의 생각과는 명확히 다른 것이었다. 그러한 연대 추정은 인도에서 발굴된 라마피테쿠스 *Ramapithecus*라는 이름이 붙은 유인원을 닮은 동물의 화석에 근거하고 있었다. 1930년대 처음으로 발견된 라마피테쿠스는 예일 대학교의 엘윈 사이먼스Elwyn Simons에 의해서 발표된 주요 논문에서, 사람과의 첫번째 구성원으

로 보고되었는데 이는 월슨과 사리크가 상기의 논문을 발표하기 약 6년 전이었다.

그 다음 15년간은 악의에 찬 비난이 뒤따랐다. 월슨과 사리크는 계보를 추론하는 데 해부학적 해석이 믿을 만한 것이 되지 못한다는 입장을 효과적으로 견지했지만, 다른 인류학자들은 분자 데이터를 비교하더라도 진화와 관련된 시간의 경과를 정확하게 추정할 수는 없다고 주장했다. 양편의 주장은 모두 일리가 있었다. 우리가 살펴보았듯이, 형태학자들은 해부학적 특징들에서 상동과 상사 사이의 차이를 구별하는 데 커다란 어려움을 겪고 있다. (라마피테쿠스를 사람의 무리에 살못 소속시켰다는 사실이 뒤늦게 밝혀지면서 이 사실은 다시 한번 명백해졌다.) 반면, 월슨과 사리크는 그 당시에 분자 시계의 개념을 가지고 미답의 영역을 탐험하고 있었다. 전통적인 생물학자들만 진화의 시계가 작동할 가능성을 의심한 것은 아니었다. 가장 날카로운 비판자들은 바로 분자생물학자들이었다. 이와 같은 상호 불신의 결과로 분자 및 전통적인 접근법

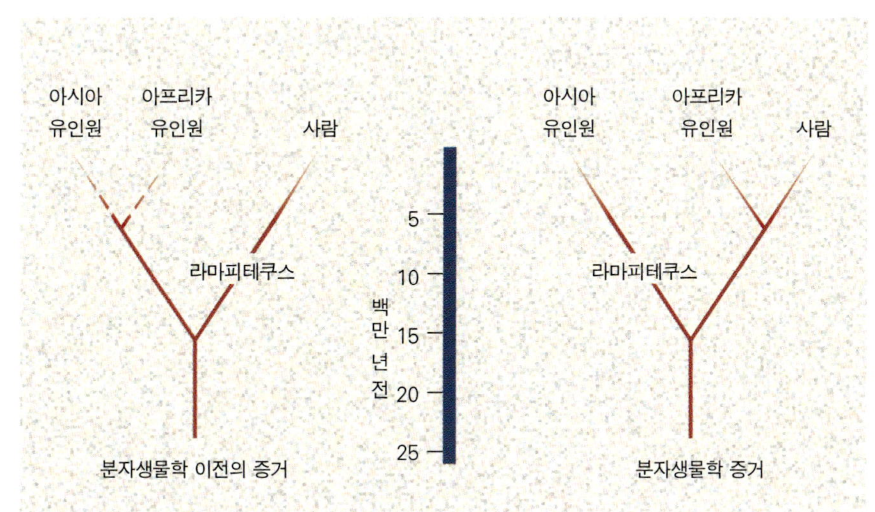

분자계통학적 증거가 등장하기 이전에, 라마피테쿠스 화석을 초기의 사람으로 동정한 것에 근거하여, 사람은 적어도 1,500만 년 전에 다른 유인원들로부터 분지된 것으로 생각되었다. 이보다 훨씬 후기인 500만 년 전 무렵에 분지가 일어났음을 보여주는 많은 양의 분자적 증거들이 축적된 1960년대 이후, 라마피테쿠스는 이제 현대의 오랑우탄의 조상 계열과 밀접한 관련이 있는 유인원으로 인식되고 있다.

사이에 진화사를 밝히기 위하여 최초로 협력 관계가 형성되었으나 그것은 그리 순조롭게 발전하지는 못했다.

논쟁이 가열되면서 더욱 많은 분자적 증거가 축적되었다. 그들 중 일부는 원래의 면역학적인 기법에 의존한 것이었으나, 단백질 지문 감식법, 단백질 서열 분석protein sequencing, DNA의 제한효소 지도restriction enzyme mapping, 그리고 마침내 DNA 서열 분석 등 신개발 기법에 의해 더욱 많은 증거를 얻을 수 있었다. 처음의 결론과 크게 어긋나는 점은 없었다. 사람의 무리는 최근에 기원하였다. 다양한 방법을 사용하여 추정한 연대는 400만 년에서 800만 년 범위 사이에서 일치하였다. 무슨 방법을 사용하든지 간에 3,000만 년은 고사하고 1,500만 년에 가까운 추정치를 보이는 분자 시계도 없었다.

1982년 초에 이르러서야 인류학자들은 라마피테쿠스가 사람의 무리에 속하는 최초의 종일 것이라는 주장을 비로소 포기하였다. 라마피테쿠스와 동시대의 유인원인, 시바피테쿠스Sivapithecus의 완벽한 화석 표본이 새롭게 발견되었기 때문이다. 새로운 화석을 조사한 결과 두 가지 사실이 밝혀졌다. 첫째는 시바피테쿠스와 라마피테쿠스의 근연 관계가 매우 깊다는 것이고, 둘째로 시바피테쿠스는 현대의 오랑우탄의 조상과 근연 관계가 있다는 것이다. 만약 이것이 사실이라면, 라마피테쿠스의 조상 계열은 사람의 무리로부터 분리되어야 한다. 왜냐하면 오랑우탄 그룹은 사람-유인원(유인동물) 계열로부터 일찌감치 분지되었기 때문이다. 적어도 이 경우에서는 분자계통학이 상사-상동 난제에 의하여 야기된 혼란을 해결하는 데 능력을 발휘하였다.

킹과 윌슨의 대담한 주장

그러나 이 논쟁에 대한 세간의 관심과는 상관없이 1975년에 킹과 윌슨에 의해 이루어진 조사는 생물계통학 전반에 막강한 영향을 끼쳤다. 조사 결과, 두 가지 결론이 유도되었다. 하나는 명백한 것이었고, 하나는 암시적인 것이었다. 첫째, 분자 진화와 형태 진화는 매우 다른 속도로 진행하며, 이것에 대한 이유는 분자 진화의 특성에서 찾을 수 있다. 유전학자들은 진화적인 변화가 일어난 근거를 단백질 구조 속의 돌연변이에서 찾으려고 하는데, 이는 대개의 경우에 타당하다. 그러나 킹과 윌슨은 그보다는 몇 년 전 주커캔들이 제안한 바와 같이, 구조 유전자 structural gene보다는 조절 유전자regulatory gene의 돌연변이를 통하여 더욱 극적인 개체 수준의 진화가 일어날 수 있다고 주장하였다. 구조 유전자는 단백질의 생산을 지시하는 반면, 조절 유전자는 구조 유전자의 활성을 조절하는 데, 그리고 궁극적으로는 (고등생물에서) 수정란에서 성숙한 개체로 발생에 따른 분화를 조절하는 데 관여한다. 따라서 조절 유전자에서 단순한 돌연변이가 일어난다 하더라도 발달시 복잡한 변화가 일어날 수 있으며, 원래와는 매우 다른 성체를 만들어낼 수 있다. 이렇게 된다면 분자 및 형태학적인 진화는 서로 연계되지 않을 것이다. 나중에 명백하게 밝혀진 이 사실은 진화 과정을 이해하는 데 중요한 영향을 끼쳤다.

이때까지 유전자 수준에서의 돌연변이는 대강 일정한 속도로 축적되어, 분자 시계를 위한 근거를 마련해 준다고 생각되었다. 분자 진화는 단순하고 시계와 같은 방식으로 진행하는 반면, 형태 진화는 시계와 같이 진행되는 것은 결코 아니다. 킹과 윌슨이 조사하여 내린 두번째 결론은 분자적 데이터들이 형태적 데이터들보다는 진화적 변화와 관계를 나타내는 데 있어서 더욱 신빙성 있는 지표라는 사실을 암시하고 있다.

분자, 형태 그리고 생쥐

이보다 10년 후인 1985년에 이 같은 두 가지 방법으로 얻은 데이터의 대립 현상은 〈분자 대 형태 Molecules versus Morphology〉라는 표제의 국제 학술회의에서 명백하게 드러났다. 이 학술회의의 목표는 계통학을 재건축하는 데 있어서 두 가지 방법의 가능성을 평가하고자 하는 것이었다.

모임의 참석자들은 분자적 진화의 패턴이 이미 알고 있던 것보다는 훨씬 더 복잡하며, 분자계통학은 우리가 생각했던 것보다는 더 신뢰할 만한 것이 못된다는 주장을 듣게 되었다. 그럼에도 불구하고, 매우 직접적인 방법으로 분자적 방법의 우수성을 보여줄 수 있었다는 점은 소득의 하나라고 할 만하다.

결론을 검정할 수 있는 방법이 없기 때문에 특정 계통을 안다는 목표가 실제로 불가능하다는 것이 계통학이 안고 있는 문제이다. 계통학은 일종의 역사이며 귀결점은 기껏해야 가설이지 확실성은 아닌 것이다. 따라서 분자계통학자와 형태계통학자가 서로 별개의 결론에 도달하게 되면, 그들은 각자 서로의 가설을 살펴보게 되는데, 어느 그룹도 자기들이 옳다고 확신할 수는 없는 것이다. 그러나 이미 알려진 계통에 대해서 분자계통학과 형태계통학을 적용하여 결론을 직접 검정해 볼 수 있다. 그 당시 남캘리포니아 대학의 월터 피치 Walter Fitch와 위스콘신 대학의 윌리엄 애츨리 William Atchley는 실험실 내에서 자가 교배된 생쥐의 주 strain가 그와 같은 가능성을 제공

할 수 있다는 사실을 깨달았다.

지난 70년에 걸쳐 새로운 주가 개발될 때마다, 이들 생쥐의 계통은 기록되어 왔다. (이 경우의 주란 어떤 종에 속하는 유전적으로 구분되는 아집단 subpopulation을 말한다. 그러나 그것은 아종 subspecies보다도 잘 구분되지 않는다.) 분자 데이터로 이용된 것은 97개의 유전자 좌위 gene loci에서 변이가 일어난 단백질이었다. 형태적인 데이터로 이용된 것은 난 지 10주 된 생쥐의 아래턱에 있는 10개의 형질이었다. 피치와 애츨리는 두 세트의 데이터를 분석하기 위하여 다섯 가지의 상이한 방법을 사용하여, 분자 데이터는 이미 알려져 있는 계통을 재구성할 수 있었던 반면, 형태적인 데이터는 그럴 수 없었다는 점을 발견하였다. 그들은 생쥐의 계통이 전형적인 계통을 비교하기에는 터무니없이 짧은, 불과 70년에 걸친 것이라는 것과, 형태학자들이 대개 질적(즉, 상동기관의 존재와 부재)인 형질을 사용하는 데 반해 자신들은 양적(즉, 너비와 길이)인 형질을 사용했음을 인정했다. 그러한 단점에도 불구하고 피치와 애츨리는 계통학을 재구성하는 데 있어서 〈형태적 데이터보다는 분자적 데이터가 더 나은 것 같다〉고 결론을 내렸다. 많은 형태학자들은 그 실험이 치명적인 단점을 가지고 있기 때문에 비교를 하는 것은 의미가 없다고 주장하였다. 그럼에도 불구하고, 그 실험은 〈분자 대 형태〉의 가치를 개괄적으로 평가하는 데 커다란 공헌을 하였다.

분자적 데이터가 승리를 거둔 것은 명백하다. 예를 들어, 1985년의 회합에서 시블리와 알퀴스트는 〈분자적 데이터를 사용하면 상당히 정확하게 계통을 재구성할 수 있다〉고 언급하였다. 3년 후 데이비스 소재 캘리포니아 대학의 레슬리 고틀리브 Leslie Gottlieb는 식물 계통에 대한 연구를 하여 〈분자 데이터는 다른 종류의 계통학적 증거

와 일치되는가에 구애받지 않고 유용하므로 자족적이다〉라는 말로 동감을 표시했다.

유전자 사이의 상사와 상동

결론을 오도할 수 있는 상사(소위 성인적 상동homoplasy)의 문제점을 최소한도로 줄이며 진화적 변화를 기록하기 때문에, 계통을 재구성하는 데 있어서 분자 데이터가 더 낫다는 것이 초기의 생각이었다. 분자생물학자들은 통상적으로 근연 관계가 없는 종들로부터 얻은 유전자 서열이 우연이나 선택에 의하여 고도의 유사성을 갖게 되리라고는 생각하지 않는다. 그러나 DNA 서열은 생각했던 것보다는 수렴 진화에 의해 더욱 영향을 받기 쉬운 것으로 알려져 있으며, 형태계통학뿐만 아니라 분자계통학에서도 상동-상사는 문젯거리가 된다. 콜린 패터슨은 이에 대해 〈분자적 상동도 더 이상 안전하지 않으며, 어쩌면 형태적인 것보다 더 불확실할지도 모른다〉고 지적한 바 있다.

DNA 서열에서의 성인적 상동이 별문제가 되지 않는다는 주장은 매우 단순하다. 한편으로 형태의 상사 구조는, 기능적으로 그리고 구조적으로 유사한 형질을 만들어낼 수 있을 정도로 막강한 위력을 갖는 자연선택에 의해서 그와 같은 구조들이 형성될 수 있기 때문에 근연 관계가 없는 종들에서도 나타난다. 그러나, 다음 장에서도 논의하겠지만, 이와는 대조적으로 분자 수준에서의 진화를 추진하는 데 있어서 자연선택은 상대적으로 미미한 역할밖에 하지 못하는 것으로 알려져 있다. DNA 서열 내에서 일어나는 변화의 대부분은 중립적 분자 진화라고 하는 우연한 사건의 결과라고 생각된다. 각기 다른 종에서의 유전자 서열은 평행하게 진화하는 것 같지는 않으므로 따라서 그들은 성인적 상동을 유발하는 힘과 고립되어 있다.

실제로 상사적인 유전자 서열은 중립 진화에서 나타날 수 있으며, 예측하는 것보다는 높은 비율로 발생할 수 있다. 서로 다른 종의 유전자에서 동일한 부위에서 동일한 돌연변이가 일어나면 상사적인 유전자 서열이 생긴다. 각 부위에서는 네 가지 뉴클레오티드 중의 하나를 갖게 되므로, 변이가 일어나서 동일한 서열을 갖는 DNA 절편이 만들어질 가능성은 상당히 높다. 물론 어떤 특정한 부위에서의 변이 가능성은 대부분의 유전자에서 그리 크지는 않다. 그러나 충분한 시간이 주어진다면 성인적 상동의 문제는 중요성을 띠게 된다. 42개의 형태적 그리고 18개의 분자 분지론적 연구를 검토하면서 하버드 대학교의 마이클 도나휴Michael Donoghue와 마이클 샌더슨Michael Sanderson은 두 세트의 데이터에서 성인적 상동이 거의 동등하게 나타나는 것을 확인했다. 그러나 DNA-DNA 잡종형성법을 선호하는 학자들은 게놈 중 커다란 절편을 비교하게 되기 때문에 이 기법이 성인적 상동의 문제를 해결할 수 있다고 믿고 있다. 성인적 상동이 있을 만한 뉴클레오티드 위치의 수는 상동적 부위의 수와 비교할 때 상당히 적은 편이다. 그러므로 통계적으로 DNA-DNA 잡종형성법을 사용하면 성인적 상동의 영향은 거의 줄일 수 있다.

성인적 상동의 문제는 제쳐두고라도 상동 유전자 서열을 인식하는 것도 쉽지 않다. 실제로 그것은 어떤 면에서는 해부학적인 특징을 비교하는 것보다 더욱 복잡할 경우가 있다. 생물학자들은 오랜 시간 동안 물리적 상동의 진정한 의미에 대해서 반추해왔으며, 이에 대한 철학적인 저술 활동도 계속되고 있다. 그러나 분자생물학자들은 그들 자신의 데이터를 진화적인 상황에 적용하면서, 부분적

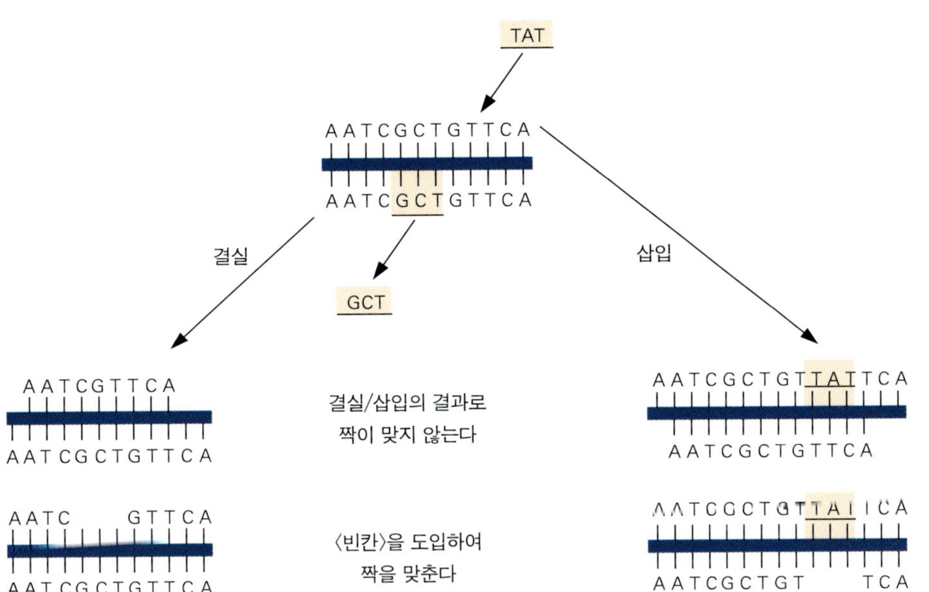

DNA의 분절이 유전자에 삽입되거나, 혹은 결실되면 관련 유전자의 서열은 매우 달라지게 된다. 유전자들 사이의 유사성은 알려진 서열에 빈자리를 만들어 넣은 다음 그들이 정렬될 때까지 분절을 (종이 위에서) 늘어놓아 결정할 수 있다.

으로는 부적절한 용어를 사용함으로써 더욱 커다란 혼란을 야기하였다.

두 종의 동일한 유전자 서열을 비교해 보면, 그들은 어느 정도의 유사성을 나타낸다. 예를 들어 50퍼센트의 서열이 동일하다고 가정해 보자. 원래 분자생물학자들은 유전자의 50퍼센트가 동일한 경우 흔히 〈50퍼센트 상동〉이라고 이야기한다. 공동 조상을 공유한다는 상동의 진정한 의미에 비추어 보면 이 두 유전자는 전혀 상동이 아닐 수도 있다. 그에 대해 텍사스 대학교의 분자생물학자인 데이비드 힐리스David Hillis는 〈분자생물학자들은 다른 그룹의 과학자들보다도 상동이라는 용어의 의미를 더욱더 혼란시키고 있는 것 같다〉고 꼬집었다. 상동이라는 용어는 공동 조상을 가질 경우에 한정하여 사용하여야 하며, 서열의 동일성을 나타내기 위해서라면 유사성similarity이라는 말을 사용하여야 한다는 것이다.

유전자 서열 사이의 진정한 상동 여부를 알기란 생각보다 훨씬 더 어렵다. 최근에 분지한 두 종에서는 전혀 서열의 차이가 없을 수 있거나 있다고 해도 소수에 불과하다. 두 서열을 대조하면 높은 정도의 서열 유사성을 보이는데, 흔히 이를 상동으로 간주한다. 그러나 진화의 시간evolutionay time이 경과함에 따라, 두 개의 동일한 서열은 각각 독립적으로 변이하게 되며, 따라서 오래전에 분지한 경우에는 유사성이 매우 낮아진다. 유사성의 정도는 충분한 시간이 경과하더라도 다음과 같은 흥미로운 이유로 인하여 우연히 발생할 경우보다 높지 않게 될 가능성이 있다.

분자 수준에서, 기능적으로 중요한 단백질의 단위는 그들의 3차원적 구조인데, 이는 DNA, RNA, 다른 단백질, 탄수화물, 그리고 지질과 같은 분자와 상호 작용하는 방식을 결정하게 된다. 작동 유전자 중 서로 다른 서열을 갖는 DNA를 바탕으로 만들어지는 서열이 다른 아미노산으로부터, 유사한 3차원적 구조를 가진 단백질들이 만들어질 수 있는 것이다. 따라서 진화적 정황에서는 분지하는 두 종들에 존재했던 동일한 유전자는 그것이 만들어내는 단백질의 기능적인 완전성에는 영향을 주지 않으면서 실제로 변이할 수도 있다. 이들 유전자는 DNA 서열이 달라도 상동이다.

변이가 전형적으로 특정한 부위의 뉴클레오티드 변화에만 국한되지 않기 때문에 문제는 더욱 복잡해진다. 유전자의 부위는 떨어져 나가거나(결실), 새로운 절편이 포함될 수도 있다(삽입). 그럴 경우 유전자들을 단순히 늘어놓는다고 해서 그들의 기본적인 서열 유사성을 찾을 수 있다고 생각해서는 안 된다. 배열 과정에서 유사성을 띠는 부위를 찾아내기 위하여 〈간격gaps〉을 벌여놓는 방법을 사용하여 분석 방법을 보정한다. 이런 방법으로 서열들을 정확하게 배열하는 것은 분자계통학에서 가장 요령 있게 다루어져야 할 문제이다.

다른 외관을 가지는 유전자들

극히 최근까지 고등생물의 게놈은 세균과 마찬가지로 단순하게 구성되어 있을 것이라고 생각되었다. 세균에서는 유전자가 단지 한 번만 나타나는 단일 복사본으로 존재한다. 그러나 고등생물에서는 이런 패턴이 적용되지 않는데, 유전자와 관련된 상동의 개념은 해부학의 경우보다도 훨씬 더 복잡해진다.

고등동물에서 유전자는 대개 다수의 복사본을 가지고 있는데, 집합적으로 이들을 유전자족gene family이라고 한다. 유전자족의 구성원들이 서로 동일할 때 세포는 많은 양의 단일 산물을 단시간에 만들 수 있다. 단백질-합성 기구를 지시하는 리보솜의 유전자들이 그 예이다. 그

러나 유전자족의 구성원들은 서로 다른 경우가 흔하며, 이때에는 수행하는 역할이 다르다. 예를 들어, 영장류의 적혈구 세포에서 산소를 수송하는 단백질인 글로빈의 유전자는 6가지로 구성된 유전자족으로 되어 있는데, 각자는 배에서 성체로 개체가 발달해 가는 시기에 따라 각각 기능을 갖는 변이체variant이다. 그러한 유전자족들은 진화하는 동안에 기존의 유전자가 복제되면서 만들어진 것이다. 처음에는 원래의 유전자와 새로 만들어진 유전자의 서열은 동일하였다. 그러나 시간이 경과하면서 차이가 누적되어 앞에서 예를 든 변이체들이 생겼다. 일부 유전자족은 두 개의 구성원으로 이루어져 있다. 그러나 어떤 것은 수십 개의 구성원을 갖는 경우도 있다.

분자생물학자들은 다른 측면을 갖는 상동을 나타내는 신용어를 제정함으로써 유전자족이 야기하는 복잡성을 고려하고자 하였다. 복제가 일어나지 않은 유전자(그래서 복사본이 한 개뿐인 유전자)의 경우에는 근연종과의 비교를 위하여 원상동orthology이라는 용어가 도입되었다. 원상동은 전통적인 형태적 상동과 기능적으로 동등하다. 파생상동paralogy이라는 용어는 예를 들자면 글로빈 유전자족처럼 어떤 종의 유전자족을 이루는 구성원 사이의 관계를 나타내기 위해서 도입되었다.

파생상동 유전자paralogue가 존재하기 때문에 분자계통학자들은 근연종들의 진화사에 관하여 잘못된 결론을 내리기 쉽다. 이 개념을 잘 이해하려면 예를 들어 설명할 필요가 있다. 유전자 X를 갖는 조상종ancestral species을 상정해 보자. 유전자가 1,000만 년 전에 복제되어 종은 이제 X1과 X2로 구성된 유전자족을 갖는다고 하자. 원래 서열이 동일했던 X1 및 X2는 1,000만 년이 흐르는 동안 종 내에서 독립적인 돌연변이를 점차 축적하게 되었다. 또한 종이 500만 년 전에 서로 나뉘어져 두 개의 유전자로 이

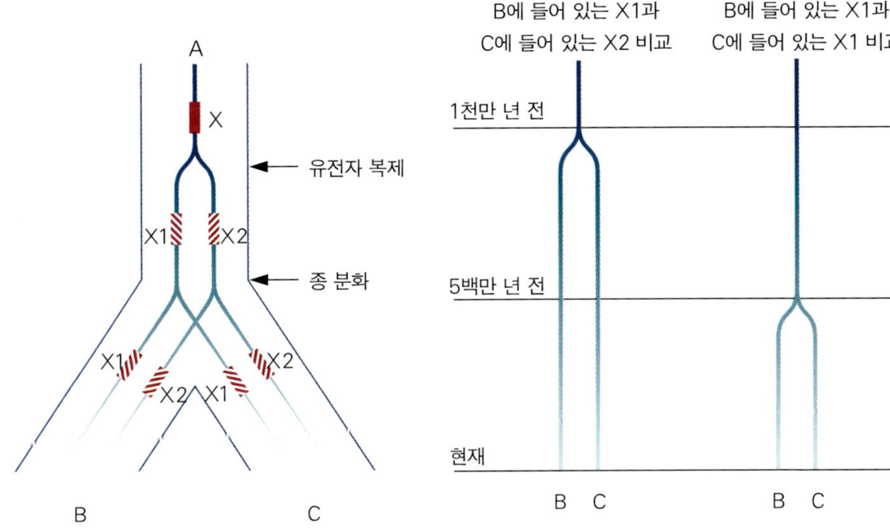

유전자 복제 때문에 계통학자는 맞지 않는 유전자를 비교하게 되고 그 결과 계통을 잘못 세울 수 있다. 여기서 어떤 종 A에서의 유전자 X가 1,000만 년 전에 복제되어 파생상동 유전자쌍 X1 및 X2를 만들었다고 하자. 종은 500만 년 전에 분지하여 모두 이 유전자쌍을 갖는 자손종 B와 C를 만들었다. 만약 어떤 계통학자가 양 자손종 모두에서 유전자 X1의 서열을 비교한다면 올바른 계통을 얻을 수 있을 것이다. 이는 종의 계통수이다. 그러나 계통학자가 종 B에서의 X1과 종 C에서의 X2를 비교한다면 부정확한 계통이 얻어질 것이다. 종의 역사가 아니라 유전자의 역사를 반영하는 이 잘못 세워진 계통은 유전자 계통수이다.

루어지는 하나의 유전자족을 갖는 두 개의 자손종이 만들어졌다고 가정해 보자. 마지막으로 유전자 X가 두 개의 변이체를 가지고 있다는 것을 모른 채, 어떤 분자생물학자가 그 서열을 조사함으로써 두 개의 자손종의 진화적 역사를 추론한다고 하자. 만약 운이 나빠서 하나의 자손종에서는 X1이 분리되었고, 다른 자손종에서는 X2가 분리되었다고 한다면, 진화사를 추론할 때 잘못을 범할 수밖에 없을 것이다. 특히 진화적 분리가 일어난 때부터 시간을 알아보는 지표로 두 서열을 비교하면, 두 종은 1,000만 년 전에 분지된 것으로 나타나지만, 실제로 이것은 유전자가 복제된 시간이지, 종분화의 시간은 아닌 것이다. 그러한 결론은 종의 계통수라기보다는 유전자 계통수를 반영한 것이라고 봐야 한다.

따라서 원상동과 파생상동이라는 용어는 근연종 사이에서, 혹은 종 내에서 유전자의 역사로부터 비롯한 상동의 측면을 나타내는 데 사용된다. 분자적인 수준에 국한되지만 세번째 유형의 상동으로서 외래상동xenology을 들 수 있다. (그리스어의 xeno-라는 말은 〈외래의〉, 〈낯선〉 혹은 〈손님의〉라는 의미를 가지고 있다.) 종의 유전자 꾸러미는 연속하는 세대를 통하여 대개는 수직적으로 유전되며, 다른 종의 유전자와 격리되어 존재하지만 이런 규칙이 깨지는 경우가 있다. 특히 유전자는 종들 사이에서 수평적으로 전달될 수도 있는데 어떤 바이러스virus에 끼어 있다가, 궁극적으로 숙주host의 게놈에 영구적으로 편입되는 것이 통상적이다(바이러스는 번식하기 위하여 숙주 세포의 게놈에 자신을 통합시킨다. 때때로 바이러스는 복제되어 숙주 유전자에 〈올라타거나〉, 바이러스의 유전자 혹은 원래 숙주의 유전자를 〈남긴다〉). 미생물에서는 수평 전달이 통상적인 데 비하여, 고등동물에서는 드물지만 아주 일어나지 않는 것은 아니다. 근연 관계가 먼 두 종에서 대

고등생물의 유전자 구조가 어떻게 기원했는가 하는 문제만큼 생물학에서 기본적인 질문도 없을 것이다. 유전자를 만드는 DNA의 기본적인 구성이 밝혀진 지 40년이 경과했음에도 불구하고 생물학자들은 어떻게 이들 유전자가 지금과 같은 방식으로 존재하게 되었는지에 대하여 여전히 논쟁을 벌이고 있다. 게다가 의견이 일치하지 않는 것은 단순히 세세한 부분만이 아니다. 과학자들은 분자 수준에서 진화사의 경로를 해석하는 부분에서 심각한 의견 차이를 드러내고 있다. 이것은 아주 대조적이다. 한 관점은 고등생물의 유전자 구조를 최근에 개발된 것으로 보고 있다. 반면에 다른 관점은 생명의 기원 자체까지 거슬러 올라가는 태고의 과정을 흔적이나마 표시해 주는 것으로 보고 있다.

1977년 분자생물학계는 아주 놀라운 일을 경험했다. 그전의 약 20년 동안 생물학자들은 모델 생물이라고 생각되는 세균인 대장균에서 유전자의 구조와 기능을 연구해 왔다. 이 단세포 생물에서 등장한 강력한 원리 중의 하나는 유전자와 그것이 지시하는 단백질의 구조 사이에는 직접적인 대응 관계가 존재한다는 것이었다. 유전자를 구성하는 뉴클레오티드 사슬은 전령 RNA 분자를 거쳐 폴리펩티드 혹은 단백질을 구성하는 아미노산 사슬로 번역된다. 과학자들은 대장균에서 확립된 이와 같은 일대일 대응이 다른 모든 생물계 즉 난초에서부터 코끼리까지 모두 공통적이라고 기대하였다. 그러나 고등생물의 유전자에서 단백질을 지시하는 정보는 엑손이라고 불리는 작은 꾸러미 상태로 존재하고 이 사이에 인

트론이라고 불리는 아무것도 지시하지 않는 것 같은 DNA의 가닥이 들어 있다는 것이 밝혀졌다. 평균적으로 한 유전자에 6개 정도로 존재하는 인트론은 엑손보다 상당히 커서 10배나 긴 것이 보통이다. 인트론을 발견하고 갖게 된 의문점 중의 하나는 왜 유전자는 조각나 있는가 하는 것이다. 이것과 관련된 다른 의문점은 어디에서 인트론이 유래하였는가 하는 것이다.

인트론의 DNA 서열은 단백질을 지시하지 않으므로 진화에서 다른 기능을 하지 않았을까라는 가능성이 제시되었다. 하버드의 생물학자인 월터 길버트는 인트론–엑손 구조가 진화를 촉진했을 것이라고 서둘러 제안하였다. 유전자 서열에서 돌연변이가 증가하여 새로운 유전자를 만들지 않고 서로 달리 조합되어 있던 기존의 상이한 엑손들이 함께 결합하면 새로운, 기능을 갖는 유전자를 빨리 생성할 수 있다. 특히 구조 혹은 촉매적 측면에서 기능을 갖는 단백질의 어떤 부위를 단위 엑손이 지시할 경우에는 더욱 그러하다. 그는 그러한 과정을 엑손 셔플링이라고 불렀다. 록펠러 대학의 제임스 다넬과 노바스코샤 소재 달하우지 대학의 포드 둘리틀은 인트론이 도입되어 완전했던 유전자가 쪼개질 때는 단기적인 이익이 거의 없으므로 인트론은 원래 최초의 유전자에 존재했으며 그 후에 제거되어 단순한 게놈을 갖게 되었다고 제안하였다.

그러나 모든 사람이 이런 의견에 동의한 것은 아니었다. 반대자들 중에 저명한 학자로는 영국의 생물학자인 콜롬비아 대학의 톰 카발리에–스미스와 케임브리지 대

학의 존 로저스 등을 들 수 있다. 그들은 현재의 유전자에 인트론이 삽입될 수 있는 분자 기작이 많이 알려져 있다는 사실로 미루어 그들이 초기부터 존재했고 특정한 경우에 그것이 잘라져 나갔다는 주장에 의문을 제기했다. 어떻든 현재의 유전자 속에 들어 있는 인트론의 패턴은 극도로 불규칙적이므로 인트론이 나중에 삽입되었다는 것이 단순성의 원리로 보면 타당하다. 아무튼 인트론이 초기에 생겼다는 의견과, 인트론이 후기에 생겼다는 의견으로 양극화되었다. (후기에 생겼나는 것은 지난 10억 년 내에 생겼다는 것을 의미한다.)

인트론이 후기에 생겼다는 가장 유력한 증거는 인디애나 대학의 제프리 팔머와 존 록스돈에 의하여 주도면밀하게 조사된 생명의 역사의 패턴에서 얻을 수 있었다. 인트론은 고등생물의 유전자에는 들어 있지만, 진정세균이라든가 남조와 같은 단순한 생물에서는 찾아볼 수 없다. 인트론이 초기에 만들어졌다는 이론으로 그러한 패턴을 설명하려면 많은 독립적인 계열에서 수만 개의 인트론을 평형적으로 잃고, 어떤 종류에서는 완전히 소실되었다는 것을 가정해야 할 것이다. 팔머와 록스돈의 주장에 의하면 이는 전혀 일어날 수 없는 일이다. 현재 인트론을 갖게 된 몇 개의 계열이 원래는 온전한 유전자 상태로 있다가 후에 인트론이 끼어들어 생성된 것이라고 가정해야 더욱 경제적이다. 지금까지 세균의 유전자에서 인트론이 발견된 예는 없으며 이것이 바로 이들 생물들에 인트론이 존재한 적이 없었다는 것을 알려준다. 그러나 유전자가 밝혀진 세균은 전체 세균 중에서 극히 일부에 지나지

않는 것이다. 인트론을 포함하는 유전자가 아직 연구되지 않은 세균들 중 어느 것에선가 발견되면 초기에 인트론이 삽입되었다는 사실이 뒷받침될 것이다.

원리상으로는 몇 가지 증거가 초기 대 후기 논쟁을 유지시키고 있는 것으로 보인다. 그러나 실제로는 그렇지 않다. 예를 들어 유전자에서 인트론의 위치에 대한 증거는 결정적일 필요가 있다. 만약 인트론이 진화의 초

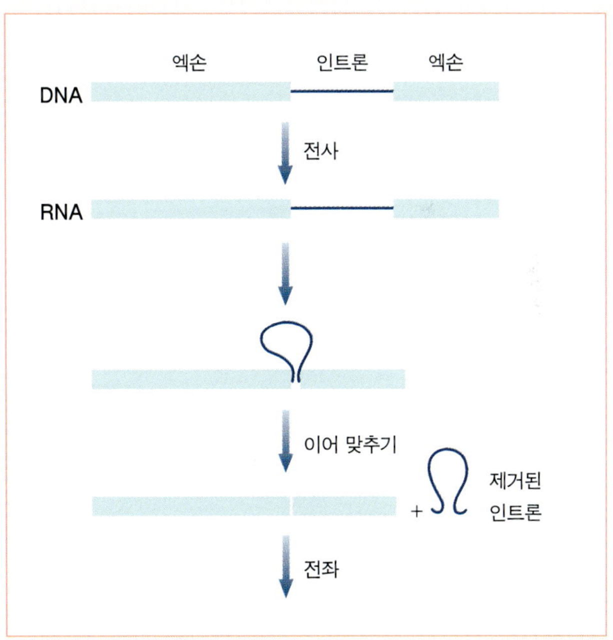

고등생물의 유전자들은 단백질을 지시하는 부분인 엑손과 아무것도 지시하지 않는 인트론으로 구성되어 있다. 유전자가 일단 전령 RNA로 전사된 후에 인트론은 가공되어 떨어져 나가고 엑손은 결합하여 연속적인 암호 해독 부위를 만든다.

기에 생겼다면 넓게 분지한 계열 내의 동일 유전자에서 그들의 위치는 동일해야 할 것이다. 만약 인트론이, 계열이 서로 분지한 다음인 진화의 후기에 생겼다면 그 위치는 매우 달라야 할 것이다. 왜냐하면 삽입은 무작위로 일어난다고 은연 중에 가정되고 있기 때문이다. 인트론의 공간적 패턴이라든가 명백한 무작위 분포 등의 증거는 모호하다. 이는 인트론이 후기에 삽입되었다는 가설을 뒷받침해 준다. 하지만 인트론이 별도로 분리된다든지 인트론의 자리가 옮겨져서 그와 같은 패턴이 관찰될 수도 있다.

유전자 엑손 설의 결정적인 특징은 엑손이 단백질의 일부 구조와 필수적으로 조화를 이루어야 한다는 것이다. 1980년대 초 일본 큐슈 대학의 미치코 고는 모듈이라고 부르는 글로빈 단백질의 밀집 부위를 밝혔다. 그녀는 이미 알려진 두 개의 인트론이 글로빈에서 밀집 부위를 나누는 곳을 찾아내었고, 인트론이 없는 특징을 나타내는 세번째 부위도 밝혀내었다. 그녀는 아마도 세번째의 인트론 부위가 동물의 유전자로부터 소실되었을 것이라고 추론하였다. 일년 이내에 식물의 글로빈 (레그헤모글로빈이라고 알려진) 서열이 결정되었으며, 고가 예측했던 위치에서 정확하게 세번째 인트론을 갖는 것으로 나타났다.

이것은 유전자의 엑손 이론에 근거하여, 모듈이 단백질 내의 구조 단위라는 사실을 최초로 확인한 예이다. 10년 뒤에 두번째의 예가 확인되었다. 1986년 길버트와 그의 동료들이 예측했던 위치에서 모기의 삼탄당인산 이성질화 효소 단백질을 암호화하는 유전자에서 인트론이 발견되었다. 그러나 대개의 경우 그러한 예상은 거의 빗나갔으며, 삼탄당인산 이성질화 효소의 경우에는 더욱 많은 인트론이 모듈 가설의 예측되지 않은 부위에서 최근 발견된 바 있다. 언뜻 보기에, 이런 예들은 적어도 고의 모듈 개념에 근거한, 인트론이 초기에 삽입되었다는 가설에 치명타를 가하는 것처럼 보인다. 그러나 고-유형을 분석하여 만들어지는 패턴은 강력한 지표일 뿐이라고 길버트는 말한다. 생각한 구조가 계속 파괴되어 인트론의 추정 위치가 부가적으로 생성될 수 있다. 부분적으로는 성질상 실험적으로 검정하기 어렵거나 할 수 없는 태고의 진화적 사건에 그 문제의 중심이 있다는 특성 때문에 합의가 이루어지지 않은 채 주장과 이에 대한 반론이 계속되고 있다.

개의 유전자들은 서로 매우 다른데, 유독 어떤 유전자의 서열은 놀라울 정도로 유사한 경우로 미루어 보아 외래 상동이 작동한다는 근거를 찾을 수 있다.

예상과는 달리 고등생물의 유전자 서열은 세균에서처럼 뉴클레오티드들이 연속적으로 끈 모양으로 연결되어 나타나지 않는다는 것은 1970년대 분자생물학에서 발견된 가장 중요한 사실 중의 하나이다. 그 대신 엑손exon이라 불리는 서열은 인트론intron이라고 불리는 길다란 비암호화 서열noncoding sequence에 의해 분리되어 뚜렷한 절편으로 나뉜다. 진화사 동안에 어떤 유전자들은 엑손 셔플링exon shuffling이라는 과정을 거치면서 다른 유전자들로부터 엑손을 선발하여 조립되었다. 이러한 작용

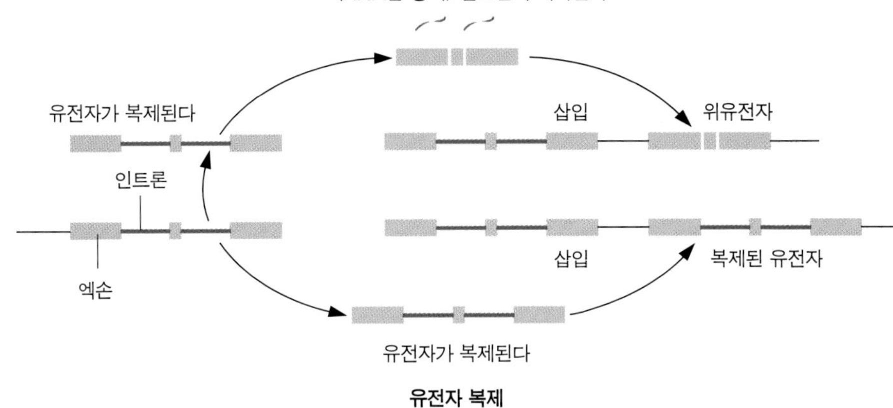

유전자들은 복제되어 다수 유전자족을 형성할 수도 있다(아래). 그러나 때때로 유전자는 RNA 중간산물로부터 복제될 수도 있는데, 여기서 인트론과 조절 서열이 제거된다(위). 따라서 그러한 위유전자는 기능을 나타내지 않는다.

의 결과로 어떤 생물의 물리적인 특성상 불가능한 형태의 상동이 나타나기도 한다. 형태학에서는 상동이 전부－혹은－무all-or-nothing의 문제지만, 분자 진화에서는 엑손 셔플링에 의하여 부분적인 상동도 가능하다. 예를 들어 포유동물에서 조직 플라스미노겐 활성화 인자tissue plasminogen activator를 지시하는 유전자는 플라스미노겐 plasminogen, 피브로넥틴 fibronection, 그리고 표피 성장 인자epidermal growth factor 등과 같이 다른 단백질을 지시하는 엑손의 집합체로 이루어져 있다. 이는 플라스미노겐 활성화 인자를 지시하는 유전자가 이들 각자 다른 유전자들과 부분적으로 상동(엄밀하게는 파생상동)이라는 것을 의미한다.

1980년대에는 위유전자pseudogene의 존재가 발견되었다. 이들은 인트론이 결여된, 활성을 갖는 유전자의 비활성 복사본이다. 위유전자들은 우리가 이전에 가정해 본 바와 같은 다음의 시나리오에서 나타나듯이 분자계통학에서 잠재적으로 복잡한 문제를 제기한다. 어떤 조상종의 유전자 A가 복제되어 파생상동 유전자 A1과 A2를 만든다

고 하자. 이전에 가정했던 경우와 같이 조상종이 두 자손종daughter species을 만들고 각자는 A1과 A2 유전자 둘을 모두 갖는다고 하자. 이제 한 자손종에서 유전자 A1이 불활성화되어 위유전자가 되었다고 가정하자. 동시에 두 번째 종에서는 A2가 유사하게 불활성화되었다고 하자. 이 유전자의 실제 역사를 모르는 분자계통학자는 부지불식간에 실제로는 파생상동 유전자인 이들 유전자의 서열들을 원상동 유전자로서 비교하게 된다. 따라서 그는 종의 계통수를 재구성해냈다고(조상 생물로부터 자손종으로 분지한 것을 기록했다고) 잘못 생각하겠지만 실제로는 유전자 계통수를 재구성(두 개의 구성원을 갖는 유전자족을 형성한 복제 사건을 기록)한 꼴이 된다.

현대 진화론 연구를 모른 채 여러 가지 예만 고려하더라도 고등생물의 게놈을 해석하는 것은 매우 복잡하며 극도로 변화가 많다는 점을 알 수 있다. 이러한 복잡성과 변화 때문에 분자계통학의 데이터들은 이전보다 직접적으로 또한 신빙성 있게 사용할 수 없게 되었으며 그 대신 게놈을 통계학적으로 분석해야 하는 개념이 제안되었다. 이

데이터들은 적어도 일부 형태학적인 데이터들처럼 다루기 곤란하다.

이 논의에 대한 적절한 후기로서 피치와 애틀리가 동종교배한 inbred 생쥐에 관한 연구를 계속하여 그들이 연구하는 유전 정보의 범위를 확장시켜 놓았다는 것을 덧붙이는 것이 좋겠다. 이제까지 그들은 24주의 생쥐에서 200개 이상의 유전자 좌위(단백질을 지시하는 유전자로부터 면역계 유전자, 생쥐 게놈에 끼어든 어떤 바이러스의 유전자까지)로부터 얻은 데이터를 분석하였다. 일반적인 단백질을 지시하는 유전자는 이미 알려진 진화사와 부합하였으나, 면역계 유전자와 바이러스의 유전자는 그렇지 않았다. 〈이러한 분석 결과 모든 유전자가 계통을 재구성하는 데 있어서 동일한 정보를 줄 수 있는 것은 아니라는 사실이 드러났다〉고 저자들은 1991년 결론지었다.

이는 단 하나의 유전자, 혹은 소수의 유전자로부터 얻은 정보가 진화사를 반드시 정확하게 재구성시켜주지는 않는다는 사실을 나타내고 있다. 상기의 이유로 해서 서로 다른 유전자를 분석한다면 다른 계통을 추정할 수도 있다. 광범위한 유전적 데이터를 조사해야만 안전하게 믿을 수 있는 계통을 확립할 수 있을 것이다.

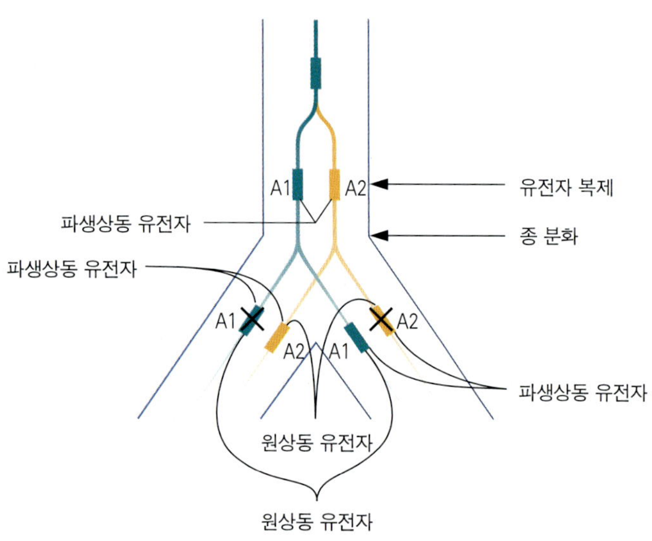

위유전자는 계통학자를 속여 엉터리 계통을 세울 수 있다. 유전자 A는 복제되어 A1과 A2를 형성하고 이는 두 자손종으로 전달된다. 이제 만약 한 종의 A1이 위유전자가 되어 기능을 나타내지 못하고 또한 다른 종에서 A2가 유사한 방식으로 기능을 나타내지 못할 때 두 종에서 A 유전자를 비교하면 종의 계통수가 아니라 유전자 계통수를 구성하게 된다.

데이터의 평가

1990년대 중반까지 과학자들은 분자계통학의 상대적인 힘을 균형적으로 평가하는 데 충분한 경험을 하였다. 분자계통학이 형태적인 연구를 대체하거나 잠식하여야 한다고 일부 분자생물학자들이 고집을 부리던 시대는 지나갔다. 반면에 어떻게 공유의 목표를 추구하는 데 두 가지 방법이 서로 협력할 수 있을 것인가에 대해서는 논쟁이 활발하다. 분자 데이터와 형태 데이터는 때로는 상충되는 계통학적 결론을 이끌어내지만, 부합되는 경우가 보통이다. 분자적인 연구진과 형태적인 연구진 사이의 20년에 걸친 논쟁의 소득으로는 양 진영이 약점을 인식하고 강점을 살림으로써 각자의 기법을 빈틈없이 발전시키려는 노력을 기울이게 되었다는 점이다. 이 절에서는 각 방법의 장점들을 간략하게 소개하고자 한다.

역설적이지만, 비교형태학의 강점 중의 하나는, 신뢰성 있게 인식될 경우에 한하지만 형태적 상동을 보다 단순하게 알 수 있다는 것이다. 또 하나의 역설적인 장점은 형태적 진화의 속도가 불규칙한 데서 비롯된다. 진화의 중요한 면 중의 하나는 적응 방산 adaptive radiation인데, 이는 다양화 과정을 통하여 각기 고유한 특질을 갖는 많은 계열을 만들고 그 이후의 변화가 거의 없을 경우, 새로운 그룹으로 확립된다. 만약 진화사의 초기에 그러한 방산이 일어났다면, 다음과 같은 이유로 해서 유전적 돌연변이를 기본으로 하는 분자 시계를 가지고는 단시간에 급격히 일어난 상세한 변화를 추적하기란 불가능하다. DNA 서열 내의 돌연변이 속도가 느린 시계로는 그 사건을 기록할 수 없다. 반면에 DNA 서열 내의 돌연변이 속도가 빠른 시계로는 그러한 변화를 잡아낼 수 있지만 돌연변이가 뒤따라 일어나기 때문에 판독하기 어려울 정도로 너무 많이 기록된다. 이와는 대조적으로, 방산과 더불어 일어나는 형태적 변화는 원리상 세열의 후속사에 보존되며 비교형태학자들이 식별할 수 있는 형태로 사건 기록을 보존한다. 1억 년 전인 백악기Cretaceous period 말에 태생 포유동물eutherian(placental) mammal이 급격하게 방산한 것은 이것의 좋은 예이다.

박물관의 수장품들에서 우리는 화석 표본으로부터 최근에 급격히 늘어나고 있는 멸종한 종까지 자연을 목록화하려는 수세기에 걸친 노력을 깨달을 수 있다. 이들은 살아 있는 종들과 마찬가지로 비교 형태학적으로 접근이 가능하다. 그러한 점은 살아 있는 조직이라야만 DNA 연구가 가장 잘되는 분자생물학에는 해당되지 않는다. 죽은 생물체로부터 유전 물질을 추출하고 분석하는 (마지막 장 참조) 방법이 개발되고는 있지만, 비교형태학은 이런 점에서는 아마도 끝없이 매우 오랜 기간 동안 우위를 점할 수 있을 것이다.

분자계통학의 주요한 장점이라 한다면 전체 게놈과 동일할(예를 들면 사람의 경우 30억 개의 뉴클레오티드) 정도로 방대한 정보를 모두 평가할 수 있는 잠재력이 있다는 점이다. 형태학적인 특징으로는 이들 정보의 부분 집합만

을 나타낼 수밖에 없다. 그리고 게놈의 서로 다른 부분은 상당히 다른 속도로 변이를 축적하므로, 유전적 방법으로는 세포 내에서 단백질의 합성 기구의 일부를 지시하는 리보솜의 DNA와 같이 천천히 변화하는 DNA를 사용하여 과거에 발생했던 분지와 세포 내 에너지 생성 장치의 구성 성분들을 지시하는 미토콘드리아 DNA를 사용하여 최근 일어난 사건들에 모두 접근할 수 있다. 형태학적인 정보로는 이런 범위의 진화사를 밝힐 수 없다. 그것은 또한 미생물의 초기 분지나 엽록소chloroplast와 미토콘드리아mitochondria의 기원과 같이 물리적인 특징이 단순하거나 제한되어 있을 때에는 진화사를 밝혀낼 수가 없다. 3장에서 논의하고 있는 바와 같이, 분자계통학은 이들 진화사에 접근할 수 있었으며 일부 흥미롭고도 놀라운 업적을 성취하였다.

자체적으로 오랜 역사를 가지고 있는 형태계통학은 이제 막 태동하여 급속하게 성장하고 있는 분자계통학보다는 생물의 역사에 대하여 훨씬 더 많은 성과를 축적해 놓았다. 1993년 콜린 패터슨과 그의 두 동료는 두 분야를 훑어보고 각 분야의 틀에서 개별적인 그리고 협동적인 성과를 비교하였다. 〈분자계통학에서 일치된 결과를 얻기란 형태학 자체나, 분자계통학과 형태학 사이에서 일치된 결과를 얻기 어려운 것과 마찬가지다〉라고 그들은 약간 비관적인 결론을 내렸다. 〈분자계통분류학에 많은 기대를 걸고 있는 형태학자로서 우리는 우리들의 기대를 접으며 이 조사를 마치고자 한다.〉 대부분의 학자들은 패터슨과 그의 동료들이 숲을 보지 않고 나무에 너무 집착함으로써 그와 같은 부정적인 언급을 했을 것이라고 설명하면서, 그들이 좀더 낙관할 수도 있었을 것이라고 했다.

개관하자면 동일한 계통학적 문제를 다룰 때 분자적인 그리고 형태적인 데이터가 어떻게 다루어져야 할 것인가

라는 문제는 초기 단계지만 뜨거운 논쟁을 불러일으켰다. 각 방법을 사용하여 유도한 결론을 일치시켜 그 결론에 확신을 가질 것인가? 그렇지 않다면 이 두 가지 방법을 결합해서 사용하여 문제 해결 능력을 극대화 할 것인가? 어떤 접근법이 더 나은가에 대하여 연구자들의 의견은 거의 비슷한 수로 나뉘어 있다.

방법의 검토

분자적이건 혹은 형태적이건 원자료는 진화의 계통수를 재구성하는 시발점에 불과하다. 6개의 분석 방법이 개발되었는데, 그중의 일부는 거리의 데이터(DNA–DNA 잡종형성과 면역학적 측정치)를 다루는 것이고 다른 것은 공유 파생형질 대 원시형질(단백질이나 DNA의 서열)을 다룬다. 방법이 어떠하든지 간에 임무는 만만치 않다. 불과 몇 종의 생물들만 다룬다 해도 가능한 진화 계통수의 개수는 어마어마하게 많다. 예를 들어 단지 50종류의 생물들만 다룬다 해도 2.8×10^{74}개의 계통수가 가능한데 이는 우주에 존재하는 모든 원자의 10,000배에 해당하는 숫자이다. 초당 3조의 계통수를 검사할 수 있는 컴퓨터를 사용해도 (아직 이런 속도에 근접하는 컴퓨터는 없다) 일을 마치려면 8.9×10^{54}년이 걸리는데, 이는 지구 나이의 2×10^{45} 배에 해당한다. 따라서 가장 개연성이 있는 계통수를 빨리 찾음으로써 이 문제를 해결하는 분석 방법을 사용해야 한다. 실제로 많은 계통수들이 만들어지는데, 각 계통수들은 맞을 확률이 동일하거나 비슷한 것들이다. 그 다음 순서로 확률을 좁히기 위해서는 통계적인 방법을 사용한다.

계통학적 분석을 위하여 현재 가장 보편적이고 가장 위력적인 방법은 단순성의 원리parsimony principle를 채택하는 것이다. 생물학에서 긴 역사를 가지고 있는 원리인 단순성의 원리는 가장 간단한 설명이 가장 개연성이 있다고 간주하며 이것을 찾아내는 것이다. 계통학적 분석을 하는 상황에서 진화적 층위 구조 내에 있는 종을 연결할

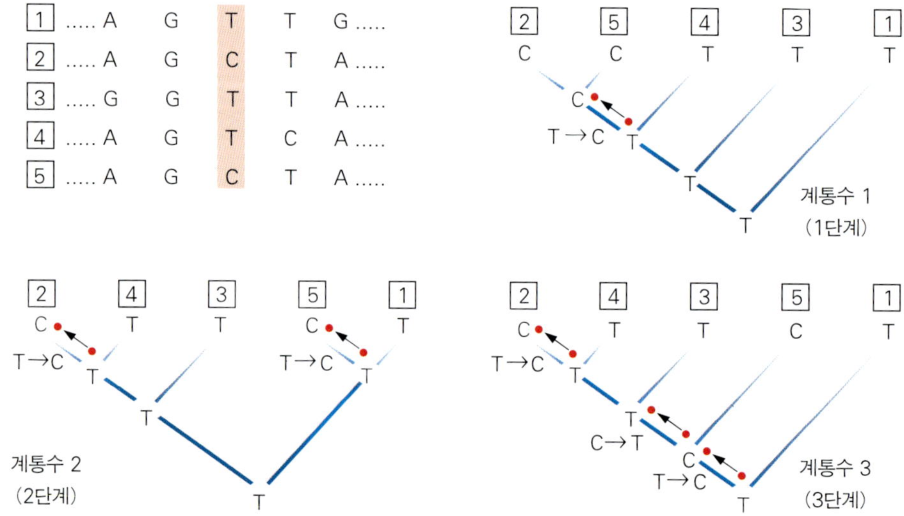

단순성의 원리의 기법은 계통을 추론할 때 널리 쓰이는 방법이다. 여기에서 우리는 다섯 개체와 그들의 유전자 서열을 본다. 위치 3에 역점을 두면(왼쪽 상단에 색깔을 달리 표시), 단순성의 원리의 기법에 따라 모든 개체에서 가장 적은 돌연변이 단계를 갖는 나무를 찾게 된다. 세 가지 종류의 그런 계통수를 여기에서 볼 수가 있고 다섯 개체를 연관시키기 위해서 각각 하나, 둘, 그리고 세 단계를 필요로 한다. 가장 선호되는 계통은 계통수 1이다.

때 될 수 있는 대로 변화가 가장 적은, 즉 점들 사이를 연결하는 거리가 가장 짧은 계통수를 찾아내는 방법이다.

그러나 이미 언급하였듯이 가장 강력한 방법을 사용하더라도 최종적으로 선택된 계통수가 역사적으로 정확한 것인지 알 도리가 없다. 기껏 내릴 수 있는 결론이란 고작 어떤 것이 일어났겠느냐 하는 최선의 가설일 뿐이다. 시간을 거슬러 갈 수 없기 때문에 어떤 것이 옳은가를 결정할 방법이 없다. 그러므로 분석 방법의 효율성을 검사할 수 있는 방법을 찾는 것이 계통학에서는 중요하다.

두 가지 방법이 개발되었다. 첫번째 방법은 수리적 모의실험numerical simulation을 통하여 인위적으로 계통학을 수립하는 것이고, 두번째는 살아 있는 생물에서 이미 수립되어 있는 계통학을 이용하는 것이다. 수리적 모의실험은 진화 메커니즘이 진화사를 만들어낸다는 가정

바이러스의 20면체 모양과 숙주에 DNA를 주입하게 되는 꼬리를 보여주는 동결 건조된 박테리오파지 T7의 현미경 사진.

하에서 컴퓨터에서 진화를 모방하는 것이다. 이 인위적인 진화의 최종 산물로부터 얻은 데이터에 계통학적 분석 방법을 적용한다. 매우 많은 계통을 비교적 쉽게 만들어 볼 수 있다는 것이 이 방법의 장점이다. 분자 진화에서 알려진 것과 비교해 볼 때 가장 정교한 모델에서조차 진화적 가정이 형편없이 단순하다는 것이 이 방법의 단점이다. 다른 단점은 진화 메커니즘에 대한 이러한 가정(돌연변이의 속도나 양식)이 분석 방법에 영향을 미친다는 것이다. 그 결과로 분석 방법은 실제로 계통이 형성되는 방식에 따라 조정되며, 객관적인 검정 결과라는 바람직한 결과에 엉뚱한 것을 덧붙이게 되는 것이다.

이미 알려진 생물의 진화사를 사용하는 두번째 방식은 실제 진화에 근거하고 있기 때문에 더욱 위력적이며, 그 같은 목표를 이루기란 쉽지 않기 때문이다. 최근 데이비드 힐리스와 그의 동료들이 언급한 것과 같이 〈실험계통학에 의해 모형 연구를 실제적으로 검사할 수 있으며, 범하기 쉬운 분석 방법의 오류를 검정할 수 있다.〉 자가 교배한 생쥐를 가지고 실험한 피치와 애슬리의 연구는 이미 알려진 역사를 사용할 수 있는 일례일 것이다. 실제로 그들은 분석적인 방법들을 검정하는 도구로 연구에 착수했음이 명백하다.

최근에 생쥐를 이용하는 데 수반되었던 문제점을 극복하는 다른 시스템이 개발되었다. 그것은 박테리오파지bacteriophage T7의 연속적인 세대들을 추적하는 것이다. 박테리오파지(줄여서 흔히 파지phage라고도 함)는 세균에 기생하여 그들을 파괴하는 바이러스이다. 그들은 한 세대 기간이 생쥐보다 짧다는 장점을 가지고 있다. 생쥐의 경우와는 달리, 월 단위보다는 분 단위로 측정할 수 있기 때문에 실제 계통을 구성할 수 있는 데이터를 많이 얻을 수 있다. 또한 생쥐보다는 파지로부터 막대한 유전 정

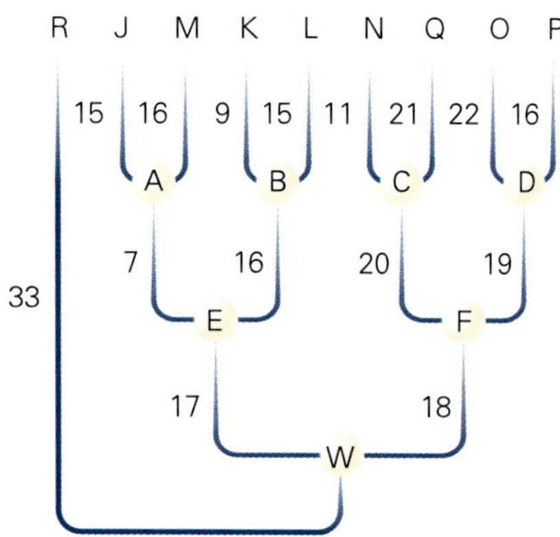

계통수는 알려진 박테리오파지 T7의 계통을 나타낸다. W는 두 개의 아집단 E와 F로 나누어지는 조상 집단을 나타낸다. 숫자 17과 18은 특정한 시간 후의 두 집단 내에 축적된 돌연변이의 숫자를 나타낸다. E와 F는 다음에 각각 A와 B, 그리고 C와 D 아집단으로 나뉜다. 다시, 숫자들은 특정한 시간 뒤에 축적된 돌연변이의 숫자를 나타낸다. 그 과정은 다음에 다시 한번 반복되어 전부 8개의 집단을 만든다. 이들 여덟 집단의 DNA 서열은 다른 유형의 계통학적 방법에 의하여 분석되어 추론된 계통을 만든다. 이들 추론된 계통과 알려진 계통을 비교하면 서로 다른 방법들의 효율성을 검정하게 된다.

보를 얻기가 쉽다. 이는 계통학적 분석을 하는 데 도움을 줄 뿐만 아니라 분자 수준에서의 상세한 변화에 대한 정보를 제공하는데, 이 정보는 다시 모의 모델에 사용될 수 있다. 연구자들은 특정 시기에 파지의 군락들을 분리하여 궁극적으로는 이렇게 재구성한 계열이 이미 정확하게 알려져 있는 진화사와 부합하는가를 조사하여 계통학적 방법을 검정한다.

계통 분석의 방법에 대하여 몇 가지 검정을 행한 후에, 최근 힐리스와 그의 동료들은 다음과 같이 결론지었다. 〈모의 및 실험적 계통학에서 사용하는 여러 방법은 상당히 정확하게 진화사를 재구성하기에 충분한 능력을 가지고 있다.〉 물론 이 같은 긍정적인 생각은 계통 분석을 여러 분야로 확장시켜 적용하는 데 중요한데, 이에는 생명의 전체 계통수로부터 박테리오파지 T7처럼 비교적 단순한 실험실 내에서 이루어지는 연구까지 모든 규모의 생물학적 비교가 포함된다.

수렵 진화의 예를 나타내는 멸종한 태즈메이니아늑대는 1억 년 이상이나 진화적으로 분리되었음에도 불구하고 북미의 늑대와 매우 닮았다.

생명의 계통수 3

분자 수준에서
진화의 복잡성이 완전하게 이해되고
분자 데이터를 분석할 방법들이 다듬어진다면
분자계통학은 궁극적으로 생명의 계통수를
완성할 수 있게 될 것이다.

분자계통학은 아마도 초기 단계일지도 모른다. 그러나 역사가 짧은 것에 비하면 업적은 상당하다. 대부분의 경우에 있어서 그 기법은 전통적인 계통학적 방법에 의하여 강력하게 추론된 진화사를 재확인하는 데 사용되어 왔다. 그러나 형태학적인 정보가 부족했기 때문에 생명의 계통수를 구성하는 다수의 생물에서는 전통적인 방법으로는 명확한 해답을 얻을 수 없었거나 전혀 해답을 얻지 못하였다. 분자계통학이 잠재적으로 가장 커다란 위력을 발휘할 수 있는 곳이 바로 이런 분야이다.

여기서 미생물들 사이에서의 계통학적인 관계를 가장 대표적인 예로 들 수 있는데, 그것은 은연중에 모든 형태의 생명의 공동 조상을 나타낸다고 알려져 있기 때문이다. 이러한 관계를 탐색하기 위해서는 가장 먼 조상으로까지 진화사 연구 범위를 확대해야 하며, 이렇게 하면 생명의 계통수를 구성하는 가장 밑동의 가지를 밝혀내게 될 것이다. 분자계통학은 최근의 진화적 사건을 밝히는 데도 탁월한 능력을 나타냈으며, 보균자에서 피감염자로 후천성면역결핍증 바이러스(HIV, AIDS 바이러스)의 전파 경로를 재구성하는 데도 사용된 바 있다.

이런 극단적인 시간 사이에서는 형태학적 접근에 비해 분자적인 접근은 별다른 장점을 발휘하지 못한다. 이 진화사의 중간에 해당하는 기록은 후생동물metazoa(다세포동물multicelled animal)의 방산과 같은 주요 그룹의 관계, 육상 척추동물의 역사와 같은 이 그룹 내에서의 방산, 포유동물의 다양화와 같은 이들 그룹 사이의 방산, 그리고 생명의 계통수의 층위를 거쳐 가장 오래된 과거의 조상형에서 가장 최근의 자손형까지를 포괄하고 있다.

그러한 기록에 의하여 생명의 계통수의 어느 곳에 주된 가지가 있는가를 알 수 있으며 나머지 상세한 면도 파악이 가능하다. 분자계통학자들은 숙원의 의문점에 대하여 보다 폭넓은 식견을 갖게 되었다. 분자 수준에서의 진화의 복잡성이 더욱 완전히 이해되고, 분자 데이터를 분석할 방법들이 더욱 다듬어진다면 분자계통학은 이 상태에서 보다 괄목할 만한 성과를 얻어낼 수 있게 될 것이며, 궁극적으로는 생명의 계통수를 완성할 수 있게 될 것이다. (2005년까지 20억 달러에 이를 것으로 전망되는) 인간 게놈 프로젝트human genome project에 드는 비용의 일부분만 할애한다 해도 10년 내에 그런 목표는 이루어질 수 있다. 그렇지만 불운하게도, 연구비를 제공하는 기관에서 볼 때 분자계통학은 매력적인 학문으로 여겨지지 않는다. 따라서 생명의 계통수를 그리는 진척도는 그것을 수행할 기법만큼이나, 자금의 부족에 좌우된다고 할 수 있다.

여기서 형상imagery과 용어에 대한 언급을 하는 것이 유용할 것이다. 이미 언급하였듯이 생물학자들은 빈번하게 생명의 계통수들에 대하여 이야기한다. 왜냐하면 계통수의 모양은 시간의 경과에 따른 진화의 모양을 표현하고 있기 때문이다. 그것은 나무등치(공동 조상)로부터 시작한다. 몇 개의 주가지major branch로 갈라지고(동물, 식물, 균류 등과 같은 생명의 주된 형태), 이런 주가지들은 점점 갈래로 나누어지고, 많은 잔가지를 만든다(주된 형태 안의 생물의 그룹들, 예를 들면 척추동물 내의 포유동물, 새, 파충류 및 양서류). 가지의 끝은 모든 그룹의 현존하는 종들을 나타낸다. 이 형상은 현상을 잘 나타내고 있으며, 그런 까닭에 호소력을 갖는다. 그러나 생명의 층위 구조를 서술하는 데 사용하는 용어와는 상충된다. 나무의 형상에서 생명의 가장 오래된 줄기는 주된 그룹이 아직 펼쳐지지 않은 것을 나타내며 제일 밑바닥에 있다. 그러한 그룹의 가장 세밀한 단계에 있는 종들은 꼭대기에 있다. 따라서 잔가지에서 등치로 가는 것은 나무를 따라 내려가는

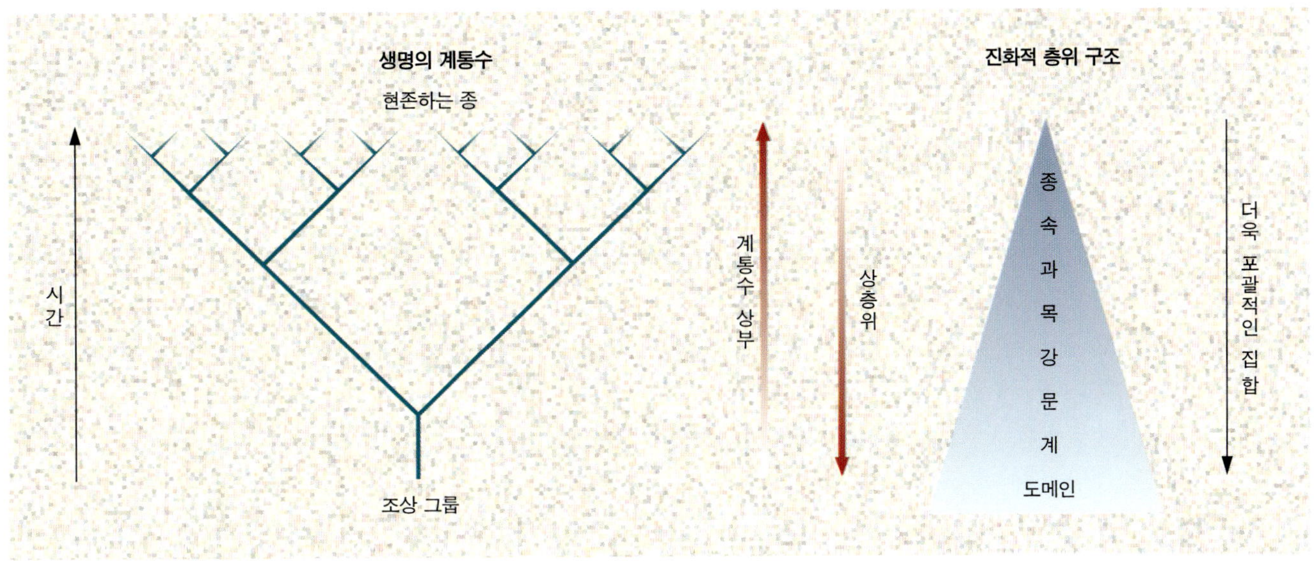

생명의 계통수는 수렴에 의하여 밑바닥의 조상 그룹에서 시작하여 현존하는 종까지 거슬러 올라가는 것으로 표현된다. 대조적으로 생물을 분류할 때는 도메인에서 층위를 따라 종으로 내려간다.

것이다. 그런데 아직도 생물학자들이 생명의 층위 구조를 이야기할 때에는 종Species에서 속genus으로 가고, 계속해서 과family에서 목order과 계kingdom로 가는 것과 같은 층위 구조를 거슬러 올라간다고 말한다. 혼란은 두 가지 관점의 융합에 의해 부분적으로 나타난다. 하나는 생명의 계통수는 시간에 따라 펼쳐지는 진화, 즉 둥치는 가장 오래된 것이고, 잔가지는 가장 최근의 것이라는 것을 나타낸다. 이에 비하여 생명의 층위 구조는 더욱 포괄적인 그룹(속, 목 등) 내에서 종의 분류를 나타낸다. 이 구분을 염두에 둔다면 위나 아래로의 배열은 문제될 것이 없다.

이 장에서는 분자계통학의 일부 실례를 볼 수 있다. 그것이 어디에서 어떻게 효과적으로 적용되는가를 파악한다면, 현재 가지고 있는 한계도 명백해질 것이다. 그 탐구는 진화적 층위 구조의 가장 꼭대기에서, 즉 생명의 계통수를 구성하는 가장 최초의 가지에서부터 시작할 것이다. 그리고 점차 그룹이나 생물체 내에서의 관계로 적용될 것이다.

계의 문제

어떤 생물을 분류한다는 것은, 계가 가장 높은 수준이 되고 종이 가장 낮은 수준이 되는 층위 배열 내에서 생물들 사이의 관계를 나타낸다는 것을 의미한다. 우리가 앞 장에서 보았듯이, 다윈 이전의 시대에는 이 층위 구조를 신의 계획적인 산물로 보았다. 다윈 이후 시대에 그것은 진화사 혹은 계보학을 반영하는 것으로 간주되었다. 20세기로 들어오면서 생명의 전체적인 구조가 어떻게 분류되어야 하는가에 대한 생각은 여러 차례에 걸쳐 실제적으로 변화하였다. 가장 최근에 발생한 변화는 분자생물학에서 예기치 못했던 발견의 직접적인 결과 때문이다.

초기의 자연철학자들은 생명을 단순한 이분법으로 바라보았다. 모든 생물은 동물이 아니면 식물이었다. 3세기 전 미생물이 발견되었을 때, 이러한 체계 내에서 그 생각은 조정되었다. 크고 움직이는 생물들은 동물이었고, 작고 움직이지 않는 것들(세균을 포함)은 식물로 나타낼 수 있었다. 독일의 고생물학자인 에른스트 헤켈 Ernst Haeckel은 19세기 중반 이와 같은 단순한 이분법에 도전하여 원생동물 protists(세균과는 다른)로 알려진 단세포 생물은 어느 범주에도 들어가지 않는다고 주장하였다. 많은 종류들은 식물처럼 광합성을 하였으나 동물처럼 커다란 세포를 갖고 움직이기도 하였다. 생명의 계통수는 그래서 둘이 아니라 동물계, 식물계, 원생생물계라는 세 개의 주가지로 갈라지게 되었다. 20세기 초 세균은 계(모네라계 Monera)의 위치를 획득하게 되었으며 계통수는 네 가지로 갈라졌다. 분자계통학 이전 시대인 1959년 균류에 계의 위치를 부여하는 마지막 변화가 이루어졌다. 논리적으로는 다소 무리한 점이 있지만 코넬 대학교의 로버트 휘태커 Robert Whittaker에 의하여 주창된 동물계 Ani-

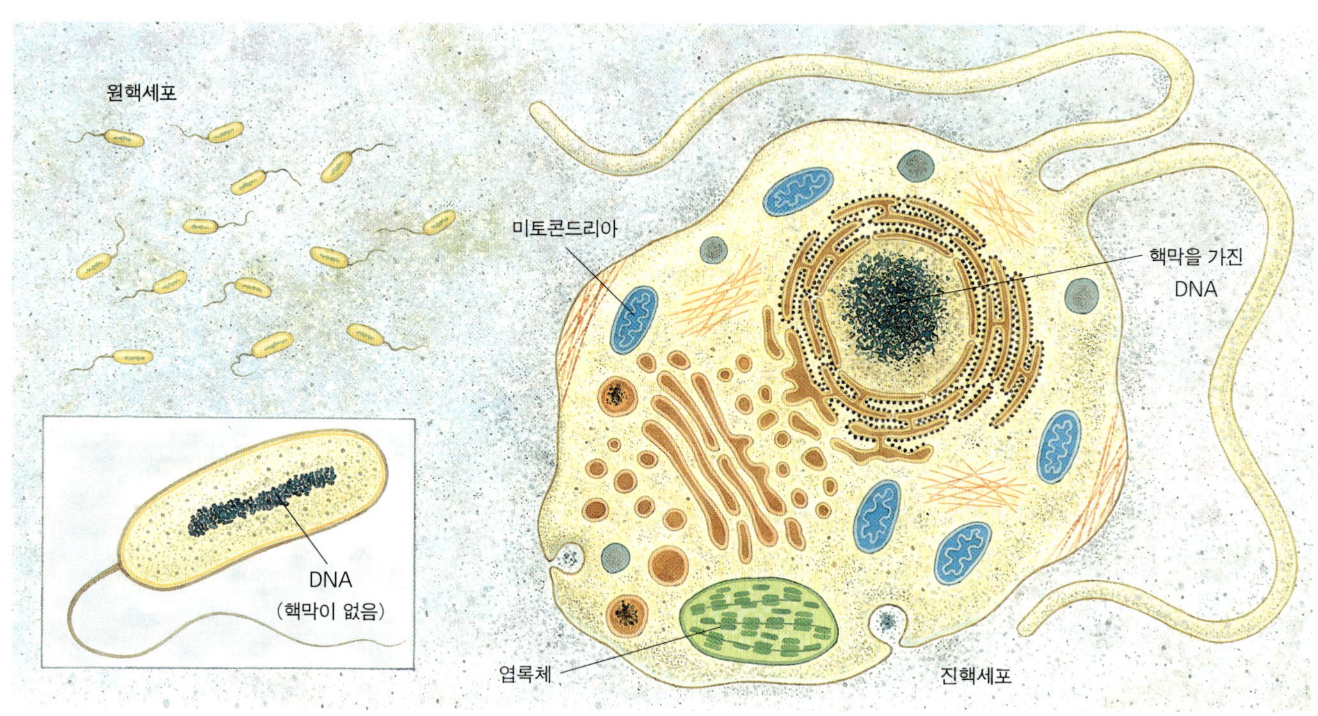

원핵세포는 진핵세포보다 더 작으며, 더 단순한 내부 구조를 가지고 있다. 예를 들어 원핵세포에서 염색체는 핵막으로 둘러싸여 있지 않다. 진핵세포는 미토콘드리아(세포 내의 발전소)와 광합성을 하는 엽록체를 갖는다. 이 두 구조는 과거의 내재 공생 사건을 통하여 원핵세포로부터 유래된 것이다.

malia, 식물계 Plantae, 균류계 Fungi, 원생생물계 Protista 와 모네라계로 구성되는 5계 체계는 생명의 질서를 가장 합리적으로 나타내는 것으로서 약간의 수정을 거친 후에 확고하게 확립되었다.

무리점 중의 하나는 다음과 같은 것이다. 모네라계와 다른 네 가지 계의 차이는 이들 네 가지계 사이의 차이보다 훨씬 크지만 모두 동일한 분류 서열taxonomic rank을 가지고 있다는 것이다. 더욱 논리적이기 위해서는 생물을 우선 모네라와 동물/식물/원생생물/균류 그룹으로 크게 둘로 나누고, 동물과 식물을 이차적으로 분류하여야 할 것이다.

실제로 세포 구조를 연구하는 사람들은 1세기 이상 그러한 방식으로 생물을 분리하였다. 세균은 원핵세포 prokaryote, 즉 유전 물질이 핵이라는 구조 안에 포장되어 있지 않은 세포이다. 다른 형태의 생물은 진핵세포 eukaryote로서 핵을 갖는 세포이다. 원핵세포들은 대개 진핵세포들보다 작으며, 유전 물질도 적게 포함하고 있다. 세포 구조의 특징에 따라 대별되는 원핵-진핵의 분류는 또한 진화적인 분류를 나타낼 것으로 추정되고 있다. 이 분류는 원핵생물과 진핵생물이라는 두 가지의 일차적인 계로 공식화되었다. 진핵생물이 원래 단일했다는 생각은 그들이 공통적인 특징을 같기 때문에 타당한 것으로 보인다. 즉, 그들은 단일한 조상으로부터 유래한 것 같다. 원핵생물들도 단일한 조상으로부터 내려온 것 같지만 이 그룹 내에서의 진화적 관계는 아직 대부분 알려지지 않고 있다. 2계 및 5계 체계는 전자가 훨씬 더 논리적으로 타당한데도 여전히 공존하고 있다.

새로운 도메인이 오래된 계를 구성하다

미생물학자들은 원핵세포 사이의 관계를 밝히기 위해서 오랫동안 노력해 왔으나, 비교할 물리적 특징이 부족하기 때문에 이런 노력은 한계가 있었다. 1960년대에 이르러 대부분의 학자들은 노력을 포기하였고 전통적인 방법으로 풀 수 없는 문제라고 선언하였다. 그러나 분자 데이터를 사용하면서부터 그룹 내에서의 관계를 찾는 방법을 갖게 되었으며 1960년대 말 일리노이 대학교의 칼 뵈제Carl Woese와 그의 동료들은 초보적인 DNA 서열 분석 방법을 처음으로 적용하였다. 고대 미화석의 발견으로 미루어 볼 때 세균은 45억 년 전 지구가 생성된 지 10억 년 내에 등장한 것으로 추정된다. 따라서 그러한 장시간의 사건을 기록할 수 있는, 즉 생명의 역사라는 장구한 시간 동안에 기능과 구조가 거의 변화하지 않는 분자를 선택할 필요성이 있었다. 단백질을 합성하는 데 관여하는 리보솜의 RNA는 그러한 가능성을 갖는 분자이다. 리보솜에는 실험실에서 원심분리할 때 침강 특성에 의하여 23S, 16S 및 5S로 나타나는 커다란 것, 작은 것, 아주 작은 것으로 이루어진 세 종류의 RNA 분자가 존재한다. 리보솜은 모든 세포에 많은 숫자로 존재하며, 쉽게 분리될 수 있다.

뵈제와 그의 동료들이 다수의 세균 선발군 사이에서 16S 리보솜 RNA의 짧은 서열을 비교한 결과, 대부분의 세균은 몇 개의 주가지로 나눌 수 있는 커다란 근연 그룹을 형성함을 발견하였다. 그러나 일부 세균은 이 그룹에 포함되지 않으며 별개의 그룹을 형성하였다. 그들의 세포 구조는 실제적으로 거의 차이가 없었으나 역사는 첫번째 세균만큼이나 오래된 것으로 드러났다. 뵈제는 첫번째 그룹을 진정세균 Eubacteria, 두번째 그룹을 원시세균 Archebacteria이라고 불렀다. 진정세균과 원시세균은 그들이 진핵세포와 떨어져 있는 정도와 마찬가지로 유전적으로 서로 구별되며, 이 사실은 원핵세포와 진핵세포 생물 사이에 추정되던 일차적인 분류를 수정하지 않으면 안된다는 것을 의미하는 것이었다. 따라서 원핵세포는 진정세균과 원시세균의 두 그룹으로 나뉘어지게 되었으며, 이는 진핵생물과 동일한 분류적 지위를 가지게 되었다.

원시세균이 발견된 지 거의 20년 이내에 1,000여 종의 생물에서 리보솜 RNA의 기본적인 특성이 분석되었으며, 작은 소단위의 서열들이 완벽하게 밝혀졌다. 이 중에는 DNA 서열의 RNA 복제물을 만드는 데 관여하는 RNA 중합효소polymerase와 유전 정보를 단백질 서열로 해독하는 데 관여하는 일부 인자들을 포함하는 단백질의 합성에 관여하는 다른 분자들도 연구되었다. 그 결과에 의하면 모든 경우에 진정세균, 원시세균, 그리고 진핵생물로 일차 분류하는 방법이 타당한 것으로 나타났다. 또한 이들 세 그룹 사이의 진화적인 차이는 전통적인 계를 구별하는

진화적 차이보다도 더욱 컸다. 예를 들어 모든 진정세균의 RNA 중합효소는 동일한 소단위 패턴을 갖는데, 그 패턴은 진핵생물이나 원시세균의 경우와는 구별된다. 게다가 진핵생물은 세 종류의 RNA 중합효소를 가지고 있다는 점에서 독특하다. 예를 들어 그런 정도의 차이는 식물과 동물 사이에서는 찾아볼 수 없는 것이다. 이런 이유로 말미암아 1990년 뵈제와 그의 동료들은 모든 생물을 새롭게 분류하는 공식 체계를 제안하게 되었다.

세 개의 주된 그룹은 계보다 상위인 도메인domain이라는 분류적 지위를 가지며, 각각 진정세균, 원시세균, 그리고 진핵생물로 불린다. 각 도메인에는 몇 가지 계가 포함될 수 있다. 그러나 이에 대해서는 수정 의견도 제시되었다. 진정세균과 원시세균에서는 이들을 구성하는 주가지가 계의 수준을 갖는 것으로 추정된다. 〈우리는 분자 연구로부터 비롯된 최근의 계통학적 이해와 맥을 같이하여 분류 체계를 세우고자 한다〉라고 뵈제와 그의 동료들

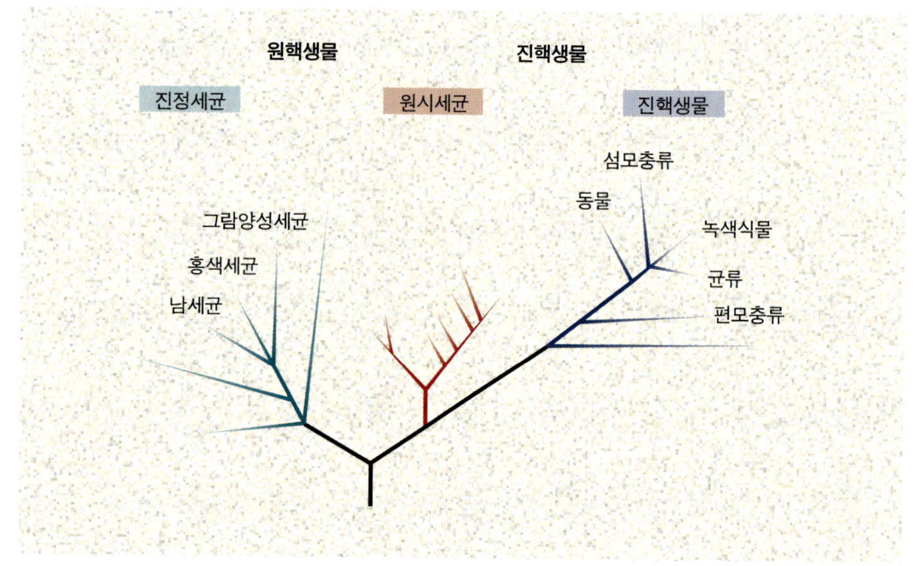

리보솜의 DNA로부터 얻은 데이터에 의해 원핵세포는 진정세균과 원시세균으로 나누어지며, 그것의 분리는 생명의 역사만큼이나 오래되었다는 사실을 분자계통학이 밝혀낸 것은 아주 놀라운 일이었다. 두 그룹 혹은 도메인은 세번째 주요 도메인인 진핵생물과 그들이 서로 다른 만큼이나 서로 다르다. 이 발견은 진화의 역사를 반영한다고 간주되어 왔던 진핵생물과 원핵생물이라는 전통적인 두 가지 계로 이루어진 분류 체계를 뒤집어 놓았다.

은 설명한다.

세 개의 기본적인 그룹 혹은 도메인이 진화적으로 실재한다는 사실에도 불구하고 뵈제와 그의 동료들이 그것으로부터 이끌어낸 분류 체계는 아직도 논란거리이다. 예를 들자면 20세기의 가장 저명한 진화생물학자 중의 한 사람인 에른스트 마이어Ernst Mayr는 그 분류 체계가 우리가 관찰할 수 있는 세계를 반영하지 않고 있다고 비판하였다. 그는 원핵생물과 진핵생물의 구조적인 조직화의 차이는 원시세균과 진정세균의 상대적으로 작은 차이의 수십 배는 될 것이라고 주장하였다.

마이어는 원핵생물과 진핵생물 사이의 분리를 반영하는 보다 전통적인 분류 체계를 옹호하였다. 원핵생물보다 진핵생물이 형태적으로 더 복잡하다는 것은 두말할 나위 없는 사실이다. 그러나 분자적인 수준에서는 원핵생물체도 진핵생물체만큼이나 다양하며, 생화학적인 면에서도 마찬가지이다. 생태학적으로는 상당히 다양한 서식처에서 생활할 수 있기 때문에 그들은 더욱더 다양하다. 게다가 계통학의 관점에서 보면 이 셋은 서로 동등한 차이를 드러낸다. 따라서 이 같은 논쟁은 분류의 철학적 입장이 다르기 때문에 비롯되는 것이다. 그것은 우리가 경험하는 세계를 반영하고 있는 것인가? 혹은 진화적인 실재를 조명하고 있는 것인가?

공동 조상

진정세균과 원시세균에 의하여 점유된 생태학적 지위의 범위는 둘 다 극도로 넓으며, 진핵생물 편에서 보면 때로 이상스럽기까지 하다. 현대의 호열성 세균은 온도가 높고 산소가 거의 없는 열천과 화산의 분기공에서 살고 있다. 다른 세균들은 염의 농도가 높거나 압력이 큰 조건에서 살고 있다. 두 도메인에 속하는 종들이 분포하는 환경으로부터 40억 년 전 생명이 발생한 조건에 대한 단서를 포착할 수 있다. 양 도메인에 모두 공통적인 종류는 호열성 생물로서 각 도메인에는 몇 개의 주요 그룹이 있다. 호열성 생물들이 가장 널리 존재하고 있으므로 그들이 원조 계열lineage of deepest ancestry을 형성한다는 것을 짐작할 수 있다. 따라서 세 가지 주요 그룹의 공동 조상을 포함하는 최초의 생물들은 때로는 비등점을 넘는 가혹한 고온의 환경 내에서 살고 있었으며, 또한 그곳으로부터 유래하였을 것이다. 대다수 현대의 진정세균은 산소를 사용하여 탄소 화합물을 이산화탄소와 물로 분해하면서 에너지를 얻는다. 40억 년 전에는 대기 중 산소가 희박하였고 초기의 생물들은 대사 과정에서 황과 같은 다른 화합

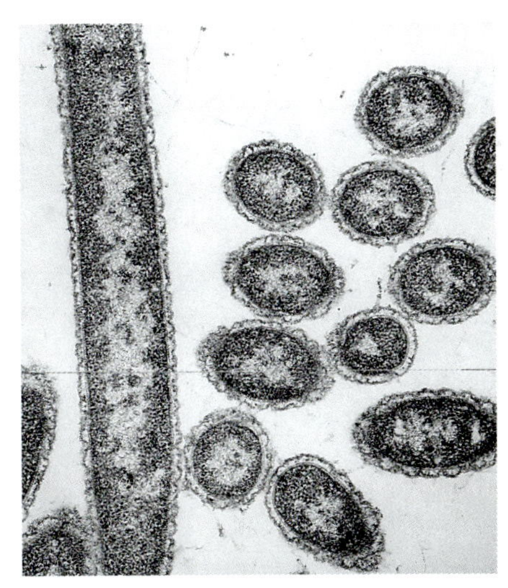

호열성 세균인 테르무스 아쿠아티쿠스(*Thermus aquaticus*)는 옐로스톤 공원의 열천에서 살고 있다. 이와 같은 보다 초보적인 형태의 생물은 아마도 최초의 생명체와 가장 유사할 것이다. 이 세균으로부터 얻는 DNA 복제 효소는 고온에서 견딜 수 있기 때문에 중합효소 연쇄 반응에 사용된다.

물을 사용하여 이를 황화수소로 전환시켰다. 그들은 이 과정에서 방출된 에너지를 사용하여 이산화탄소를 기본 원료로 삼아 유기 분자를 만들었다.

분자계통학으로부터 직접 연역된 공동 조상에 대한 이러한 주장은 최초의 생물이 종속 영양체, 즉 현대의 대사계와 마찬가지로 더욱 복잡한 분자를 만들기 위해서 포도당과 같은 탄소 화합물에 의존하는 생물이었으며, 우리가 오늘날 친숙한 환경에서 살고 있었다고 가정하였던 전통적인 이론과는 기본적으로 다른 것이다. 전통적인 이론이란 극심한 환경이라기보다는 온화한 환경에서 살고 있는 많은 현대의 세균들의 상황을 단순히 연장시켜 얻은 것이다. 생명이 처음 발생했던 40억 년 전에는 행성은 불구덩이에서 아직도 식어가는 중이었으며, 오늘날 존재하는 것보다 훨씬 극단적인 물리적 특성을 갖는 환경들이 존재했었다고 생각해야 한다.

생명 탄생은 인상적일 정도로 신속했으며, 세 개의 주요 도메인으로 분화한 속도도 그러했다. 호주의 바위에서 발견되는 화석은 공동 조상의 후손인 광합성 진정세균(그리고 추론에 의하여 원시세균과 아마도 진핵생물들)이 30억 년 내지 40억 년 전에 이미 존재했음을 보여준다. 공동 조상은 이미 존재하였으며, 세포 및 유전적 구조로 보아 더욱 초보적이었고, DNA보다는 RNA를 유전 정보로 가지고 있었다고 추정된다.

이제까지 세 개의 주요 도메인은 서로 대등한 존재로 논의되었는데, 그 결과 생명의 계통수는 뿌리가 없이 존재하게 된다. 이 같은 상황에 직면하면 계통학자들은 고려중인 분류군을 비교할 외집단을 찾는 것이 보통이다. 물론 이 경우에는 모든 타입의 생물이 연구 대상이므로 외집단으로 참고할 타입의 생물은 없게 된다. 이를 해결할 수 있는 한 가지 방법은 세 개의 주요 계열이 형성되기

호주의 오래된 바위에 노출되어 있는 화석 스트로마톨라이트의 기둥들. 스트로마톨라이트는 생명의 가장 오랜 형태 중 하나이며 다양한 형태의 단순한 미생물들로 구성된 30억 년 전의 소생태계를 구성하고 있다.

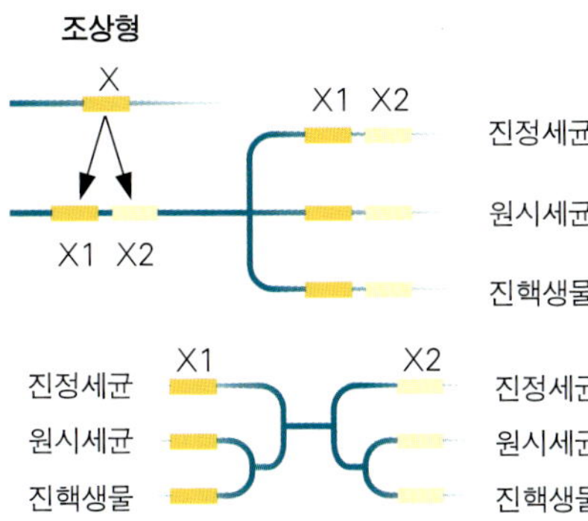

생명의 계통수의 모양을 가장 태고적 근원까지 알기 위해서는 외집단과의 비교를 위한 대체물로서 진정세균, 원시세균, 그리고 진핵생물의 분지 이전에 복제되었던 공동 조상의 유전자의 파생상동의 형태를 찾는 것이 필요하다(위). 이 세 계열의 파생상동 유전자 X1의 서열은 그 다음 계통수의 계열에 있는 파생상동 유전자 X2의 서열과 비교된다. 각각 진정세균과 유사한 정도보다 원시세균과 진핵생물이 더욱 유사한 결과를 나타낸다(아래).

전에 복제된 유전자를 찾는 것이다. 복제된 유전자들은 어떤 종 안에서 분자적 상동을 나타내는 파생상동 유전자 형태인 것을 상기할 필요가 있다. 2장에서 파생상동을 설명하면서 우리는 어떤 조상종의 유전자 X가 복제되어 파생상동 유전자 X1과 X2를 만든다고 가정하였다. 복제가 일어나자마자 두 개의 유전자는 돌연변이를 축적하기 시작한다. 후에 조상종이 분지하게 되면 두 개의 계열이 나타나게 되며 돌연변이는 두 계열에서 유전자 X1과 X2에 계속 축적된다. 그러나 지금의 경우에는 한 계열의 X1 유전자와 다른 계열의 유전자 X1 사이에서 유전적인 차이가 축적된다. 이는 하나의 자손 계열 내에서의 X1과 X2 사이에서의 유전적 차이가 두 자손 계열의 X1 유전자 사이보다, 그리고 두 자손 계열의 X2 유전자 사이보다 크다는 것을 의미한다. 이와 유사하게 만약 이들 계열 중 하나가 후에 분지한다면 유전적 차이는 두 자손 계열의 X1 유전자 간에, 그리고 X2 유전자 간에 축적되기 시작할 것이

다. 이들 계열의 X1과 X2 사이의 유전적 차이는 이미 실재하게 된다. 계열이 분지한 순서는 이들 계열 내의 혹은 계열 간의 파생상동 유전자의 서열을 비교함으로써 추론할 수 있다.

DNA 서열을 전령 RNA 분자로 전사하는 데 관여하는 신장 인자 elongation factor(EF)인 EF−1 및 EF−2 단백질을 암호화하는 유전자로부터 얻은 서열 데이터를 사용하여 진정세균, 원시세균 그리고 진핵생물에 이런 방법을 적용하였다. 그 결과 원시세균과 진핵생물 사이의 유연 관계가 이들과 진정세균의 유연 관계보다는 가까운 것으로 나타났다. 그것은 진정세균과 뿌리를 같이하고 있는데, 이로써 진정세균이 분지한 다음에 원시세균과 진핵생물이 공동 조상으로부터 분지되었다고 추정하고 있다. 그것은 또한 진핵세포의 성질과 기원에 대한 단서를 제공해 준다.

리보솜 RNA의 작은 소단위의 어떤 부분들을 보면 진정세균과 진핵생물, 그리고 원시세균과 진핵생물보다는 원시세균과 진정세균이 더욱 유사한 것으로 나타나, 원시세균과 진정세균이 더욱 가까운 유연 관계를 가진다고 추정할 수 있다. 그러나 이런 차이는 원시세균에서 리보솜 유전자의 진화 속도가 상대적으로 느리기 때문에 나타나는 현상이다. 세 종류의 도메인으로 규정된 분류 체계는 여러 연구자들 특히 로스앤젤레스 소재 캘리포니아 대학교의 제임스 레이크 James Lake에 의해서 더욱 심각한 도전을 받고 있다. 레이크는 원시세균이 공동 조상으로부터 유래한 것이 아니며, 극도의 호열성 그룹인 에오사이트 Eocytes는 진핵생물과 가장 가까운 것으로 나타나는 반면 나머지 원시세균은 진정세균과 가깝다고 추정한다. 이들 문제에 관해서는 논쟁이 계속되고 있다.

그럼에도 불구하고, 과학자들은 전체적으로 혹은 부분적으로 진핵생물과 원시세균 사이의 유연 관계가 가깝다

는 사실을 강력하게 지지하는 편이다. 이 경우에 진핵생물의 기원은 원시세균에서 찾아야 한다. 그러나 진핵생물에 비하여 볼 때 원시세균의 게놈은 작다. 이 역설을 어떻게 해결할 수 있을 것인가? 이를 이해하기 위하여 두 가지 설명이 가능하다. 첫째, 진핵생물의 게놈에 있는 많은 유전자는 비교적 최근에 여러 번 복제된 유전자족의 구성원이다. 따라서 현재의 진핵생물의 게놈보다 과거의 게놈은 작았을 것이다. 두번째의 설명은 진핵생물과 원시세균의 유전자를 직접 비교한 결과로부터 유도된다. 가장 기본적인 구성 성분을 비교함으로써 현대 진핵생물의 유전자의 조상형이 어떻게 생겼는가를 상상할 수 있다. 이들 추정된 조상들과 현대 원시세균의 대응 유전자(상동 유전자 homologue) 사이에는 상당한 유사성이 있는 것으로 나타난다. 그 출현 연대와는 상관없이 유사하다는 이유 때문에 진화적 관계가 가깝다고 생각하였다. 그러나 그와 같은 비교는 지금까지 이루어진 바가 적어서 조상과의 유연 관계가 얼마나 명백한지는 더욱 밝혀질 필요성이 있다.

뵈제 및 다른 연구자들은 여러 연구 성과들을 적용하여 초기 생명의 기원뿐만이 아니라, 이 세 가지 모든 도메인의 초기 기원 시점이 약 35억 년 전이라고 추정한다. 모든 분자생물학자가 이러한 의견에 동의하는 것은 아니다. 1996년 초 샌디에이고 소재 캘리포니아 대학의 러셀 둘리틀Russell Doolittle은 널리 받아들여지고 있는 이 같은 상식에 도전했다. 둘리틀은 흔히 사용되는 DNA 대신에 단백질 서열을 분자 시계로 채택하였고 특히 박테리아에서부터 비비까지 15그룹에 속하는 생물들의 많은 구성원을 조사했다. 그가 연구한 57가지 단백질이 일정한 속도로 변화를 축적한다고 가정하여 둘리틀은 비록 생명이 35억 년 전쯤에 생성되었지만, 진정세균, 원시세균 및 진핵생

물들로 구성되는 주요 도메인은 20억 년 전까지는 존재하지 않았다고 주장했다. 이 시나리오가 사실이라면 세 가지 알려진 도메인 이전에는 어떤 종류의 생물들이 존재하고 있었겠는가라는 질문이 가능하다.

DNA 서열에 근거한 주장들과는 커다란 차이가 있기 때문에, 둘리틀의 해석은 강력한 비난을 받게 되었다. 일부 비판자들은 35억 년 전이라고 연대 추정된 암석에서 현대의 세균을 닮은 미화석을 보여주는, 화석적인 증거를 지적한다. 둘리틀에 의하면 그러한 생물들은 겨우 20억 년 전에나 출현한 것이 된다. 둘리틀은 그것을 옹호하기 위한 주장을 강력하게 폈지만, 다른 비판자들은 단백질의 구조가 일정한 속도로 변화한다는 둘리틀의 가정을 공격한다. 여기서 나타난 견해차를 좁히는 해결책은 없지만 이 일화들은 분자계통학이 위력적이기는 하지만 단순하지는 않다는 사실을 보여준다.

핵 이외의 게놈

진핵생물에서 대부분의 유전 물질들은 핵에 위치하고 있고, 원시세균의 조상으로부터 유래한 것이지만, 진핵세포에는 미토콘드리아와 엽록체에 있는 두 종류의 다른 게놈도 존재한다. 그들도 역시 원시세균으로부터 유래하였는가? 미토콘드리아는 탄수화물과 같은 영양소를 분해하는 대사 기구를 가지고 있으며, 따라서 세포가 탄수화물, 단백질, 지질 및 핵산 등과 같은 모든 종류의 분자를 만드는 데 필요한 에너지를 생산하고 동력화한다. 종종 세포의 발전소라고도 불리는 미토콘드리아는 거의 모든 원시진핵세포에 존재한다. 엽록체는 광합성이라고 하는 과정을 통하여 태양의 에너지를 수확하고 고에너지 분자들을

만들며 이를 다시 소비하면서 복잡한 고분자를 만든다. 광합성에서는 물과 이산화탄소를 소비하여, 부산물로 산소를 생산한다. 이 두 소기관은 단백질 합성을 지시하는 게놈을 가지고 있다. 그러나 이들이 완전한 구조와 대사 활성을 갖기 위해서는 많은 부분을 핵의 유전자에 의존하여야 하며, 미토콘드리아는 그런 경향이 더욱 강하다.

백여 년 전 진핵세포에서 이들 소기관이 발견되면서부터 이들의 기원은 논의의 주제가 되었다. 두 가지의 주요 이론이 보편적이라 할 수 있다. 첫번째, 내생 기원 origin from within에 의하면 미토콘드리아와 엽록체의 게놈들은 모두 핵의 유전자가 쪼개진 후에 소낭으로 포장되어 나타났다고 주장한다. 두번째, 외생 기원 origin from without에 의하면 두 소기관은 조상이 되는 진핵생물의 세포에 의해 삼켜진 세균이 진화를 거쳐서 남게 된 것이라고 한다.

양 소기관들의 외양이 세균과 닮았다는 사실은 〈외생 기원〉, 혹은 내재 공생설 endosymbiosis을 뒷받침하는 증거로 채택된다. 그러나 그들의 게놈은 세균에 비해 볼 때 한자릿수 정도는 차이가 나며, 이런 점에서 〈내생 기원〉은 힘을 얻고 있다. 물리적인 외양만 가지고 그 문제를 완벽하게 풀 수는 없다는 것이 드러났다. 분자 데이터, 특히 리보솜 RNA로부터 얻은 데이터가 이 해묵은 진화적 문제를 해결하는 방법을 제공한다. 세균(특히 광합성을 하는 남세균 photosynthetic cyanobacteria)으로부터 엽록체가 기원했다는 사실은 리보솜 RNA의 비교를 통하여 10여 년 전에 증명되었다. 그러나 남아 있는 한 가지 의문점은 엽록체가 단일 공동 조상 세포로부터 유래되었는가, 혹은 여러 조상으로부터 유래되었는가 하는 점이다. 달리 표현하자면 엽록체를 만들게 된 내재 공생은 단 한 번만 일어났는가, 아니면 여러 번 일어났었는가 하는 점이다. 보통 색소에 따라 엽록체는 여러 종류로 구분되며, 따라서 여러 번의 공생이 일어났음이 명백하다. 그러나 이 반복 사건이 원래 세균 계열에 속하는 공통 자손들에서 일어났는지, 혹은 서로 다른 세균 계열에서 여러 번 독립적으

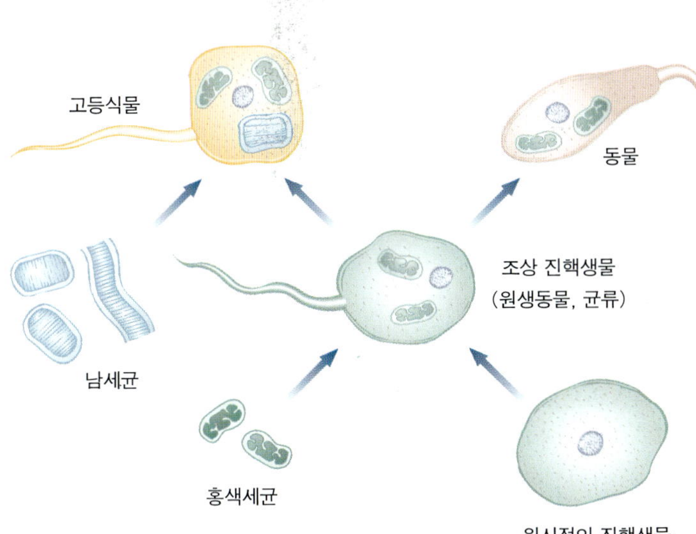

내재 공생 가설은, 엽록체와 미토콘드리아가 한때는 부생성 원핵체였던 생물이었는데 오래전에 원시 진핵세포에 의해 삼켜져서 만들어졌으며 엽록체의 전구체는 남세균, 그리고 미토콘드리아의 전구체는 홍색세균이라는 주장이다. 비록 엽록체와 미토콘드리아 모두 삼켜진 횟수에 대해서 의문점은 남아 있지만 분자적 데이터는 내재 공생 가설을 강력하게 뒷받침한다.

로 일어났는지에 대하여는 아직 밝히지 못하고 있는 실정이다.

미토콘드리아의 기원을 밝히는 것은 훨씬 더 어려운 일인데, 왜냐하면 리보솜의 구조에서, 게놈의 구성에서, 그리고 단백질 합성의 분자적인 기구에서 이들 세포 소기관의 분자생물학적 변이가 심하기 때문이다. 여러 가지 점을 상세하게 조사해 보면 미토콘드리아의 분자생물학은 진핵생물이나, 진정세균 혹은 원시세균과 같지 않다. 공통점도 있으나 차이점이 워낙 크기 때문에 현존하는 세균과 단순 비교한다는 것은 불가능하다. 그럼에도 불구하고 리보솜 RNA 유전자의 DNA 서열을 비교한 결과 이들 세포 소기관은 홍색세균purple bacteria으로부터 유래한 것을 알게 되었다. 미토콘드리아가 단일 기원인지 혹은 다중 기원인지에 대한 문제도 아직 해결되지 않고 있다.

미토콘드리아와 엽록체는 게놈의 크기가 작고, 기본적인 기능을 발휘하기 위해서는 핵 유전자에 의존해야 한다는 사실로 미루어볼 때 조상형의 진핵세포에 의해서 삼켜진 다음에 이전에 세균이었던 생물은 그들의 유전자를 상실했거나, 혹은 유전자를 핵에 전달한 것으로 생각된다. 이는 우리 사람을 포함하는 모든 진핵생물이 우리 세포 내에 과거 수십억 년 전 세균의 후손을 품고 있을 뿐만 아니라 우리들의 세포핵에 세균의 유전자를 가지고 있음을 의미한다. 각색의 모양과 엄청난 다양성을 갖는 현재의 생명을 이렇게 통찰하게 된 것은 오로지 분자생물학과 계통학의 기법을 통했기 때문에 가능하다.

많은 세포, 많은 의문점들

진핵생물에는 대부분 다세포 생물인 동물, 식물 그리고 균류와 같이 우리가 흔히 볼 수 있는 생물들이 포함되어 있다. 이 도메인에는 계통학적으로 다양한 계열인 미생물, 해조, 원생생물들도 포함된다. 다세포 생물들은 후생동물이라고도 불리는 다세포 동물들을 포함하며, 기본적인 체형을 공유하는 생물 그룹을 형성하는 30개 이상의 문으로 분류된다. 예를 들어 척색동물문phylum Chordata은 몸 길이까지 신장되어 있는 척추, 연골, 척색 등을 갖는, 사람을 포함한 모든 생물들로 구성된다. (척추동물 vertebrates에서는 발생 도중에 척색이 척추로 대체된다.) 어떤 생물이 어떤 문에 속할 것인가에 대한 견해는 대부분 일치한다. 그러나 진화적인 맥락에서 문들이 서로 어떤 유연 관계를 가지고 있는가라는 문제에 관하여는 의견 차이가 상당히 심하다. 케임브리지 대학교의 고생물학자인 사이먼 콘웨이 모리스Simon Conway Morris는 최근 다음과 같이 언급하였다. 〈후생동물의 계통에 관한 이론은 제각각이며, 종종 모순되기도 한다.〉 이런 혼란의 이유는 이해하기 어렵지 않다. 문들은 매우 다른 체형을 가지고 있다. 실제로 이런 차이는 서로 다른 문을 인식하는 기본이 된다. 따라서 진화적으로 한 문을 다른 문과 연결시킬 수 있는 형질은 거의 없다. 문들 사이에 공통적인 특징들이 있어도 문제는 남는다. 유사성은 공동 조상을 가지는 것으로 해석될 수 있는가? 혹은 밀접한 진화적 관계가 없이도 유사한 환경에서 유사한 형태를 형성하게끔 하는 자연선택의 결과 때문인가? 그것은 해결되지 않고 있는 상동 대 수렴 진화에 관한 문제지만, 엄청난 시간이 경과했기 때문에 더욱더 어렵다. 콜린 패터슨이 관찰하였듯이 그 흔적은 특히 여기에서는 희미한 것이다. 더욱이 이 태고 시대에 일어난 진화의 방향을 알 수 없으므로 공유 형질이 파생된 것인지 혹은 원시적인지를 결정하기가 어렵다. 그러나 만약 진화적 추론을 하려고 한다면 그러한

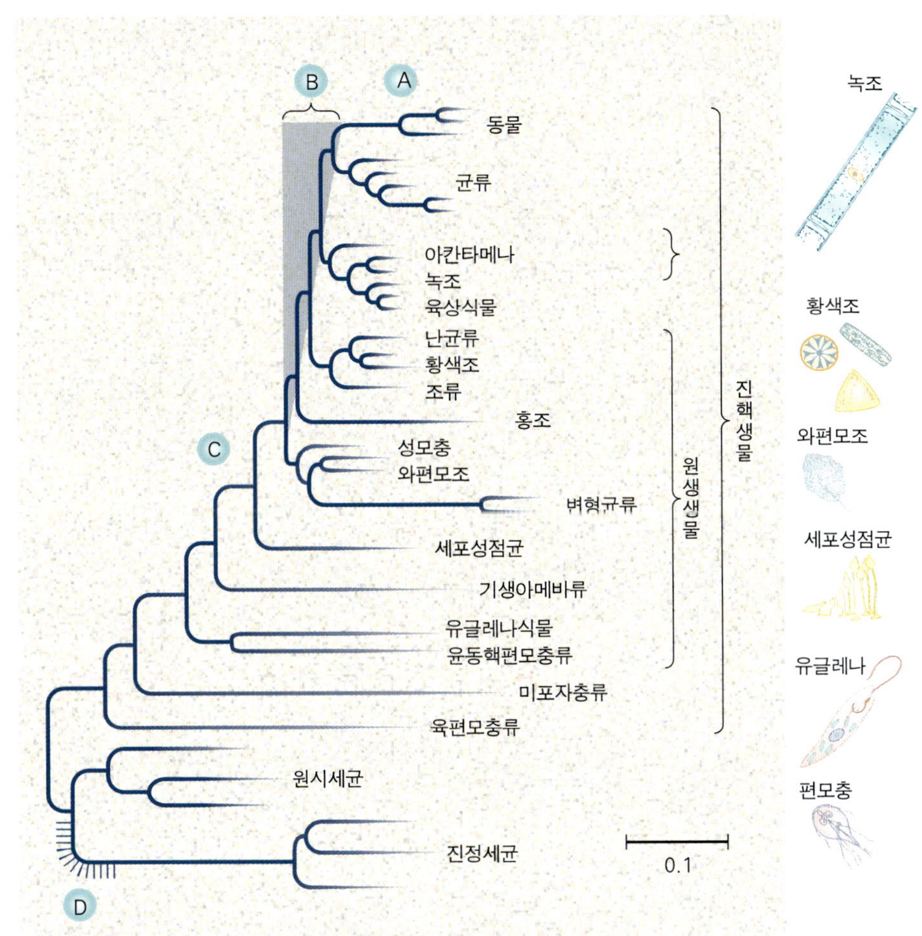

유전적 거리 방법에 따라 분석된 리보솜 RNA의 작은 소단위의 서열 비교를 통하여 유추된 진핵생물의 분자계통학. (눈금은 100뉴클레오티드 부위당 10개의 변화를 나타낸다.) 대문자는 주요한 진화적 사건을 나타낸다. A는 5억 3,000만 년 전의 체강동물문의 방산을 나타낸다. B는 약 20억 년 전에 일어난 진핵생물의 방산을 나타낸다. C는 약 30억 년 전에 미토콘드리아를 얻게 된 사건을 나타낸다. D는 나무의 뿌리 부분에 해당하며, 35억 년 전에 일어났던 세 도메인으로의 분지를 나타낸다.

구분을 할 수 있는 능력은 필수적이다.

　모리스는 일세기 이상 그의 학문을 괴롭혀온 이러한 엄청난 문제들에 비감해하면서도 다음과 같이 진술한다. 〈이제 그 구도는 영원히 바뀌었다. 후생동물의 계통학의 진정한 윤곽이 나타나기 시작했다.〉 그는 그 변화를 분자계통학의 영향, 특히 전적으로 영향을 끼친 것은 아니지만 리보솜 RNA 서열을 비교하여 얻은 지식의 덕분이라고 생각한다. 쉽게 낙관할 수 없는 이유는 해결된 것보다는 해결되어야 할 것이 더 많이 남아 있기 때문이다. 분자 데이터로부터 유도한 추론들은 종종 서로 모순된다. 그리고 먼 과거의 극히 짧은 순간에 몇 가지 중요한 방산이 폭발적으로 일어났기 때문에 파악하기 어려운 문제가 남아 있는데, 분자적인 방법으로는 그들의 분지 패턴을 풀기 어렵다. 모리스가 언급하였듯이 분자계통학에 의해서 성취

된 최근의 진보에 고무된 나머지 이제는 단순히
〈지난 세기에 걸쳐 구축되었던 수많은 체계들을 무시하
고 성급하게 더 흥미로운 문제들로 옮겨갈〉 때가 아니다.
　생명의 기본적인 세 가지 계열 중의 하나인 진핵생물은
아주 오랜 역사를 가지고 있다. 진핵생물 계통수를 구성
하는 가장 오래된 가지는 미토콘드리아를 갖지 않는 단순

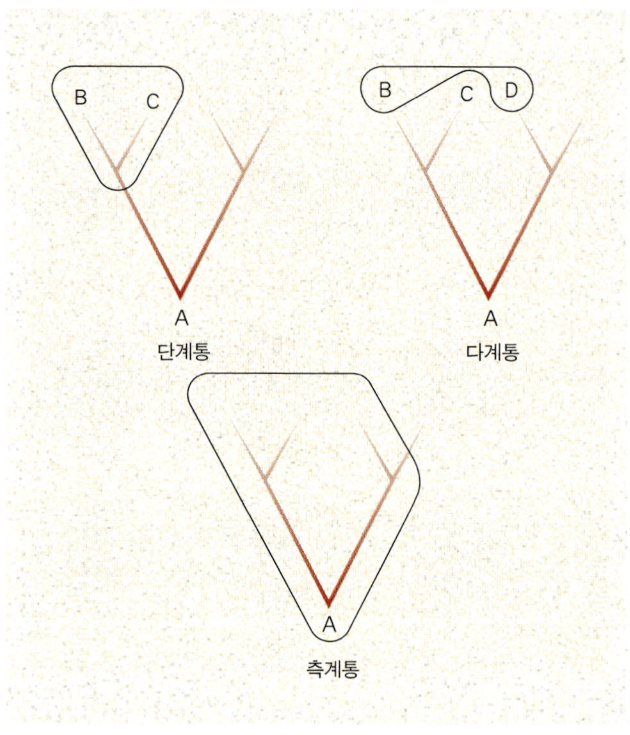

단계통학 그룹은 단일 조상의 모든 자손종과 조상종 자체를 포함한다. 측계통
그룹은 조상의 일부 후손종만을 포함한다. 예를 들자면 일부 종이 조상의 조건
에서 따로 취급되어야 할 정도로 멀리 떨어져서 진화하는 그룹에 속할 경우에
는 그런 분류가 자연을 반영한다고 생각된다. 다계통 그룹은 유사한 적응에 따
라 수렴하게 된 종들을 포함한다. 후자의 두 경우는 자연을 적응하는 정도를
나타내지만, 계통을 나타내지는 못한다. 분지론자들과 같은 일부 계통분류학
자에게 있어서는 유일한 자연적인 그룹은 단계통 그룹인데, 왜냐하면 그러한
그룹이야말로 진정한 계통을 나타내기 때문이다.

한 미생물로 구성되어 있었고, 이들은 산소가 없는 환경
에서 국한되어 살았다. 현재 그런 생물들의 대부분은 예
를 들자면 바퀴나 흰개미의 장에 기생하여 살고 있다. 계
통수의 중간 가지들은 원생생물에 의하여 점유되고 있는
데, 그들 중 다수는 미토콘드리아를 가지고 있으나 엽록
체는 갖고 있지 않다. 후기 다세포 생물의 조상은 이들 원
생생물 어디쯤엔가 위치해 있다. 진화적 폭발의 결과 이
들 단순한 생물들 내에서 진화의 계통수를 형성하는 동
물, 식물 및 균류 등의 주된 계열들이 생겨났다. 5억 3,000
만 년 전쯤, 동물 혹은 후생동물 내에서 방산이 더욱 신속
하게 일어나 모든 현존 동물종이 유래하는 전 범위에 걸
친 문이 형성되었다. 현존종 이외의 동물들은 그 뒤에 멸
종하였다.
　진핵생물의 전체적인 모형 내에, 특히 후형동물 내에는
전통적인 방법으로는 해결할 수 없었던 많은 계통학의 수
수께끼가 있는데 분자계통학은 그것을 이해하는 데 많은
기여를 하였다. 개괄적인 차원에서는 후생동물의 성질에
대한 다음과 같은 의문점이 있었다. 그것은 단계통
monophretic인가(즉, 모든 자손들이 단일한 조상형으로부
터 나왔다고 나타나는가)? 후형동물이 나타내는 식물이나
균류와 같은 다른 다세포 생물의 주요 그룹과의 관계는
무엇인가? 후형동물의 신체 구조, 예를 들면 소화 기관과
생식 기관이 들어 있는 체강은 유전적 역사에서 어떻게
나타나는가? 예를 들어 절지동물의 분류적 지위는 무엇인
가? 가장 커다란 동물문들은 근연 관계를 갖는 무척추동
물, 즉 곤충류, 갑각류, 그리고 거미류로 구성된다. 그것
은 단계통인가, 측계통 paraphyletic(즉, 단일 조상의 몇 자
손만을 포함)인가, 혹은 다계통 polyphyletic(하나 이상의
조상의 자손들로 구성)인가? 다음 절은, 쉽게 빠질 수 있는
명명법의 오류를 피하면서, 다세포 생물의 역사에서 이와

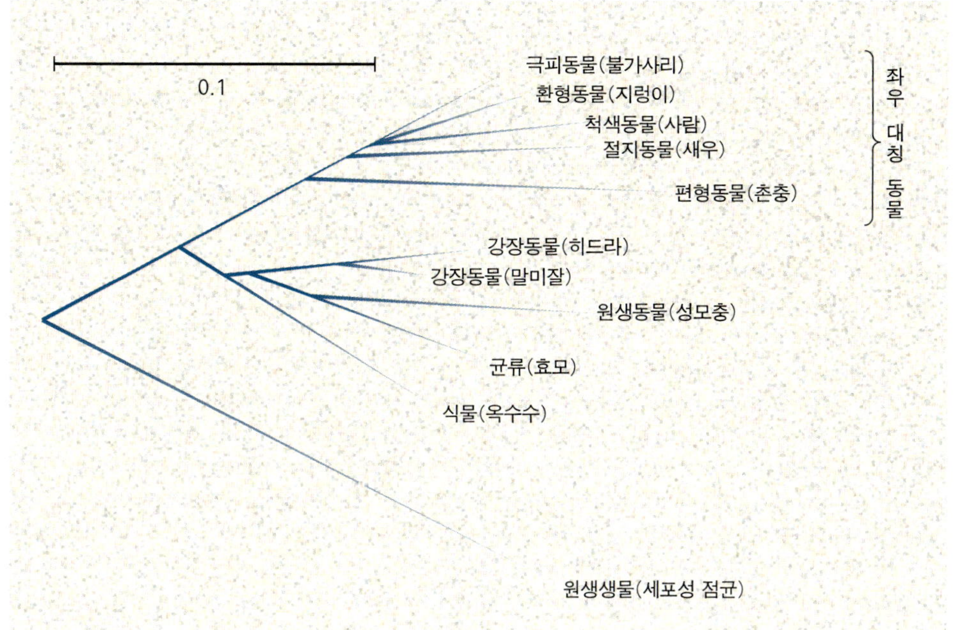

후생동물에 관한 초기의 계통학적 분석에 따르면 기재된 그룹들은 다계통적인 기원을 갖는다고 하였다. 즉, 강장동물(말미잘, 산호, 해파리 등)은 어떤 원생생물 조상으로부터 유래했고, 반면에 좌우 대칭 동물(좌우 대칭인 신체 구조를 갖는 동물)은 별도의 원생생물 조상으로부터 유래하였다는 것이다. 나중에 분석한 바에 의하면 후생동물은 단계통이며, 여기 나타난 것과 같은 역사를 가진다.

같은 문제를 다룬다.

후형동물의 총괄적인 의문점을 해결하기 위하여 18S 리보솜 RNA를 초기의 연구에 적용한 결과 하나 이상의 조상을 갖는 자손들로 구성되어 있음을 알게 되었다. (진핵생물의 18S 소단위는 진정세균과 원시세균에서의 16S 소단위와 대응한다.) 루돌프 래프Rudolf Raff와 그의 동료들은 10개의 동물문에 속하는 22종으로부터 모두 1,000개 이상의 뉴클레오티드를 갖는 리보솜 RNA를 분석하였다. 그들은 후형동물이 방사상 대칭인 강장동물coelenterates(말미잘, 산호, 해파리 등)과, 좌우 대칭 동물Bilateria의 두 개의 그룹으로 분리된다고 결론지었다. 각각은 별도의 원생생물 조상으로부터 유래되었다. 그러나 이 동일한 데이터를 나중에 계통학적으로 분석해 보니 이러한 생각은 바뀌게 되었는데, 전체 후생동물은 단일 조상으로부터 유래하였지만, 이중 강장동물만 그룹의 역사 초기에 분지한 것으로 밝혀졌던 것이다. 분지 이전에는 공동 조상을 갖고 있다가 진정체강true body cavity을 갖는 체강동물coelomate을 남겨놓고 편형동물flatworm이 그 다음으로 분지한 것으로 나타났다. 그 뒤 체강동물은 방산하여 진체강 원구동물eucoelomate protostome인 절지동물arthropod(환형동물annelid, 완족동물brachiopod 및 연체동물mollusc), 척색동물chordate(척추동물 포함), 그리고 극피동물echinoderm(성게와 불가사리 포함)의 세 가지 주요 그룹으로 나뉘었다. 이 패턴은 여러 연구 그룹이 분자계통학적으로 분석하여 헤켈이 일세기 이전에 발표했던 후형동물의 진화 방식을 재확인함으로써 이제는 확실한 것으로 보인다. 이 경우에 형태에 의거한 추론은 옳았던 것으로 나타났다.

다세포 생물의 주요 그룹들, 즉 동물(후형동물), 식물 및 균류 사이의 유연 관계는 비록 최근에 그것과 관련된 상당한 양의 분자 데이터가 축적되고 있지만 전통적인 계통학자들에게는 수수께끼로 남아 있다. 리보솜 RNA 내에서 천 개의 뉴클레오티드 중 다섯 개 미만의 뉴클레오티드가 치환되어, 다세포 생물 계통수의 수관crown에서 이들 그룹을 분리하고 있기 때문에, 계통학적으로 이들의 유연 관계를 해결하는 것은 극도로 어려워 보인다.

여러 연구팀이 리보솜 RNA 서열과 단백질 유전자 서열(RNA 중합효소 II 유전자 및 다른 유전자 포함)을 조사하여, 서로 상이한 결과를 얻었다. 세 건의 연구 결과에 의하면 식물이 제일 먼저 분지했으며, 균류와 동물은 공통적인 조상을 갖고 있다가 후에 분지했다고 한다. 두 건의 연구는 균류가 제일 먼저 분지하고 식물과 동물이 공동 조상을 가지고 있다가 분지했다는 전자와는 상이한 결론을 내렸다. 리보솜 RNA와 단백질을 지시하는 유전자를 분석한 결과 이와 같이 상반된 의견에 도달하였다. 이렇게 상충하는 결과들은 어떻게 해석되어야 하는가? 다음과 같은 두 가지 이유로 해서, 아마도 RNA 중합효소 II로부터 얻은 데이터를 사용한 연구에 가중치를 두어야 할 것 같다. 첫째, 분석된 중합효소 유전자의 4,000쌍에 달하는 서열은 18S 리보솜 RNA 서열보다 진화 도중에 네 배나 많이 치환되었으며, 따라서 계통학적으로 더욱 유용한 정보를 지닌 데이터이다. 둘째로, 이미 언급하였다시피 RNA 중합효소 II는 계통수의 모양을 구성할 수 있는 준상동 유전자를 만들면서 동물-식물-균류가 분지하기 이전에 복제되었다. 이 접근법이 갖는 잠재적인 문제점은 유전자족이 때로는 함께 나타나서 진화 패턴을 파악하기 어렵게 만든

다는 것이다. 그러나 유전자족의 서로 다른 구성원들이 동일한 기능을 수행한다면 협조적 진화concerted evolution가 일어날 가능성이 크다. RNA 중합효소 유전자는 다른 기능을 수행하므로 동물-식물-균류 유연 관계를 나타내는 데 사용된 다른 파생상동 유전자의 경우보다는 협조적 진화가 일어날 확률이 적다. RNA 중합효소를 연구한 결과, 동물과 식물은 유전적으로 가까우며 균류는 공통의 가지에서 일찍 나누어진 것으로 나타났다. 그러나 더욱 많은 연구 결과가 축적될 때까지 이 관계는 아직 미해결된 것으로 간주되어야 한다.

분자 데이터에 따르면 동물문은 화석적 증거가 없는 전캄브리아기Precambrian에 지속적으로 다양화되었다기보다는, 5억 3,000만 년 전 지질학적으로 캄브리아 대폭발기로 알려진 때에 폭발적 방산explosive radiation을 일으켰을 가능성이 더 크다. 그 폭발에 의하여 내배엽endoderm, 중배엽mesoderm, 외배엽ectoderm으로 이루어진

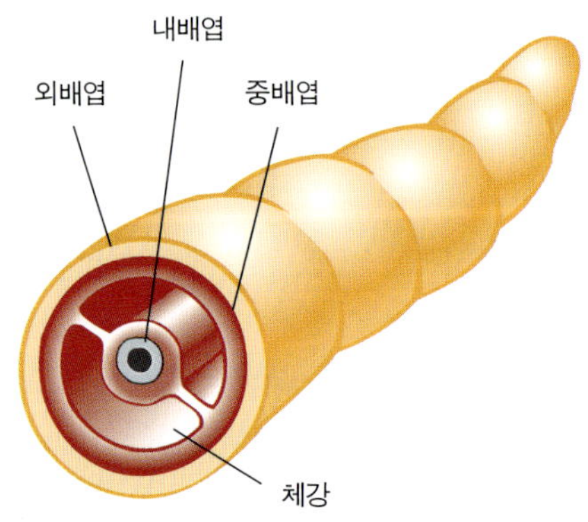

모든 고등동물문은 그들의 체내에 체강이라고 부르는 빈 공간을 가지고 있는데, 이 안에 내부 기관이 자리잡게 된다. 이들 문의 몸은 대표적인 배의 형태로 이 그림에서 나타나 있듯이 내배엽, 중배엽, 그리고 외배엽이라는 세 종류의 세포층으로 이루어져 있다. 체강을 형성할 때에 중배엽은 체강을 완전히 감싸게 된다.

세 종류의 배엽성 세포층을 갖는 후생동물인 삼배엽성 동물문triploblastic phyla이 크게 번성하게 되었다. 이에 따라 체강이 이루어지고, 몸집은 더욱 커지고 근육이 붙었으며, 은신처를 찾게 되었다.

진체강성 동물문coelomate phyla 중 가장 종 수가 많은 종류는 절지동물문이다. 이 문은 촉각류Atelocerata(곤충류, 노래기류, 지네류), 갑각류Crustacea(새우류, 가재류, 게류 그리고 따개비류) 및 협각류Chelicerata(투구게류 및 거미류)라는 세 종류의 주요 그룹으로 구성된다. 절지동물의 분류적 지위는 계통학에서 논쟁의 여지가 있는 문제였다. 형태학적인 그리고 배발생학적인 데이터로 미루어 보아 절지동물들의 일부, 혹은 전부는 동일 조상의 자손들로 해석되었다. 둘 중에서 모두가 동일 조상의 자손들이라는 설이 더 많은 지지를 받았다. 초기에는 분자 데이터, 특히 리보솜 RNA 서열에 근거한 분자 데이터에 따라 한 종 이상의 조상으로부터 유래할 가능성이 제기되는 등 해석이 상당히 다양했다. 서열을 배열할 때의 곤란, 진화사 초기에 출현한 그룹 때문에 생긴 불명료함, 그리고 동일한 위치에서 일어나는 중복 치환multiple substitutions 때문에 유전 정보는 해석하기 곤란했다. 그러나 현재는 새로운 형태의 분자 정보를 사용하기 때문에 그런 문제점들이 해결된 것 같다. 앤 아버 소재 미시간 대학의 웨슬리 브라운Wesley Brown과 그의 연구진들은 유전자 서열이 아니라 게놈 상의 유전자의 순서에, 특히 미토콘드리아 게놈의 유전자의 순서에 관심을 가졌다.

대다수 후생동물의 미토콘드리아에는 36개 혹은 37개의 유전자가 있다. 미토콘드리아 게놈은 리보솜 RNA를 지시하는 유전자 2개, 유전 정보를 단백질 서열로 해독하는 데 관여하는 전달 RNA를 위한 유전자 22개, 그리고 에너지 대사에 관여하는 단백질을 지시하는 12-13개의 유전자로 구성된다. 고리형의 미토콘드리아 게놈 상에 있는 이들 유전자들의 위치는 그룹에 따라서 다르다. 36개 혹은 37개의 유전자로 구성된 유전자의 순서의 종류는 매우 다양하므로, 그룹이 유사한 순서를 갖게 된다면 우연이라기보다는 공동 조상을 가지기 때문이라고 생각해야 한다. 연체동물, 환형동물, 그리고 선충류nematode를 외집단으로 하여 절지동물 내의 유전자의 순서를 비교한 결과, 단일종에서 유래하였다는 사실이 거의 확실해졌고, 촉각류(곤충류와 그 근연종)와 갑각류가 가장 밀접한 근연 관계를 가지고 있음을 알 수 있었다. 미토콘드리아 내에서의 유전자 순서를 비교하는 방법은 과거의 유전적 유연 관계를 규명하는 데 있어서 유력한 수단이 될 가능성이 크다.

척추동물의 변이

4억 년 전에 발생한 사지류tetrapod(육상 척추동물)의 기원과 진화적인 관계는 중요하고도 논쟁의 여지가 있는 문제이다. 현존하는 폐어를 포함하는 폐를 가진 물고기와 가오리와 같은 지느러미를 갖는 물고기가 사지동물의 가장 가까운 근연종이라고 간주되었으며, 그중에서 폐어가 가장 가깝다고 평가되었다. 폐어와 유연 관계가 있는 잎모양의 지느러미를 갖는 물고기lobe-finned fish인 강극어Latimeria chalumnae는 이미 8,000만 년 전에 멸종되었으리라고 생각했으나 1938년 돌연 발견되어 이 생물과 사지동물과의 형태학적인 유연 관계가 다루어질 수 있으리란 희망이 대두되었다. 이 〈살아 있는 화석living fossil〉을 비교형태학적으로 분석하였으나 이것이나 폐어가 살아 있는 사지동물의 자매 그룹인가라는 의문점은 해결되지 못했다. 처음 공극어가 발견된 지 50년이 지나서야 (그 뒤로 많은 개체가 잡혔음), 분자계통학이 등장하여 다른 방식으로 이 의문점을 해결하려고 하였다.

미토콘드리아 유전자, 핵 리보솜 유전자, 그리고 핵의 구조 유전자, 예를 들면 프롤락틴, 생장 호르몬을 암호화하는 유전자, 그리고 면역 체계의 유전자 등을 포함하는 다양한 범위의 분자 데이터가 조사되었다. 가장 유력한 증거는 놀랍게도 미토콘드리아 DNA, 특히 12S 리보솜 RNA 유전자와 시토크롬 b 유전자의 서서히 진화하는 서열들로부터 얻을 수 있었다. 이 같은 다양한 연구로부터 서로 다른 모양을 갖는 계통수들을 세울 수 있었으며 그들 중 일부는 전혀 달랐다. 비록 그와 같은 계통수를 확실하게 뒷받침하지는 않았지만 미토콘드리아 DNA에 의하여 사지동물과 폐어와의 유연 관계가 입증되었으며, 공극어는 자매 그룹으로, 그리고 빗살 모양의 지느러미를 갖

는 물고기ray-finned fish는 가장 유연 관계가 먼 종류로 설정되었다. 4억 년 전에 일어난 진화적인 사건을 2,000만 년이라는 짧은 범위 내에서 고려해야 하기 때문에 다시 한번 분자계통학적 접근의 한계성이 드러난다.

사지동물 중에서 가장 많이 연구된 그룹은 포유동물이다. 그것은 특히 연구하고 있는 과학자들 자신이 포유동물이기 때문이기도 하다. 단공류monotreme(알을 낳는 무리들), 유대류marsupial, 그리고 태생 포유류placental mammal 등, 세 개의 그룹은 전부 현재 3천여 종을 이루고 있다. 텔아비브 대학의 댄 그라우어Dan Graur의 표현을 빌자면 태생 포유류만의 진화적인 관계를 재구성하는 것도 〈엄청난 계통학적 과제〉이다. 적어도 15개 목의 태생 포유류만 다룬다 해도 그들을 연결하는 계통수는 10^{12}개나 가능한데, 그중 하나만이 역사적으로 사실일 것이다. 더욱 기본적인 의문을 제기하자면 육식동물, 설치류, 영장

1938년 최초의 표본이 발견된 강극어(실러캔스)는 고대의 계열에 속하며 멸종되었다고 생각되고 있었다. 이것은 살아 있는 화석이라고 불린다.

류, 식충류 등은 진화적인 골격 안에서 서로 어떻게 관련되어 있는 것인가? 다수의 저명한 계통분류학자들은 지난 150년 동안 이 의문점과 씨름하여 왔으나, 개괄적인 부분에서조차도 상호 모순되는 체계를 주장했다. 이것을 보면 모든 사람이 동일한 형태적 데이터 조합을 사용한다는 것은 실제로 얼마나 어려운 일인지, 그리고 불가능한지를 알 수 있다. 다시 한번 문제가 되는 것은 태생 포유류의 방산이 일어난 시기가 짧다는 것이다(전통적으로는 6,500만 년에서 5,000만 년 전 사이이다).

만들어진 많은 진화 계통수의 공통되는 특징을 들자면 많은 목이 매우 무성하게 분지한다는 것이다. 최근의 한 예를 들어보면 조사한 18목 중 16목이 다섯 방향으로 분지했다. 진화적인 실재를 반영하여 무성한 가지가 나타날지도 모르지만 동시적인 분지가 진화에서는 드물게 나타나므로 실제로 일어났을 가능성은 적다. 대신에 가장 설득력 있는 결론은 분석하는 데이터가 분지 패턴을 해석하는 데 부적절하다는 것이다.

미국 자연사박물관의 마이클 노바체크 Michael Nova-cek가 지적했듯이 분자계통학의 역사가 이십 년을 상회하고 있음에도 〈고등 포유류의 계통학은 아직도 베일에 싸여 있다.〉 이 같은 염세적인 예단과는 달리, 약간의 긍정적인 지식도 얻을 수 있었다. 예를 들어 세 종류의 주요

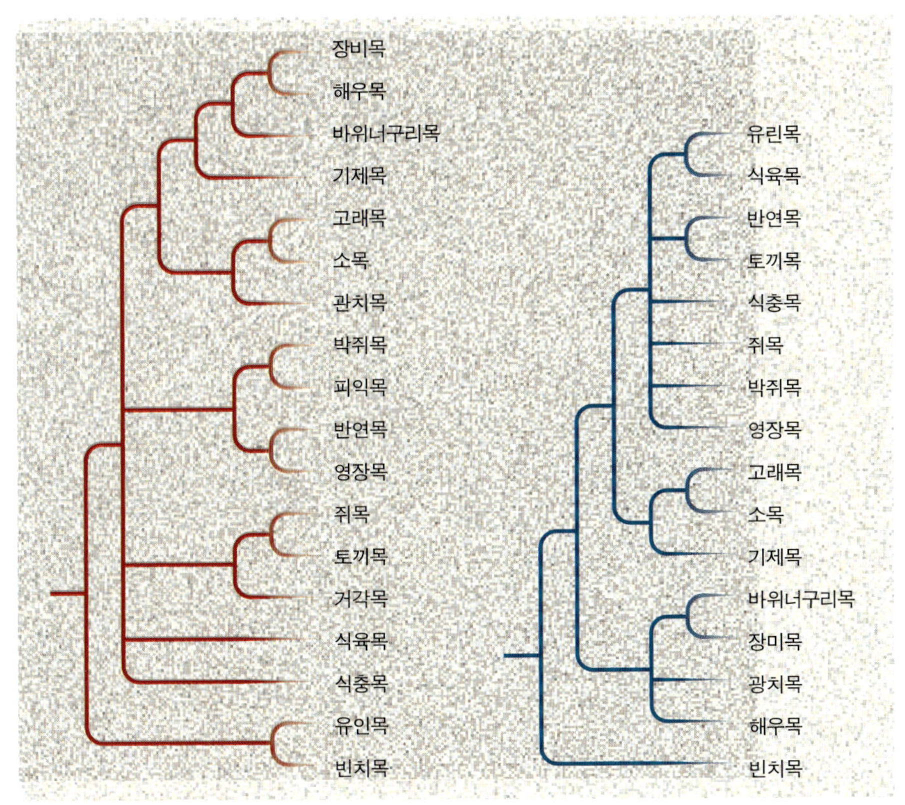

포유동물목 사이의 계통적인 관계를 세우는 것은 진화생물학자가 가장 도전 해볼 만한 문제 중의 하나이다. 왜냐하면 그들은 오래전에 갑자기 출현했기 때문이다. 형태에 근거한 계통(왼쪽)은 목을 빈치목 및 유린목, 그리고 나머지로 나눈다. 분자계통학은 특히 영장목을 포함하는 일곱 종류로 분지를 나누는 등 이를 약간 개선시켰다. 추론된 이 같은 종류의 다수의 분지들은 진화적인 실재보다 더 자세한 분지를 이끌어낼 수 없는 방법상의 무력함을 드러낸다.

포유류 그룹은 예상되었듯이 동일한 공동 조상으로부터
유래되었다. 그리고 신세계의 빈치류edentate(나무늘보,
아르마딜로, 그리고 개미핥기) 등은 계통수의 아래 가지,
아마 가장 밑동에 있는 가지라는 것이 분자 및 형태적 방
법에 의하여 밝혀졌다. 그러나 설치류에 대하여는 두 방
법의 결론이 달랐는데, 이는 1996년 중반 쥐 rat, 생쥐
mouse 및 기니피그guinea pig의 완전한 미토콘드리아
게놈 서열이 발표됨으로써 더욱 그 차이가 심화되었다.
형태학적인 추론에 의하면 이 그룹들은 단계통이었으나,
최근 몇 년간 발표된 분자 데이터들은 점점 기니피그(호
저류hystricomorph)와 쥐 및 생쥐(진서류myomorph)가
서로 다른 기원을 갖는 별도의 그룹이라는 것, 즉 이 그룹
들이 다계통임을 나타내고 있다. 이탈리아와 스웨덴의 연
구자들에 의해서 밝혀진 새로운 미토콘드리아 DNA 데이
터는 형태학자들이 이단적이라고까지 생각할 수 있는 이
결론을 강력하게 뒷받침하고 있다. 전통적인 계통학자들
은 설치류와 토끼류lagomorph(집토끼와 산토끼) 등을 동
류로 묶으려고 노력하는 반면에, 분자 데이터들은 이것을
무효화하려 하고 있다.

분자적인 증거에 의해 최근 해결되고 있는 두번째의 의
문점은 작은박쥐microbat와 큰박쥐megabat(날여우 fly-
ing fox)로 이루어진 박쥐목Chiroptera에 관한 것이다. 대
부분의 형태학자들은 박쥐목을 단일 조상을 가진 목으로
보았으나 1980년대 중반 호주 퀸즐랜드 대학의 해부학자
였던 존 페티그루John Pettigrew는 날여우가 영장류와
가깝고 공동 조상으로부터 진화한 반면, 작은박쥐는 별개
로 진화했다고 주장했다. 그는 또한 두 그룹의 박쥐에서
유사한 날개 구조를 갖게 된 것은 수렴 진화의 결과라고
주장했다. 큰박쥐와 영장류에서 추정되고 있는 근연 관계
는 그들의 시각 체계가 유사하다는 데 근거하고 있다. 페

큰박쥐에 속하는 인디언과일박쥐(*Pteropus giganteus*). 하늘날여우라고도
불리는 큰박쥐는 작은박쥐와 아울러 익수목을 구성한다. 최근 시각 기구의 해
부학적 유사성에 근거하여 큰박쥐가 작은박쥐보다는 영장목에 더욱 가깝다고
제안된 바 있다. 분자적 데이터는 이 가설이 틀리다는 것을 강력히 암시하고
있다.

티그루가 발견하였듯이 시각계의 어떤 신경 구조는 영장
류에 독특한 것으로 큰박쥐도 이런 특징을 가지고 있었
다. 관련된 구조들이 복잡하기 때문에 날개의 구조보다는
시각 신경에서 수렴 진화가 일어나기 어렵다고 그는 주장
했다.

페티그루는 다음과 같이 수렴 진화에 대한 두번째 주장
을 덧붙였다. 새로운 뇌 구조는 기존의 구조가 수정될 때
보통 출현한다는 것이다. 그 결과 이들 특징들이 최적이
아니라 해도 새로운 구조는 과거의 구조적 특징에 편입되
는 것이 보통이다. 프랑스의 분자생물학자인 프랑수아 자
콥Francois Jacob이 언급한 바 있듯이 〈진화적 사건은 기
술자보다는 수선공과 같다〉. 페티그루는 큰박쥐와 영장

류의 시각계는 동일한 조상의 구조에다 조립된 것이어서 그들의 유사성은 공동 조상을 가지고 있음을 나타내고 수렴 진화가 발현된 결과는 아니라고 주장했다.

그 의문점은 17종의 엡실론–글로빈 epsilon–globin 유전자에서 1,200개의 뉴클레오티드로 이루어진 부위를 검사한 웨인 주립대학의 모리스 굿맨과 그의 동료들에 의하여 해결되었다. 단순성 원리에 따라 데이터를 분석하면 두 개의 박쥐 그룹은 묶이고, 영장류는 분리된다. 큰박쥐와 작은박쥐는 뉴클레오티드 서열 중 39개의 파생된 치환 부위를 공유하고 있는데, 큰박쥐와 영장류는 단지 3개밖에 공유하지 않는다. 따라서 큰박쥐와 영장류의 시각계의 해부학적 특징이 유사한 것은 그럴 개연성이 적다 해도 수렴 진화의 결과인 것이다.

확실히 포유동물의 계통에 대해서는 알려지지 않은 것이 알려진 것보다 많다. 그라우어가 최근 언급하였듯이 〈포유동물학자들은 포유동물의 상위 분류를 할수록 더욱더 놀라게 된다.〉 그라우어의 언급은 꽤 적절한 것인데, 왜냐하면 이 책이 인쇄되고 있는 동안에도 전통적인 생각에 강력하게 도전하는 포유동물의 진화 계통수를 수립한 분자계통학적 분석이 이루어졌기 때문이다. 10억 년 전에 포유동물이 공룡과 동시에 존재했다 하더라도 그들은 그 무시무시한 도마뱀이 약 6,500만 년 전에 멸종될 때까지는 진화적으로 분지되지 않았다. 그 같은 사건의 결과로 미루어 볼 때, 공룡이 존재하지 않음으로 해서 이전에 점유되었던 다수의 생태학적 지위들이 비게 되었으며, 그 결과 잔류하고 있던 포유류들이 짧은 시간에 진화적 대폭발을 거쳐 이 자리를 채웠다는 설명이 가능케 된다. 1996년 5월에 발표된 새로운 분자생물학적 분석에 따르면 이것은 사실이 아닐 수도 있다.

펜실베이니아 대학교의 블레어 헤지스 Blair Heges와 그의 동료들은 포유동물 역사를 탐색하기 위하여 유전자 서열의 방대한 데이터베이스를 이용하였다. 그들은 포유동물 16목의 79개의 유전자 서열을 검색하여 목이 분지한 시간을 추론하기에 신빙성 있는 시계와 같은 행동을 보이는 유전자를 찾기로 하였다. 약 반수의 유전자가 이러한 요구에 부합되었다. 그리고 그 안에 숨어 있던 정보들을 분석한 결과 놀라운 사실이 드러났다. 화석 증거가 보여주듯이 그 사건은 6,500만 내지 5,000만 년 전이라는 시기 동안에 분지된 것이라기보다는, 10억 년 전 혹은 그보다 훨씬 전에 일어났다는 것이 명백해졌다.

만약 이 결론이 옳다면, 다른 연구자들은 그 주장을 받아들이기 이전에 상당히 조심스럽게 검토해 보겠지만, 헤지스는 왜 그렇게 일찍 그런 다양화가 나타났는가에 대한 설명을 해야 할 것이다. 헤지스의 추측에 의하면 포유동물이 다양하게 된 까닭은 주경쟁자의 갑작스런 멸종에 의한 생태적인 기회 때문이 아니라, 대륙의 표이에 의한 집단의 분산 때문이라고 한다.

최초의 포유동물은 대략 20억 년쯤 전에 출현했는데, 그때는 지구의 대륙이 판게아 Pangea라는 초대륙으로 하나로 합쳐져 있었다. 따라서 공룡과 마찬가지로 포유동물도 전 대륙을 실제적으로 점유하고 있었다. 10억 년 전까지 지구의 표면을 구성하던 지각판들이 움직여 판게아를, 우리가 지금 대륙 지도에서 보는 것보다 더 많은 여러 개의 섬 덩어리로 갈라 놓았다. 우연히 존재하게 되었던 서로 다른 섬에 고립된 채 포유동물의 서로 다른 집단들은 현대 진화론이 예측하듯이 매우 다른 방향으로 진화해 갔다. 지난 10억 년 동안에 이전에 분리되었던 많은 섬들이 다시 하나로 합쳐져서 현대의 대륙 패턴을 만들어내게 되었고, 이전에 분리되었던 종들을 다시 한번 뒤섞이게 만들었다. 여기에서 기술하는 지리적 격리는 일찍이 공룡의 진화적 다양화에도 적용된 바 있다. 공룡이 멸종하게 되자, 포유동물은 진화적으로 크게 다양해졌지만 이것은 이미 추측되었던 대로 그러한 새로운 동물이 생겨난 것이 아니라 훨씬 이전에 생겨났던 동물이 진화된 것에 불과하다고 그는 결론지었다. 헤지스는 6,500만 년 이전에 포유동물의 화석이 없는 이유에 대해 포유동물의 집단이 작았으며 포유동물들 자신의 몸집도 작았다고 주장하고 있다. 이는 화석 생물이 존재했던 연대에 대한 편차를 가져올 수 있다.

기존의 개념이 도전을 받을 때 흔히 나타나는 일이지만 헤지스의 발표는 포유동물학자 사이에서 혼합된 반응을 불러일으켰다. 그리 멀지 않은 과거에 일어났던 아주 흥미로운 진화적 사건을 해결하는 데 분자계통학이 주요한 역할을 했는지의 여부는 시간이 지나면 알게 될 것이다.

명금의 분류

새의 진화적 유연 관계를 밝히는 것은 가장 야심적인 분자계통학 과제 중의 하나이다. 새는 9,000종 이상이 현존하며 1억 5,000만 년에 단일한 파충류 조상으로부터 나온 자손들이다. 새는 아마추어의 호기심이나 전문적인 관심 때문에 동물 그룹에서 가장 널리 연구되었으며, 그 결과 분류도 여러 그룹에 걸쳐 다양하게 이루어졌다. 우리가 앞서 예를 든 홍학처럼 확실하게 풀리지 않는 의문점도 있으나, 개괄적인 계통학적 체계에서 볼 때는 조류학자들이 포유동물학자들보다는 의견의 일치를 보이는 셈이다. 그럼에도 불구하고 1980년대 중반 찰스 시블리와 존 알퀴스트가 DNA-DNA 잡종형성에 근거하여 새의 계통수를 해석하였을 때 다른 조류학자들은 분류학상 몇 가

지 확실한 오류를 지적하면서 그들의 깃털을 곤두세웠던 것이다. 시블리와 알퀴스트는 그들이 사용했던 실험 방법이 신빙성을 가지고 있는지에 대하여 특히 비판을 받았다. 그리고 일부 관찰자들은 제안된 진화 계통수의 일부 부위는 시블리와 알퀴스트가 얻은 데이터에 의해서는 뒷받침되지 못한다고 지적하였는데, 왜냐하면 계통수 상에 있는 종들 사이에서 추론된 유전적 거리가 너무 가까웠기 때문이다. 그러나 시블리와 알퀴스트가 제안한 새로운 해석은 대부분 도전을 받지 않았다.

예를 들어 진화의 결과 어떤 경우에는 아주 독특한 형태(예를 들자면 캥거루)가 생겨났고 어떤 경우에는 구세계의 종(예를 들자면 태즈메이니아늑대와 태생 토끼placental rabbit를 닮은 밴디쿠트bandicoot)과 놀라울 정도로 유사하다. 유대 포유동물 가운데서 일어난 이 맹렬한 수렴 진화에도 불구하고, 호주의 종과 그들의 구세계에 있는 태생 유사종 사이에서 독특하게 나타나는 진화적 유연 관계를 혼동할 가능성은 거의 없을 것 같은데 왜냐하면 유대

호주 원산 유대류의 일종인 밴디쿠트는 태생의 토끼를 닮았다.

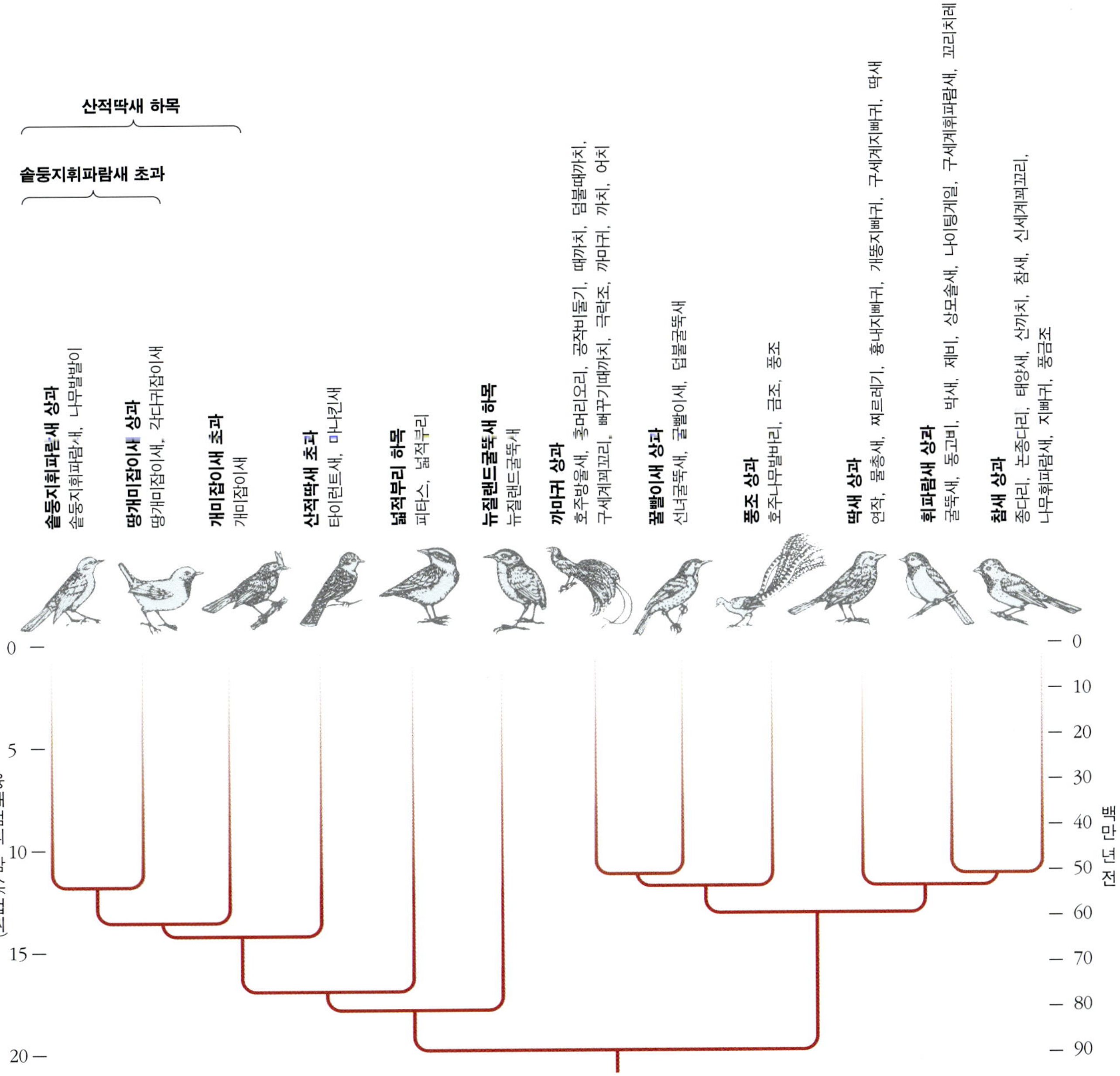

새는 동물 중에서 가장 많이 연구되었다. 명금류의 분류는 유럽인들이 호주에 정착하기 이전에 비교적 자세히 이루어졌다. 호주에 조류학을 적용하기 시작하면서 원산의 새들은 가장 유사한 미국과 유럽의 종들을 아우르는 그룹으로 나뉘어졌다. 최근에 분자 데이터를 분석한 결과 이들의 형태적 유사성은 수렴 진화의 결과이고 호주의 명금류는 호주 원산이며 그곳에서 독립적으로 진화해 왔다는 사실이 밝혀졌다. 이 계통은 DNA-DNA 잡종형성에 근거한다.

류는 유대, 혹은 육아낭pouch을 가지고 있으므로 해서 형태적으로 명백하게 구분되기 때문이다. 분자계통학은 이미 형태학자들에게 알려져 있던 이 같은 사실을 재확인 하였다.

　그러나 전세계 새 종류의 반 이상을 차지하는 명금류에 대해서는 어떠한가? 700여 종이 호주 원산이다. 그들 중 에는 호주휘파람새 Austalian warbler, 호주딱새 Aus- tralian flycatcher, 호주나무발바리Australian creeper 및 호주꼬리치레 Australian babbler와 호주화밀식조 Aus- tralian nectar feeder가 있는데 이들은 아프리카, 유럽 및 미 대륙에서 이미 알려진 종들과 형태적으로 구분이 거의 되지 않는 것으로 나타났다. 19세기에 호주의 명금류를 분류하게 되었을 때에는 유럽의 조류학자들은 대부분의 다른 지역의 새들을 이미 분류한 상태였다. 호주의 명금 류는 구세계와 신세계의 종들과 형태적으로 너무 유사했 기 때문에 이미 알려진 그룹에 그들을 끼워넣는 것이 자 연스러운 것처럼 보였다. 시블리와 알퀴스트는 〈수렴 진 화의 많은 경우는 너무 미묘해서 진정한 유연 관계는……해부학적 비교만 가지고는 해결하기 어려울 것이다〉라고 술회한 바 있다. 따라서 호주휘파람새는 휘파람새과 Sylviidae에, 호주딱새는 아프리카-유럽딱새과 Musci- capidae에, 호주나무발바리는 구미나무발바리과 Certhi- idae에, 호주화밀식조는 아프리카-아시아의 태양새과에, 이런 식으로 편입시켰다. 그런 분류 방식은 형태학적으로 는 일리가 있었지만 지리학적으로는 의미가 없었는데 왜 냐하면 호주는 적어도 3,000만 년 전에 구세계와 분리되 었기 때문이다. 호주종이 이런 식으로 분포하자면 여러 번에 걸친 이동을 상정해야만 한다. 불가능한 것은 아니 지만 다른 대륙으로부터 그처럼 이동이 반복해서 이루어 졌다는 것은 개연성이 없는 일이었다. 게다가 만약 새의

분포 패턴이 이주에 의해 결정되었다면 포유류의 분포 패 턴도 호주 원산의 유대류로만 구성될 수는 없을 것이다. 특히 진화가 국부적으로 일어날 경우, 다른 생물종과 지 리적으로 일치되어야만 한다.

　DNA-DNA 잡종형성 데이터는 기존의 새 분류 체계를 완전히 뒤엎었다. 그것은 호주 명금류가 호주 원산이며, 새의 생물지리학도 포유류의 생물지리학과 부합한다는 것이었다. 유대 포유류처럼 명금류도 세계 여러 곳에서의 명금류와 마찬가지로 생태적 지위에 적응하게 되었으며, 수렴 진화를 통해서 모습이 유사한 다른 지역의 새를 어 떤 경우에는 놀라울 정도로 세밀한 부분까지 닮게 되었 다. 시블리와 알퀴스트는 아프리카, 유라시아, 그리고 북 미의 명금류는 참새아목Passerida으로 묶을 수 있다고 제 안하였다. 그러나 호주의 명금류는 까마귀아목Corvida의 구성원이다. 호주에서 유래한 명금류의 이 아목에는 까마 귀, 까치, 그리고 어치가 포함되는데 이들은 후에 구세계 와 신세계로 퍼져나가게 되었다.

호주나무발바리는 피상적으로는 세계 다른 곳의 나무발바리와 유사한데, 유전 학적 데이터에 따르면 그 지역에서 진화한 종이라는 사실이 드러났다. 형태적 으로 유사한 것은 공동 조상을 둔 때문이 아니라 수렴 진화의 결과이다.

지의류, 호수 그리고 에이즈 바이러스

이 마지막 절에서는 분자계통학이 어떻게 강(예를 들어 포유동물과 새) 이하 수준의 계통수에서 진화적인 의문점을 다루는 데 사용될 수 있는가를 몇 가지 예를 들어 설명하고자 한다. 분자계통학은 종간의 근연 관계나, 종 내의 집단의 역사 등 형태학적인 데이터가 제한되어 있는, 이들과 같은 하위 단계에서 최근에 일어난 진화적 사건을 밝혀내는 데 특히 효과가 있다.

지의류lichens는 균류와 조류algae가 공생 관계를 갖는 생물이다. 흔히 나무의 줄기나 암석에 붙은 딱지와 같은 것을 연상하게 되지만, 실제로 그들은 여러 형태를 취할 수 있다. 어떤 균류-조류 간의 공생은 상리 공생beneficial mutualism이지만, 어떤 것은 해를 끼치는 기생이다. 지의류의 종 수는 모든 균류 종 수의 20퍼센트 정도를 차지하나, 균류의 계통수에서 그들의 위치는 모호한 채로 남아 있다. 그들은 일반적으로 공통적인 조상으로부터 유래하여 동일한 기본적인 생활 양식을 가지지만 서로 다른 형태를 나타내면서 묶이는 그룹을 형성하는 것으로 추정된다.

균류의 진화 계통수에서 지의류 내의 균류의 위치를 식별하는 데 형태적인 특징들이 도움을 거의 주지 못하므로, 연구자들은 최근에 분자적인 증거를 찾으려고 하고 있다. 예를 들어, 스미소니언 연구소의 연구팀은 10종의 지의류를 형성하는 균류를 포함한 75종의 균류의 리보솜 RNA의 작은 소단위에서 1,927개에 달하는 뉴클레오티드의 서열을 검사하였다. 이 연구는 전반적인 균류 계통수를 확립시키지는 못했지만 다루고 있는 범위는 주목을 받을 정도로 넓다. 그 결과는 매우 명확했다. 지의류를 형성하는 균류는 자연적인 생태 집단으로서 명백한 위치를 가지고 있지만 자연적인 계통학을 이루는 집단은 아니었다. 지의류를 형성하는 균류는 계통수의 여러 부위에서 나타나며, 이로 미루어보아 균류의 독특한 생활 양식은 조상 생물을 달리하면서 여러 번에 걸쳐 독립적으로 출현한 것 같다. 지의류를 형성하는 균류는 빵효모brewer's yeast, 그물버섯morel mushroom, 식물병(예를 들면 느릅나무병 Dutch elm disease)을 일으키는 균류, 그리고 에이즈 환자에게 치명적인 폐렴을 일으키는 미생물인 뉴모키스티스 *Pneumocistis* 등을 포함하는 균류와 동일한 그룹에서 나타난다.

더욱이 이 계통학적 연구 결과는 생태학의 상식적 개념, 즉 정상적으로는 기생에서 상리 공생으로 진화적으로 이행한다는 개념을 뒤엎는다. 포식자와 피식자가 생물계의 자연스런 구성원인 것처럼 진화의 첫번째 단계는 기생이라고 추측되었다. 그러나 대부분의 포식-피식 관계와는 달리 기생자와 숙주 사이의 관계는 일종의 지속적인 물리적 접촉의 결과라고 봐야 한다. 이렇게 될 경우에 그 두 종은 종종 덜 공격적인, 덜 일방적인 관계를 가지는 방향으로, 양 참여자가 이익을 거두는 방향으로 한 묶음으로 진화한다. 그러한 상호주의는 한때는 기생자와 숙주였던 두 종의 진화의 종점으로 간주되었다. 그러나 기생생물과 상리생물이 진화의 초기와 말기에 동시에 나타나는 지의류에서는 그러한 진행 방식은 설득력을 가질 수 없음을 보여준다. 제한된 형태학적 데이터에 근거하여 지의류의 전체적인 계통을 세우기에는 아직 이르지만 전통적인 관점은 올바르지 않다는 사실은 이미 입증되었다.

아프리카의 빅토리아, 말라위, 그리고 탕가니카 호수에서 발견되는 민물돔과cichlid 물고기들은 생물학자들을 놀라게 하는데 특히 총 500종이 넘는 숫자 때문에 그렇다. 또한 그들은 생태적으로 다양하게 적응하고 있기 때문에 생물학자들을 더욱 고무시킨다. 어떤 것은 조류를 갉아먹고 산다. 다른 것은 플랑크톤과 유기물 입자를 먹고 산다. 다른 것은 곤충이나 동족을 포함한 다른 물고기를 먹고 산다. 어떤 종은 입에서 새끼를 키우는 암컷 물고기의 주둥이를 삼켜서 새끼들을 억지로 내놓게 한다. 다른 종은 특별히 발달한 턱과 쏠아낼 수 있는 이빨을 가지고 다른 민물돔류의 비늘을 먹이로 하여 산다. 민물돔과의 진화적인 기원은 수수께끼에 싸여 있었다.

각 호수에는 이러한 특이한 종들이 많이 잡다하게 모여 있으며(예를 들어 빅토리아 호수에는 200여 종류가 있음), 다수의 종들은 다른 호수에 있는 종들과 동일하거나 유사하게 적응되어 있다. 그리고 호수가 생성된 지 얼마 되지 않았는데(빅토리아 호수의 경우는 100만 년 정도이다) 어떻게 그런 다양성이 생겨났을까, 그리고 호수마다 어떻게 다른 종들이 분포하게 되었을까라는 두 가지의 의문점을 해결해야만 한다.

전통적으로 종들의 전체 무리는 한 속으로 분류되었으나, 형태적 형질을 최근 분지론적으로 분석한 결과 많은 수의 속으로 나누어질 수 있었으며, 각 속에 속하는 다수 종이 모두 세 호수에 존재하고 있는 것으로 밝혀졌다. 따라서 이 체계에 따르면 호수 내에서 다양성을 보이는 종의 일부는 적어도 초기에 다양화되고 후에 각 호수로 반복적으로 이동한 것이라야 이치에 맞는다. 각 호수의 종의 무리는 다수의 다른 조상종으로부터 유래한 것 같았다.

1990년에 이르러 민물돔과에 대한 최초의 자세한 분자적인 데이터를 얻을 수 있었는데 상기의 가정과는 매우 다른 구도를 보여주었다. 앨런 윌슨과 그의 동료들은 시토크롬 b 유전자 일부, 두 개의 전달 RNA 유전자, 그리고 유전자 발현을 조절하는 부위를 포함한 미토콘드리아 DNA에서 803개의 뉴클레오티드 부위를 서열화하였다.

말라위 호수의 민물돔과 물고기인 수도트로페우스 트로페옵스(*Pseudotropheus tropheops*). 분자 데이터가 알려주는 바와 같이 민물돔과 물고기는 최근에 매우 다양한 폭발적인 종 분화를 거쳤다. 커다란 아프리카 호수에서 500종 이상이 살고 있으며 최근까지 그들의 진화적 역사는 수수께끼로 남아 있다.

재료로 사용된 민물돔류는 빅토리아 호수에서 나온 14종과 아프리카 전역에서 얻은 23종이었다. 결과는 매우 명확했으며, 형태의 분지론적 분석과는 상당히 배치되는 것이었다. 빅토리아 호수의 민물돔류 내에서의 뉴클레오티드 변이는 14종 간에 평균 3개 정도의 차이로 나타나 작았다. 이와는 대조적으로 말라위 호수의 민물돔류는 빅토리아 호수의 종과는 평균 50 정도의 차이를 나타내었다. 이러한 관찰 결과는 각 호수의 민물돔 종이 아마 20만 년이라는 시간 내에 현장에서 매우 빨리 진화하였음을 강력하게 시사한다. 그 이후 더욱 본격적인 분자 데이터와 분석에 의하여 확인된 바 있다.

따라서 민물돔과 물고기는 유전적인 변화와 형태학적인 변화가 서로 연관되지 않는다는 사실을 보여주는 가장 중요한 예 중의 하나이다. 빅토리아 호수에 있는 200종 중에서 유전적인 변이는 말하자면 투구게 단일종 내의 변이보다 작다. 그러나 그들 사이에 존재하는 형태적 변이는 넓다. 이 역설은 여러 가지의 의문점을 제기한다. 그처럼 유전적 변화가 거의 없는데도 커다란 형태적 변화를 야기한 원인은 무엇이었는가? 더 나아가 종 분화speciation의 방식은 무엇이었는가? 각 호수가 지금과 마찬가지로 넓었을 때 종 분화가 일어나서, 그래서 새로운 종이 점점 출현하였는가(즉, 동소적으로sympatrically)? 혹은 호수의 수심이 낮아져서 각 호수의 바닥을 서로 고립된 서식처로 나누었는가(즉, 이소적으로allopatrically)? 지금까지 그 의문점은 해결되지 않고 있다. 민물돔과 물고기는 계통학적인 지식이 어떻게 더욱 많은 생물학적 의문점을 제기할 수 있는가를 보여주는 좋은 예이다.

끝으로, 계통학적인 분석을 통하여 감염된 치과 의사가 그들의 환자에게 후천성면역결핍증을 전염시킬 수 있었는지의 의문점을 해결하였던 예를 들어보겠다. 1990년 애틀랜타의 전염병 방제 연구소의 연구자들은 플로리다의 한 젊은 여성이 에이즈로 죽은 치과 의사로부터 받았던 진료 때문에 에이즈에 감염되었을 가능성을 보고하였다. 이전에 그 치과 의사로부터 치료를 받았던 환자들에게 에이즈 검사를 받으라고 권유하였더니, 총 10명이 감염된 것으로 밝혀졌다. 에이즈 양성 반응을 나타내는 사람들과 인터뷰를 한 결과, 10명 중의 네 명은 성적 접촉, 혹은 혈액을 통한 전달에 의해서 감염을 일으킬 행동학적인 위험 요소를 가지고 있음을 알게 되었다. 그러나 6명의 환자들은 아무런 위험 요소도 가지고 있지 않았다.

이유는 아직 완전히 알려지지는 않았지만 에이즈 바이러스는 대부분의 바이러스보다 훨씬 빨리 돌연변이한다. 이 때문에 의학적으로 효과적인 백신을 개발하는 것이 매우 어렵다. 많은 백신은 면역계를 활성화시켜 병원균의 외부 표면의 분자 구조를 인식하므로써 효력을 나타내는데 에이즈의 경우처럼 만약 이 구조가 계속 변한다면, 사용되기도 전에 백신은 쓸모없게 될 것이다. 바이러스의 돌연변이가 매우 빨리 일어나기 때문에 치과 의사에 의해서 나머지 여섯 명이 감염되었는지의 여부를 조사할 수가 있었다.

첫번째로 각 개인의 바이러스 집단이 유전적으로 다르게 나타나기 때문에, 여섯 명의 환자와 치과 의사의 바이러스를 계통학적으로 분석하면 감염의 원천을 밝힐 수 있었다. 여기서 사용되는 논리는 다음과 같다. 만약 문제가 되는 바이러스가 돌연변이하지 않거나 천천히 변이한다면 환자에게서 발견되는 바이러스의 주는 치과 의사가 갖는 주와 동일할 것이다. 그러나 주의 유사성만을 가지고는 치과 의사가 소집단의 감염에 연루되어 있다고 생각할 수 없는데 왜냐하면 그의 바이러스의 분자적 특성은 다른 어떤 사람의 것과도 동일할 것이기 때문이다. 이와는 대조적으로 변이하는 바이러스는 추적할 수 있는 분자적 흔적을 남겨 놓는다. 집단적으로 A에게서 감염된 개인들의 바이러스는 B나 C 혹은 다른 사람보다는 A의 바이러스와 더 비슷할 것이다. 연구자들이 제기한 의문점은 치과 의사의 바이러스에서 여섯 환자의 에이즈 바이러스가 유래하였느냐는 것이다.

연구자들은 바이러스의 외부 표면의 단백질 구성 성분 중 하나를 지시하는 유전자를 서열화하였고, 실제로 6명의 환자와 그들의 치과 의사의 유전적 차이를 밝혀내었다. 이들 데이터를 계통 분석한 결과 실제로 에이즈 감염의 위험 요소를 가지고 있지 않은 여섯 명의 바이러스 주는 진화적으로 서로 근연 관계에 있으며, 치과 의사의 바이러스에서 유래했다는 것을 밝혀내었다. 바이러스의 진화를 일련의 모형들을 사용하여 재구성하려고 시도하였으나 에이즈 바이러스가 워낙 빨리 변이하게 때문에 감염된 지 5년이 경과하여 수집된 분자 데이터로부터는 계통수를 복구할 수가 없었다. (사실은 이 중 3년은 허송 세월이었다.) 5년 사이에 너무 무수한 유전적 변화가 축적되어 주 사이의 계통학적인 유연 관계가 모호해졌던 것이다.

이 일화는 아주 짧은 시간대의 분자계통학을 보여주며, 약 40억 년이라는 장구한 세월 동안에 일어난 진화적 사건에서부터 불과 몇 년 전에 일어난 사건까지 엄청난 시간대에 걸쳐 이 학문이 가장 커다란 기여를 할 수 있음을 강조하고 있다. 특히 분자 기법이 경쟁자로 등장하여 형태학자들이 그들의 방법을 보강하지 않을 수 없었기 때문에 계통학은 분자적인 차원의 도입으로 말미암아 전반적으로 크게 약진하였다고 할 수 있다. 분자계통학은 초기 등장시 기대했던 것처럼 만병통치약은 아니지만, 의심할 바 없이 능력을 가지고 있으며 이는 전통적인 방법과 조합되면 더욱 능력을 발휘할 수 있는 수단인 것이다.

하버드 의과대학에서, 자기 유전자 서열의 결과물을 바라보고 있는 생쥐

유전적 변이의 수수께끼 4

최근의 분자 기법은
유전자의 DNA 서열 수준에서
일어난 변이를 밝혀
마침내 유전학적 논란을
해결하게 될 것이다.

종의 진화사를 재구성하기 위하여, 생물학자들은 문제가 되는 종들 사이의 유전적 유사성과 차이점을 조사하게 된다. 각 종은 비록 응집력이 있는 유전적 실체 cohesive genetic entity이지만, 동일한 종의 각 구성원 사이에도 유전적 변이가 있다. 우리들 중의 어떤 사람은 푸른 눈을 가졌고 어떤 사람은 갈색 눈을 가졌다. 우리들 중 어떤 사람은 키가 크고 어떤 사람은 키가 작다. 이런 형질들은 얼굴의 생김새와 마찬가지로 부모로부터 자식에게로 유전되는 것이다. 예를 들어 서로 다른 가족이 모여 있을 때 각 가족의 구성원을 찾아내기란 그리 어렵지 않다.

종 내의 유전적 변이는 자연선택에 의해 일어나는 진화의 원료라고 할 수 있다. 어떤 변이체는 그것을 가지고 있는 개체가 적응하는 데 유리한 점을 부여한다. 그런 개체들은 다윈적인 의미에서는 더욱 잘 적응하며, 불리한 변이를 갖는 개체들보다 더 많은 자손을 남길 것이다. 예를 들어 포식을 하는 종에서 먹이를 잘 잡는 개체들은 선택적으로 이점을 가질 것이다. 이와 유사하게, 피식종 개체들에서는 잘 잡히지 않는 것이 자연선택에서 유리할 것이다. 시간이 흐르면, 그러한 이점은 종에서 우세하게 되고, 그들 속에 들어 있는 유전자도 우세해질 것이다.

대부분의 종은 단일한 집단이 아니라 지리적으로 격리된 집단들로 존재하는 경우가 흔하다. 그 결과 동일 종의 각 집단에서는 종종 독특한 유전적 변이가 나타난다. 그러한 변이는 개체가 타 집단으로 이동해서 거기서 짝짓기를 할 때만 다른 집단으로 퍼진다. 만약 집단이 서로 완전하게 격리되어 남아 있다면, 집단 내의 실제적인 유전적인 차이점은 축적될 수 있을 것이고 어느 경우에는 아종이나 완전히 별개의 종을 형성하게 된다.

따라서 유전적 변이는 어떤 종의 단일 집단 내에도 존재하지만, 동일한 종의 집단들 사이에서도 존재할 수 있다. 우리는 다음 장에서 어떤 종의 최근 역사를 알기 위해서 생물학자들이 집단 간의 유전적 변이를 조사하는 방법을 알아볼 것이다. 현생 인류가 어떻게 그리고 어디에서 출현하였는가 하는 의문, 그리고 미 대륙에 사람이 최초로 언제 어떻게 들어왔는가 하는 의문은 생물학자들이 다루어야 할 난제이다. 이와 같은 두가지 문제에 있어서 최근에 개발된 유전적 기법들은 인류학과 고고학의 전통적인 접근법들을 보완하여 놀라운 결과를 거두고 있다. 각 집단 간의 유전적 변이로 말미암아 우리는 그들을 분리시켜 놓았던 기후적이며 지리적인 장벽들에 대해서 알 수 있게 된다. 이들 장벽들 중 어떤 것은 역사적인 것이어서 현재의 관점으로는 쉽게 드러나지 않는 것이다. 예를 들어 유전적 변이의 분석을 통하여 미국 동남부의 많은 물고기, 무척추동물, 그리고 새들의 분포를 어떻게 파악할 수 있었는가를 우리는 6장에서 다루게 될 것이다.

집단 내와 집단 간의 유전적 변이의 정도에 관한 문제는 20세기 초 집단유전학자들 사이에서 벌어진 길고도 열띤 토론의 주제였다. 생각을 달리하는 두 학파가 출현하였다. 한 학파는 거의 변이가 존재하지 않는다고 하였고, 다른 학파는 상당히 많은 변이가 존재한다고 하였다. 변이는 표현 형질 수준에서, 즉 이미 언급하였다시피 그들의 형태로써 개체 사이의 식별이 가능한 것이었다. 그러나 이것이 어떻게 그들의 유전 형질, 즉 유전 형질의 꾸러미인 게놈과 그 초기 산물인 단백질에서의 차이와 관련될 수 있는지는 불확실했다. 1960년대 중반 단백질 구조에서 일어난 변화라는 수준에서 유전적 변이를 밝히는 기법이 개발되어 이 문제는 직접 밝혀졌다. 아주 최근에 개발된 기법은 유전자의 DNA 서열 수준에서 일어난 유전적 변이를 밝힌다. 유전적 변이의 기원에 대한 문제는 또한 자세하게 조사되었으며, 후속 논의는 중립주의자－선택주의자neutralist−selectionist 논쟁으로 발전했다. 특히 유리한 변이를 선발하는 자연선택에 의해 새로운 변이가 비롯되는가, 그렇지 않다면 변이는 선택적으로 중립이어서, 그들의 축적은 변이 과정 자체에 의하여 추진되고, 어떤 집단 내에서 그들이 지속되는가의 여부는 우연히 결정되는 것인가 하는 입장 차이를 보였다.

이들 주장에 뒤얽힌 것은 변이 축적의 속도에 관한 문제였다. 그것은 규칙적인가 혹은 산발적인 것인가? 만약 유전적 변이의 축적 속도가 규칙적이라고 판명될 경우, 그것은 〈분자 진화 시계〉로 사용될 수 있다. 그러한 시계는 진화적으로 중요한 사건이 일어난 선사 시대의 어떤 시간을 정밀하게 측정하는 데 매우 귀중하게 쓰일 것이다. 시계의 개념이 제안된 지 30여 년이 지났지만, 그 존재는 아직도 논쟁거리로 남아 있다. 분자 진화 시계의 개념은 다음 장의 주제이다. 이 장에서는 유전적 변이의 두 가지 측면, 즉 그 범위와 기원의 특성에 관해서 알아보고자 한다.

유전적 변이는 얼마나 심한가?

20세기 초 하나의 학문으로 정착한 집단유전학은 집단 내의 그리고 집단 간의 기재와 설명을 하는 것을 목표로 삼고 있었다. 그 목표는 오늘날에도 동일하지만, 약간의 차이를 나타낸다. 1960년대 중반 성취된 기술적 진보에 의하여 집단유전학자들은 유전적 변이를 직접 측정할 수 있게 되었다. 그전에는 유전학자들은 두 가지의 정보를 가지고 게놈의 변이가 있다는 간접적인 증거를 찾아야만 했다.

유전적 차이에 근거한 일상적인 변이의 예는 눈의 색깔

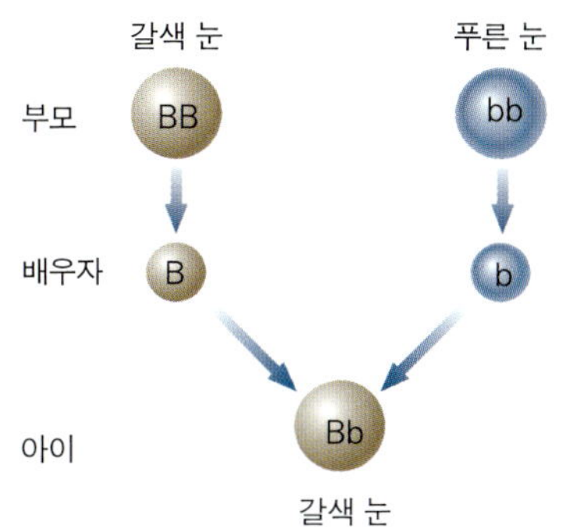

푸른 눈의 대립 유전자는 갈색 눈의 대립 유전자에 비하여 열성이다. 이 경우에 부모 중 한쪽이 두 개의 푸른 눈 대립 유전자를 가지고 다른 한쪽이 두 개의 갈색 눈 대립 유전자를 가진다면 자손은 갈색 눈을 갖게 된다. 자손은 눈 색깔에 대해 이형접합자이며 양 눈에 대한 대립 유전자를 모두 갖는다.

이다. 홍채iris의 색소를 지시하는 유전자에 다른 변이가 나타날 경우 푸른색 눈이나 갈색 눈이 된다. 그러한 변이들은 유전자의 대립 유전자allele라고 불리며, 각 유전자에 대하여 우리는 하나는 모계에서 또 하나는 부계에서 두 개의 대립 유전자를 물려받는다. 실제로 각 유전 형질은 그와 같은 대립 유전자가 한쌍을 이루었기 때문에 나타나며, 우성dominant이거나 열성recessive이다. 예를 들어 갈색 눈은 〈갈색〉을 나타내는 대립 유전자가 쌍으로 존재하거나, 하나의 대립 유전자는 갈색이고, 다른 하나는 푸른색일 때에도 나타나는데 왜냐하면 갈색 대립 유전자는 우성이고, 푸른색 대립 유전자는 열성이기 때문이다. 따라서 눈이 푸른색을 나타내기 위해서는 양 대립 유전자들이 모두 푸른색 변이체이어야 한다. 여러 대립 유전자들은 서로 다른 집단에서는 다른 빈도로 나타난다. 예를 들어 푸른 눈은 북유럽인들 사이에서는 일반적이지만 동아시아에서는 드물다. 연구자들은 사람의 혈액형, 달팽이의 집 무늬, 나비의 날개 패턴 등과 같은 보편적인 시스템에서, 그리고 초파리에서 드물게 나타나는 열성 돌연변이에서 변이체를 관찰하여 변이를 연구하였다. 비록 이 시스템들은 관심을 끄는 유전자(혹은 유전자들)의 수준에서는 변이의 간접적인 증거를 마련해 주었지만, 나머지 게놈에서는 그 같은 변이가 얼마나 일반적인지를 예측하는 데 아무런 근거도 마련해 주지 못했다. 자연선택을 유리하게 하는 직접적인 이점을 연구자들이 다른 대립 유전자에서 찾아내지 못하는 경우가 대부분이다. 예를 들어 달팽이가 서로 다른 무늬의 집을 가질 경우의 이익이나 비용은 명백하지 않다.

현대 유전학 이론을 발달시키는 데 주요한 공헌을 한 테오도시우스 도브잔스키는 자연선택의 결과로 집단 내의 유전적 변이가 대규모로 일어나야 한다고 주장을 한 집단유전학의 평형학파의 선두 대표자였다.

유전적 변이가 정상적인 주보다 일반적으로 낮은 동종 교배된 초파리나 옥수수의 주를 가지고 교배 실험을 함으로써 변이의 존재, 그리고 이 일반적인 이점에 대한 두번째 증거를 얻을 수 있었다. 동종 교배가 이루어지면 다른 집단과의 사이에서 교배가 이루어질 때보다 생존율과 번식력이 더욱 낮았다. 이종 교배가 더욱 잘 적응한다는 현상에서 주 사이의 유전적 변이가 존재할 뿐만 아니라 그러한 변이가 적응상 이점을 증가시킨다는 것을 추측할 수 있다.

그럼에도 불구하고, 그러한 효과가 몇 개 혹은 그 이상의 유전적 좌위에서 변이가 존재하기 때문에 나타나는지를 결정하기는 곤란했다. 따라서 어떤 종 내에서의 유전적 변이의 정도는 유전학자가 집합적으로 파악할 수 없는 채로 남아 있다. 이러한 기법들이 종 사이의 유전적인 차이점에 대하여는 아무런 정보도 제공하지 못하는 것은 당연하다. 최근 하버드 대학교의 유전학자인 리처드 르원틴 Lewontin은 〈이 같은 상황에서는 진화유전학자가 자신들의 학설을 고집하는 반대학파들로 나뉘는 것이 하등 이상할 것이 없다〉고 말한 바 있다.

이에 대하여 두 가지 학파의 생각은 매우 다르다. 테오도시우스 도브잔스키와 그의 제자들로 구성된 평형학파 balance school는 변이가 상당할 것이라고 주장하지만, 허먼 J. 멀러 H. J. Muller와 그의 제자들로 구성된 고전학파 classical school는 그것이 제한적이라고 주장한다. 그 차이점은 적응에 대한 변이의 효과에 대하여 서로 다른 입장을 나타내기 때문에 비롯된다.

평형학파에 따르면, 상당한 유전적 변이를 갖는 집단은 서식처의 국부적인 변화에도 쉽게 적응할 수 있다고 한다. 예를 들어 가뭄을 당했을 때 어떤 개체는 물이 적어도 생존할 수 있는 변이 유전자를 가지고 있어, 적어도 집단의 일부분은 생존이 보장된다. 불리한 변이들도 일어날 수 있지만, 이는 자연선택에 의하여 곧 제거되며, 전체적인 변이에는 커다란 영향을 미치지 않는다. 자연선택은 따라서 변이를 촉진하는 것으로 나타난다. 집단 사이의 변이도 존재할 수 있겠지만 중요한 것으로는 간주되지 않는다. 왜냐하면 집단 내의 변이도 또한 높기 때문이다. 게놈 내에 얼마 정도의 유전자가 있어야 서로 다른 형태를 갖게 되는가, 그리고 얼마나 많은 형태의 특정한 유전자

멀러는 어떤 집단 내의 유전적 변이는 자연선택에 의해 빨리 제거되는 유전적 하중을 구성한다는 집단유전학의 고전학파의 지도자였다.

가 존재하는가에 대하여는 추측이 분분했다. 그러한 변이체를 갖는 유전자는 다형성polymorphism을 나타낸다고 하며, 다형성을 나타내는 유전자 수준은 높거나(많은 변이체를 갖거나) 혹은 낮다(거의 변이체를 갖지 않는다). (변이체를 갖지 않는 유전자들을 단형성monomorphic이라고 한다.) 평형학파의 선두주자인 브루스 월리스Bruce Wallace는 아마도 모든 유전자가 다형적일 것이라고 추측하였다.

이와는 대조적으로, 고전학파들은 자연선택의 역할을 기본적으로 불리한 변이를 제거하는 것으로 보았다. 가끔씩 드물지만 유리한 변이가 빨리 집단 내로 퍼져 원래의 대립 유전자를 완전히 대체하고, 최상의 유전자 꾸러미, 또는 유전자형을 형성하게 된다. 만약 개체들이 이 유전자형으로부터 벗어나게 되면, 그들의 적응성은 떨어지게 될 것이다. 따라서 높은 수준의 다형 현상이 발생하면 집단의 적응성fitness이 감소되고, 즉 유전적 부담genetic load은 커진다. 자연선택이 이 유전적 부담을 감소시키지 않는 한 종은 멸종되고 말 것이다. 따라서 집단 내에서의 변이는 낮을 것으로 생각된다. 집단 내에서 변이가 낮다고 생각되기 때문에 집단 사이의 유전적 차이는 매우 유의하다고 판단되었다. 멀러는 천 개 중 하나의 좌위만이 다형이라고 판단할 정도로 변이를 낮게 잡고 있다.

기법으로 해결하다

두 학파의 철학과 주장의 차이는 커다란 것이었다. 르원틴이 회고한 바와 같이 〈집단유전학은 필연적으로 모호한 데이터의 방대한 더미를 서로 달리 해석하면서 끝없이 논쟁하다가 자멸해버릴 것 같았다〉. 많은 집단에서 다

수의 단백질을 연구하기 위하여 수용성 단백질soluble protein을 분리하는 방법을 두 실험실이 독립적으로 도입함으로써 이론적인 투쟁을 종식시킬 수 있었다. 수용성 단백질의 예로는 알부민과 같은 다수의 혈액 단백질, 그리고 다수의 효소 등을 들 수 있다. 불용성 단백질의 예로서 연골, 뼈, 그리고 세포 내부 구조에서 구조적인 역할을 수행하는 콜라겐을 들 수 있다. 수용성 단백질은 전개되는 겔 판 위로 침투할 수 있기 때문에 전기영동법이라고 부르는 기법으로 분석이 가능했다.

많은 수용성 단백질들은 (양성 혹은 음성의) 전하를 띠고 있다. 겔을 통하여 흐르는 전류의 영향을 받아 겔 내에서 전개되는 단백질들은 그들이 띠고 있는 전하에 따라

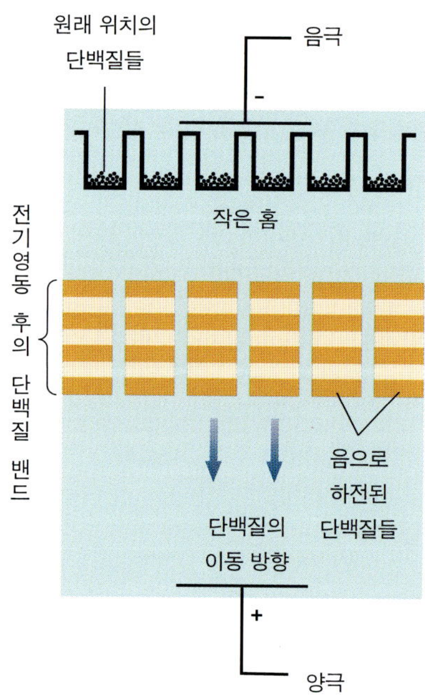

전하에 따라 단백질을 분리하는 겔 전기 영동법은 자연 집단 내의 유전적 변이의 정도를 결정하는 방법을 마련해 주었다.

분리되고 화학적으로 염색하면 동정될 수 있다. 양성 전하를 띠는 단백질들이 한 방향으로 움직인다면, 음성 전하를 띠는 단백질들은 반대 방향으로 움직일 것이다. 전하가 클수록 단백질은 원래의 위치에서 더 많이 움직일 것이다. (단백질의 크기도 이동에 영향을 미친다.) (DNA 서열의 변이에 따라) 단백질 사슬 내에서 몇 개의 아미노산이 대체되면 전하가 바뀌게 되고 그러한 변이체는 검색될 수 있는 것이다. (그러나 다수의 아미노산이 치환된 변이체들은 전기영동법으로는 구별할 수 없다.)

그 당시 시카고 대학교에 재직했던 르윈틴과 그의 동료 허비J. L. Hubby는 그 방법을 개발하여 초파리의 다섯 자연 집단에서 추출한 18종류의 단백질에 적용하였다. 집단 내에서 30퍼센트에 해당하는 단백질이 하나 이상의 변이체를 가지는 것으로 나타났다. 즉, 연구에 사용되었던 집단 내 유전자 중 30퍼센트가 다형 현상을 나타내었다. 자연적으로 각 개체들은 모든 범위의 다형 현상을 나타낼 수는 없다. 유전자가 일반적인 집단의 몇 가지 변이체로서 존재할 때라도, 어떤 개체가 갖는 유전자의 두 사본은 동일할 것으로 생각된다. 어떤 개체에서나 두 사본은 유전자 좌위genetic locus가 10퍼센트 정도의 차이를 나타내는 변이체였다. (그런 유전자에 대하여 그 개체를 〈이형적heterozygous〉이라고 정의한다.) 따라서 이 경우에 이형 유전자의 평균 비율은 11.5퍼센트라고 말할 수 있다. 영국의 유전학자 헨리 해리스Henry Harris는 사람의 집단에서 10개의 단백질을 사용하여 동일한 조사를 하였다. 그가 얻은 결과도 매우 유사하게 나타났다. 30퍼센트의 단백질이 다형성을 나타냈으며, 개체들은 평균적으로 9.9퍼센트의 유전자에 대하여 이형이었다. 르윈틴은 그와 해리스가 찾아낸 다형성의 정도를 〈놀라운〉 것이라고 기술하였다.

이들 두 조사 결과는 1966년에 발표되었다. 그들은 유사한 연구가 활발하게 일어나도록 자극했는데, 특히 그 기법이 비교적 쉽고 어느 종에나 실제로 적용할 수 있었기 때문이었다. 그것은 또한 초파리, 옥수수, 그리고 실험실용 생쥐와 같은 집단유전학을 우점하고 있었던 일부 유전학적 실험 생물들로부터 벗어나 연구가 활성화되는 계기를 마련해 주었다. 1984년까지 그 기법을 사용하여 1,111종이 분석되었으며, 종당 평균 200개체에서 23개의 유전자 좌위가 조사된 것으로 나타났다. 르원틴이 언급하였듯이 이 접근법은 때로는 조롱조로 〈찾아서 분석하기만 하는〉 유전학파로 알려졌다. 그러나 그 기법으로 말미암아 억측으로 끝났을 문제들이 확실히 해결되었다. 대부분의 자연 집단에서 효소나 다른 수용성 단백질을 지시하는 유전자 중 약 30퍼센트가 다형성을 나타내며, 개체들은 약 10퍼센트의 유전자 좌위에서 볼 때 이형 접합성이다. 르원틴과 허비는 이형 현상의 그런 특징들이 동일한 종의 지리적으로 다른 집단에서도 나타난다는 사실을 발견하였다. 그들은 미국 남부 및 서부로부터 채집한 초파

리 드로소필리아 수도옵스큐라(*Drosophila pseudoob-scura*) 종에 속하는 스트로베리 캐니언 Strawberry Canyon, 와일드로즈 Wildrose, 시머론 Cimarron, 매더 Mather, 그리고 플래그스태프 Flagstaff 등 다섯 집단에서 18개의 유전자 좌위를 검사하였다. 그들의 결과는 다음의 표에서 보는 바와 같이 어떤 종의 이형 접합성은 집단이 달라져도 일정하게 나타나며 지리적으로 격리된 집단 사이에서도 유전적인 차이를 나타내지 않았다.

단백질 내의 아미노산 치환을 찾아낼 수 있는 새로운 전기영동법이 개발되었어도 이런 특징들은 변화하지 않았다. 각 개체의 유전자 중 10퍼센트 정도가 이형 접합체이다. 단형적인 유전자 좌위도 마찬가지였다. 다형석으로 나타난 유전자 좌위들은 이전에 생각했던 것보다는 훨씬 많은 변이체를 갖고 있는 것으로 나타났으며, 때로는 엄청나게 많은 것으로 나타났다(예를 들어 크산틴 탈수소효소 xanthine dehydrogenase의 경우에는 8에서 27로 증가하였다). 그러한 연구를 다른 부류의 단백질로 확장했을 때에도 유사한 결과를 얻을 수 있었다.

초파리(*Drosophila pseudoobscura*) 집단에서 유전적 변이의 정도

집단	검정한 단백질의 수	다형을 나타내는 좌위의 수	다형을 나타내는 좌위의 비율(%)	개체당 이형 접합인 게놈의 비율(%)
스트로베리 캐니언	18	6	33	14.8
와일드로즈	18	5	28	10.6
시머론	18	5	28	9.9
매더	18	6	33	14.3
플래그스태프	18	5	28	8.1
평균			30	11.5

DNA 분자를 구성하는 뉴클레오티드 염기 서열을 읽는 방법이 1970년대와 1980년대에 개발되어 유전적 변이가 폭넓게 일어난다는 사실을 의심하는 고질적인 생각이 사라지게 되었다. 생물의 유전적인 청사진이라고 할 수 있는 DNA 서열에서 변이가 많은 부분에서 일어나더라도 단백질 내의 아미노산 서열로 반영되지는 않는 경우가 있다. 따라서 단백질 구조에서 나타난 것보다 훨씬 변이가 큰 것으로 나타났다.

두 가지 수준에서 일어나는 유전적 변이가 집단유전학자의 관심의 대상이다. 첫째로, 유전자 산물(즉, 단백질)에서의 변이는 생물의 물리적인 완전성에 영향을 주기 때문에 자연선택에 영향을 미친다. 둘째로 DNA 서열의 무수한 변이의 결과, 서열 변화가 일어난다 해도 단백질 구조에 영향을 주지 않기 때문에 그들 중 대부분은 자연선택에 영향을 미치지 않는다. 유전적 변이가 상당히 일어난다는 근거가 제시된 지 30여 년간 이론적으로 또한 경험적으로 집단유전학을 장악하고 있는 질문은 이 변이의 기원이 무엇인가 하는 점이다.

우연인가? 아니면 선택인가?

집단에서 다량의 단백질 다형성이 제시된 후에, 곧이어 대립적인 두 가지 주장이 따랐다. 첫번째 주장은 그것이 자연선택의 산물이며, 집단이 노출되어 있는 서로 다른 환경 상황 하에서 적응상 이점을 갖는 다수의 변이체가 실제로 축적된다는 것이라고 설명한다. 다른 말로 하자면, 유전적 돌연변이의 상당 부분은 유익하기 때문에 집단 내에 고정된다. 유해한 돌연변이는 제거되는데 왜냐하면 그런 개체들은 환경에 잘 적응할 수 없기 때문이다. 두

번째의 주장은 다량의 유전적 변이는 새로운 대립 유전자를 만드는 우연한 돌연변이가 수동적으로 축적된 결과라고 설명한다. 그 유전적 변이의 대다수는 적응 면에서 볼 때 중립이다. 즉, 그들은 어떤 생물의 적응성을 증가시키지도 그렇다고 감소시키지도 않는다. 이러한 관점에서 볼 때 중립 선택 neutral selection은 드물게 나타나는 유해한 대립 유전자를 제거하는 역할을 하는 것이다.

선택주의자는 대부분의 변이를 이익을 주거나 해를 끼치는 것으로 생각한다. 이익을 주는 것은 집단 내에 남아 있어 다량의 변이를 만들어낸다. 반면에 유해한 것은 제거된다. 중립주의자들은 대부분의 변이는 적응 면에서 볼 때 중립이며, 따라서 그들의 존재가 아무런 해를 끼치지 않기 때문에 집단 내에 고정된다고 생각한다. 그 결과로 다량의 변이가 존재하게 된다. 이것은 간략하게 말하자면 선택주의자–중립주의자 간의 논쟁의 근거이다.

자연선택을 옹호하는 학자들은 변이가 유익한 효과를 가졌다는 증거를 찾을 필요가 있었다. 그들은 기능적이고, 정적인 두 종류의 데이터에 관심을 가졌다. 기능적인 데이터는 단백질 변이체의 존재를 기록하고, 이들이 서로 다른 서식처와 어떤 관련을 갖는지를 기재한다. 만약 그러한 상관 관계가 존재한다면, 상이한 환경 조건 하에서 한 변이체가 다른 변이체에 대하여 적응 우수성을 나타내게 될 것이다. 집단 내 변이의 전반적인 수준의 척도인, 정적인 데이터는 변이의 수준이 높은 것이 더 적응을 잘하는 집단과 일치하는가 하는 문제를 다룬다. 풍부한 전기영동적 데이터를 갖고 집단유전학자들은 정열적으로 그 두 과제에 매달렸다. 그러나 그 결과 정적인 면에서는 가능성을 찾을 수 있었지만, 기능적인 영역에서는 모두 모호한 것이었다. 선택설을 뒷받침해 주는 조사 결과도 있었지만, 그런 경우는 드물었고 기대했던 것보다 결과가

미미했던 것은 확실했다. 이에 비해 중립주의자들의 주장은 설득력을 얻게 되었는데, 이는 선택주의자들이 상대적으로 실패를 거둔 때문이 아니라 중립설 자체의 능력과 매력 때문이다.

중립설 neutral theory(혹은 더욱 적절하게는 중립 돌연변이 부동 가설 neutral mutation random drift hypothesis)은 르윈틴, 허비, 해리스의 데이터가 수집되고 있을 당시에 이미 잉태되고 있었다. 1965년 그 당시 캘리포니아 공과대학에 재직 중이던 에밀 주커캔들과 라이너스 폴링은 몇 종의 헤모글로빈의 아미노산 서열을 비교하여 얻은 헤모글로빈 분자의 진화에 관한 데이터를 발표하였다. 이들 데이터는 다음의 사실들을 나타낸다는 점에서 괄목할 만하였다. 아미노산 치환은 일정한 속도로 일어나고, 그 속도는 빠르다는 것이었다. 일본 미시마의 국립 유전학 연구소의 유전학자 기무라 모토[木村資生]는 이런 현상을 발견했고, 궁극적으로 일련의 생각을 거쳐 중립설을 고안케 되었다.

그는 1967년 11월에 중립설을 공표하고 다음해 그것을 출판하였다. 기무라가 판단하기는 많은 종들로부터 얻은 시토크롬 C 단백질의 진화에 관한 유사한 데이터와 함께 얻은 헤모글로빈의 정보를 가지고 자연선택으로는 충분히 설명하지 못하는 변이의 기원에 대하여 설명을 할 수 있을 것 같았다. 변이의 수준은 너무 높았으며, 그것은 매우 빨리 축적되었다. 첫번째의 전기영동 결과로부터 그러한 변이가 널리 퍼져 있음을 확인하였을 때 기무라는 어떤 집단에 축적되어 있는 선택적 대립 유전자는 대략적으로 선택적 중립을 나타낸다든지, 혹은 더욱 적절하게는 선택적으로 등가를 나타낸다고 설득력 있게 설명할 수 있었다. 즉, 변이가 일어난다 해도 지시되는 단백질의 기능은 변화되지 않는다. 따라서 그들은 어떤 것이 다른 것

1960년대 말 중립 분자 진화 이론을 개발한 기무라 모토. 초기에는 지지를 받지 못했지만 그 이론은 분자 진화 양식의 중심적인 아이디어가 되었다.

에 비하여 우세하지 않기 때문에 자연선택시 선발되지 않는다.

어떤 집단 내에 몇 개의 등가의 대립 유전자가 존재하는 경우라도, 그들 중 하나는 일정 시간이 경과하게 되면 가장 보편적인 것이 되며, 어떤 경우에는 다른 것을 배제하게 된다. 선택적으로 등가인 대립 유전자는 선택이 아니라 우연적인 과정에 의해서 이런 방식으로 집단 내에 고정되게 된다. 이를 유전적 부동이라 한다.

다음과 같은 가상의 실험을 통하여 그 과정을 나타낼 수 있을 것이다. 각각 50개의 푸른 공과 50개의 붉은 공을 넣은, 총 100개의 공이 들어 있는 가방을 상상해 보자. 손을 가방에 집어넣고 선택하는 과정이 없이 집히는 대로 50개의 공을 꺼낸다고 하자. 아마 무작위적으로 25개의

푸른 공과 25개의 붉은 공을 잡아낼 수 있을 것이다. 이제 남아 있는 공이 스스로 복제되어 총 100개를 항상 유지한다고 가정하자. (이는 어떤 생물의 집단의 개수가 동등하게 남아 있는 것을 의미한다.) 만약 30개의 푸른 공을 옮겼다면 공의 새로운 집단은 40개의 푸른 공과 60개의 붉은 공을 가지고 있을 것이다. (이는 우연에 의해서 붉은 개체의 개수가 푸른 개체보다 더 많은 자손을 만들어냄을 의미한다.) 그 과정을 여러번 반복하면 이들 우연적인 과정에 의하여 푸른 공과 붉은 공의 상대적인 비율은 변동하게 된다. 그리고 오래지 않아 집단이 한 가지 색의 공으로만 이

루어질 가능성은 상당히 높아진다. 자연 집단에서도 동일한 일이 일어난다.

1969년 버클리 소재 캘리포니아 대학교의 제이 엘 킹J. L. King과 토머스 주크스Thomas Jukes는 《사이언스》에 「비다윈적 진화: 선택적 중립변이의 무작위 고정 Non-Darwinian evolution: random fixation of selectively neutral mutations」이라는 도발적인 제목을 붙인 논문을 발표하여 중립주의 학파를 고무시켰다.

언급해야만 할 것은 중립설은 변이의 요인으로 선택을 배제하지는 않지만 그 역할이 작다고 주장한다. 기무라가

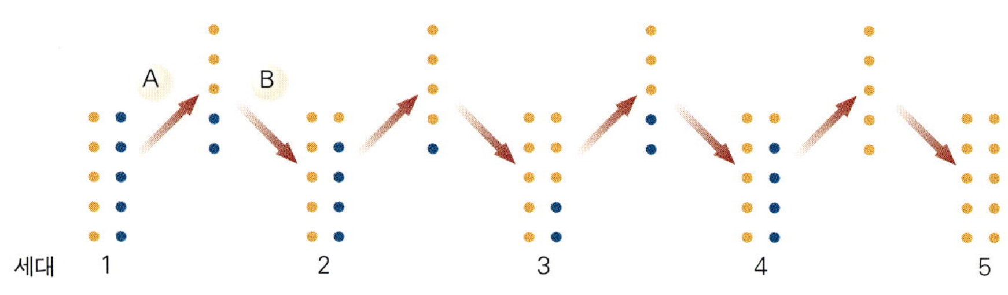

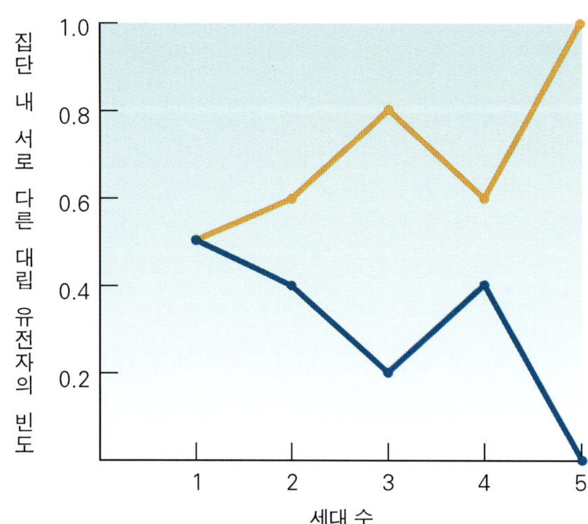

이 모식도는 시간에 따라 집단 내 유전자의 분포에 무작위 사건이 실제적인 변화를 일으키는 방법을 보여주는 유전적 부동의 모델을 표현한다.

최근 이야기했듯이 〈그 설에 따르면, 분자 수준에서의 돌연변이에 의한 진화적 치환의 대부분은 지속적인 돌연변이압mutation pressure 하에서 선택적으로 중립인(즉, 선택적으로 동가인) 변이체들이 표본 부동을 통하여 무작위 고정됨으로써 야기된다. 이는 진화의 도중에 종 내에서의 변이체의 증가는 다만 긍정적인 자연선택의 도움을 받아 일어난다고 주장하는 신다윈주의 진화 이론neo-Darwinian theory of evolution과 명백한 대조를 이룬다〉. 이에 반대하는 관점도 빠르게 나타났다. 양 이론들이 설명하고자 시도하는 실제 세계는 생물들이 그들 환경의 급박성에 잘 적응되는 세계이다. 『종의 기원』에서 다윈은 〈연속적이며 다소 유익한 변이가 보존되고 축적됨으로써 종들은 변화해 왔으며 아직도 천천히 변화하고 있다〉고 이 적응을 설명하고 있다.

종들이 어떻게 그들의 환경에서 작동하도록 복잡하게 〈설계〉되었는가에 대한 설명을 자연선택이라는 자연적인 과정을 통하여 제공했다는 데에서 다윈의 천재성을 찾아볼 수 있다. 『종의 기원』의 서론 말미에 그는 〈나는 자연선택이 주가 되지만, 다른 수정된 방법도 배제하려는 것은 아니다〉라고 기술했다. 그는 따라서 세계를 이루는 데 오늘날 형성된 중립 진화를 포함해서 다른 요소가 작용할 것도 염두에 두었으나 다만 부가적인 영향으로 파악했다. 다윈은 환경에 대한 종의 적응성을 부여한 직관적이고도 훌륭한 감각을 가지고 있었다. 선택을 통한 적응은 진화에서 중요한 역할을 수행하여야만 한다. 그러나 기무라는 이것을 달리 표현한다. 그는 최근에 〈나는 중립 돌연변이체neutral mutant에 작용하는 무작위 부동이 분자 진화의 주요하지만 배타적인 방법은 아니라고 확신한다〉라고 다윈을 모방하여 말했다. 그렇다면 그 주장은 중립적 부동에 대하여 자연선택의 상대적인 중요성을 말한

것이 된다.

중립설의 예측

수학적인 단순함 때문에 중립설은 변이에 관하여 즉, 어떤 집단에서 예상되는 변이의 정도, 변이가 축적되는 속도와 변이가 최대로 되는 환경 등과 관련하여 인상적이고도 정량적인 예측을 할 수 있게 되었다. 과학 이론이란 그 예측이 검정과 부합하는지의 여부에 따라 확정되거나 폐기된다.

중립설에 의하면 어떤 집단에서 예상되는 변이의 정도는 돌연변이 속도와 효율적인 집단의 크기와의 단순 함수로 나타낼 수 있다. 대부분의 집단에서 변이, 혹은 이형접합도heterogeneity를 계산하기 위해서 이 수식을 사용할 때, 그 결과는 실제로 관찰되는 변이보다도 대개 크게 나타난다. 중립론을 지지하는 사람들은 이런 불일치를 여러 측면으로 설명한다. 기무라의 오랜 동료인 토모코 오타는 대립 유전자를 엄격하게 중립적이라고 보기보다는 그들을 덜 중립적인 것으로 판단하거나, 약간 유해한 것으로 보아야 한다고 주장했다. 선택은 이런 유해한 대립 유전자를 제거하게 되고 따라서 집단 내에서 이형 접합도를 낮추게 된다. 중립설을 수정한 이런 주장을 감안한다고 해도 계산된 변이는 관찰된 변이를 능가한다.

이런 차이는 또한 효율적인 집단의 크기가 항상 과대 평가되어 인위적으로 예상되는 변이를 증가시킨다는 이유로 다르게 설명할 수 있다. 만약 오랜 시간이 경과하더라도 어떤 집단이 동일한 크기를 유지한다면 효과적인 집단의 크기는 실제 크기와 일치하는 것이다. 그러나 질병이나 서식처의 불리한 환경 등 때문에 집단의 크기는 실

제로는 시간에 따라 변동하며, 어떤 경우에는 매우 크게 변화한다. 따라서 효과적인 집단의 크기는 이러한 변동값의 평균이라고 보아야 할 것이다. 여러 가지 요인 때문에 효과적인 집단의 최종 크기는 실제 크기보다 확실히 낮아지게 되며, 실제 상황에서는 그런 일이 왕왕 일어나는 것이다. 만약 이것이 사실이라면 집단에서 관찰되는 유전적 변이의 정도가 예상했던 것보다는 낮은 이유를 이 차이점으로 설명할 수 있다. 그러나 이러한 가능성을 증명하기란 매우 어렵다.

그 이론의 첫번째 예측에 한 검정을 실시한 결과 선택주의자와 중립주의자 사이의 논쟁의 아이러니컬한 측면이 드러났다. 선택주의자들이 왜 변이의 정도가 기대했던 것보다 더 높을까를 이해하려고 노력하였던 반면에, 중립주의자들은 왜 그 값이 낮을까를 곰곰히 생각하고 있었다.

유전적 변이의 축적 속도의 문제는 중립론의 중심되는 문제이다. 우리가 나중에 살펴보겠지만 그것은 직접적으로 분지 진화 시계의 개념으로 연결된다. 중립론이 분자 시계를 가지고 있다면 변이의 축적 속도는 단순히 어떤 특정한 분자 내의 돌연변이 속도(즉, 중립 대립 유전자의 고정 속도)에 의해서 결정된다. (변이가 단순히 돌연변이 속도에 의하여 추진되어 일정한 비율로 축적된다는 개념은 선택이 궁극적인 역할을 하여 중립적일 수 없는 돌연변이 산물을 간직하거나 폐기한다는 다윈식의 변화관과는 반대되는 이론이다.) 분자는 변형에 대한 내성의 정도가 다르다. 예를 들어 히스톤histone(염색체에서 DNA 분자를 조직화하는 것을 도와주는 단백질)은 구조적 변형에 대하여 거의 내성이 없으며 따라서 고정되는 돌연변이율이 낮다. 반면에 헤모글로빈은 분자의 부분이 상당히 바뀌어도 내성을 나타낼 수 있으며, 따라서 돌연변이율이 높다. 이처럼 분자 사이에서 돌연변이에 대한 내성이 다르다는 것은 몇 가지 의미를 함축하고 있다. 첫째, 중립설에 의하면 동일한 생물의 다른 유전자 좌위 내에서 서로 다른 속도로 돌연변이가 축적된다는 것을 예측할 수 있다. 두번째로 중립설에 의하면 서로 다른 종의 동일 유전자는 돌연변이의 고정율이 같을 것이라고 예측할 수 있다.

전령 RNA	GA U	AAC	AUC	CAA	GG A	AU A	AC U	AAA	CCG	GC A	AUC
전령 RNA	GA C	AAC	AUC	CAA	GG U	AU C	AC G	?	?	GC U	AUC
두 종에서 히스톤 IV의 아미모산 서열	Asp	Asn	Ile	Gln	Gly	Ile	Thr	Lys	Pro	Ala	Ile
	24	25	26	27	28	29	30	31	32	33	34

코돈이 지시하는 아미노산에는 영향을 미치지 않으면서 코돈 내의 세번째 뉴클레오티드 부위는 돌연변이될 수 있다. 그것은 잠재적 부위에서 일어나며 그곳에서 일어나는 변이는 잠재성 돌연변이라고 한다. 이 표는 두 종류의 성게에서 히스톤 IV 단백질의 24번에서 34번 아미노산을 지시하는 전령 RNA의 짧은 가닥을 비교하여 그러한 돌연변이가 높은 비율로 일어난다는 사실을 보여주고 있다.

그러나 그 예측들은 빗나갈 수 있으며, 어떤 관찰자의 의견에 따르면 실제로 그러한 일이 일어났었다고 한다. 이것이 중립설이 가지는 가장 취약한 점 중의 하나인데, 왜냐하면 돌연변이는 메트로놈과 같이 정확하게 일어나지 않기 때문이다. 동일한 단백질이라고 해도 그 변화 속도는 서로 다른 종에서 종종 다르게 나타난다. 그러나 중립 모델에 따르면 시계와 같은 정밀도는 예측되었던 것보다 상당히 높은 것으로 나타난다.

세번째의 예측도 변화 속도와 관련되지만, 더욱 독특하며 또한 검증이 가능한 것이 장점이다. 일찍이 기무라는 중립설 하의 분자 진화가 매우 보존적이라고 기술했다. 이로써 기능적으로 중요한 분자와 분자의 **일부분은** 중요하지 않은 것들보다 느리게 바뀐다는 것을 그는 주장하고자 했다. 이는 다윈주의적인 관점에서 보면 도전이다. 만약 선택이 진화의 추진력이라면, 진화의 속도는 선택이 가장 많이 작동하는 곳에서 가장 빠르다. 다윈주의적인 관점에서라면 고도로 기능적인 분자 혹은 그런 분자의 부분이 가장 많이 변화해야 하는데, 이는 기능이 선택에 압력을 가하기 때문이다. 이 예측은 중립설이 주장하는 것과는 정반대이다.

중립설의 입장에서 보면 분자의 기능을 방해하는 돌연변이는 제거되어야만 한다. 그렇게 되면 변화는 느리게 축적된다. 그러나 돌연변이가 중립적이어서 기능에 영향을 주지 않는다면 그들은 선택과는 상관없이 최대 속도로 축적될 수 있다. 따라서 관찰된 최대 변화 속도가 선택의 예상 효과와 더욱 잘 부합하는가 혹은 중립 대립 유전자의 무작위 축적과 더욱 잘 부합하느냐의 여부가 문제이다. 그 대답은 명백히 후자라고 나타났으며, 중립설은 강력한 지지를 받게 되었다.

무엇이 변화의 속도를 결정하는가?

코돈을 형성하는 세 뉴클레오티드의 변화 속도를 관찰함으로써 중립설의 이 예측을 뒷받침하는 최초의 결정적인 증거를 얻을 수 있었다. 각 코돈은 하나의 아미노산을 결정하여, 일련의 코돈은 단백질을 형성하는 일련의 아미노산을 결정하게 된다. 여기에서 중요한 것은 돌연변이가 뉴클레오티드의 치환을 일으킬 때 무슨 일이 일어나는가 하는 것이다. 코돈 내의 위치에 따라 서로 다른 속도로 돌연변이가 축적되는 치환이 일어나면 결과가 달라진다. 특히 코돈의 첫번째와 두번째 위치에서 치환이 일어나게 되면 언제나 다른 아미노산을 지시하는 결과를 낳게 된다. 세번째 위치는 잠재적 부위로서 세번째 위치의 치환은 동의적 치환synonymous substitution이라고 한다. 중립설에서 예측하였듯이 그러한 위치에서 축적되는 돌연변이는 비동의적 위치에서 관찰되는 것보다 약 두 배의 속도로 측정된다.

분자생물학이 시작된 1970년대 중반부터 최근에 이르는 수십 년 동안에 발견된 사실 중에서 흥미로운 것으로서, DNA 내에는 기능적으로 구속받지 않는, 즉 최종적인 단백질 산물에는 아무런 정보를 주지 않는 분절이 있음이 알려졌다. 따라서 이들은 중립설에 의하면 높은 치환율을 나타내게 된다. 첫번째 예로 인트론을 들 수 있다(2장 상자글 참조). 이들은 유전자의 아미노산을 지시하는(기능적이며, 정보를 가지고 있는) 부위 사이에 끼어 있는 DNA 분절이다. 아미노산을 지시하는 부위를 엑손이라고 부른다. DNA를 전령 RNA로 전사하는 동안에 인트론은 편집 과정에서 제거되며 (대부분의 경우) 폐기된다. 돌연변이는 엑손보다는 이 정보를 가지고 있지 않은 인트론에서 더욱 빨리, 그리고 어떤 경우에는 코돈의 아미노산의 결정에 참여하지 않는 세번째 염기에서 관찰되는 것과 유사한 속도로 축적된다.

기능을 갖지 않는 DNA 분절의 두번째 예로 위유전자 pseudogene, 혹은 기능 상실 유전자dead gene를 들 수 있다. 이미 언급하였다시피 그러한 유전자는 유전자 복제 과정 중에 기능을 갖는 유전자로부터 유래된다. 복제 과정 동안에 인트론과, 유전자와 관련된 조절 서열을 갖지 않는 유전자의 복사물을 생산하는 경우가 종종 있다. 그렇게 복제된 유전자는 단백질을 지시할 수 없으므로 위유전자라고 부른다. 1980년대 초, 글로빈의 위유전자를 연구한 결과 기능을 갖는 글로빈 유전자에서 관찰되는 것보다 다섯 배나 더 많은 치환율을 나타낸다는 사실을 알 수 있었다. 게다가 위유전자 코돈에서는 처음 두 염기나 세번째, 즉 아미노산의 종류를 결정하는 데 참여하지 않는 염기 사이에 치환율의 차이를 찾아볼 수 없었다.

1980년대 말에는 근동(近東)의 두더쥐의 알파 A 수정체alpha A crystalline 유전자에서 유전자가 기능을 갖지 않게 될 때 어떤 일이 일어날 수 있는가에 대한 아주 재미있는 예가 보고되었다. 그 단백질을 지시하는 유전자는 대다수 동물에서 눈의 수정체를 만드는 데 사용된다. 이 종류의 두더쥐(*Spalax ehrenbergi*)는 태양이 거의 비치지 않는 땅속에서 생활한다. 그들의 눈은 미발달 상태로 발생하며, 이 동물은 실제로 앞을 보지 못한다. 중립설에 의하면, 알파 A 수정체 유전자는 유전자 산물이 필요하지 않기 때문에 두더쥐의 눈이 멀지 않은 종류가 갖는 동일한 유전자보다는 더 빠른 속도로 돌연변이를 축적해야 할 것이다. 이는 사실로 밝혀졌다. 그 비율은 네 배나 되는 것으로 나타났다. 그러나 그것은 위유전자에서 관찰되는 속도보다는 빠르지 않았는데 그 이유는 수긍이 갈 것이다. 결국 눈먼 두더쥐의 알파 A 수정체 유전자는 발현되

어두운 동굴에서 사는 근동의 두더쥐는 눈의 흔적만을 발달시키고 있다. 알파 A 수정체를 지시하는 유전자는 유전자 산물을 필요로 하지 않기 때문에 돌연변이의 속도가 약간 빠르다.

는 데 (즉, 전사되고 번역되는 데) 비하여, 위유전자는 그렇지 않기 때문이다. 눈먼 두더쥐의 알파 A 수정체 유전자는 미발달 상태이기는 하지만 눈이라는 뚜렷한 구조를 만들어내는 협동적이며 발달 관련 유전자 조합의 부분인 것이다. 따라서 유전자는 약간의 기능을 가질 수 있으며, 위유전자와 비교할 때 느린 변이 속도를 나타내게 된다.

중립설을 뒷받침하는 나머지 증거는 RNA 바이러스에서 얻을 수 있었다. 인플루엔자 바이러스를 포함하는 이 바이러스는 게놈 성분으로 다른 모든 생물이 전형적으로 가지는 DNA 대신 RNA를 가지고 있다. 중립설에서는 대부분의 변이가 선택에 의해서 제거되기보다는, 선택적으로 중립이기 때문에 집단 내에 축적될 수 있다고 주장한다. (유전적 부동은 우연에 의해서 변이체들을 구분한다.) 이는 돌연변이가 일어나는 속도와 거의 비슷하게 집단 내에서 돌연변이가 축적된다는 것을 의미한다. 이 효과를 돌연변이압이라고 한다. 이와는 대조적으로 선택주의자들은 돌연변이란 존재하는 변이체에 보다 유리할 경우에만 선택적으로 축적된다고 주장한다. 따라서 중립설에 의하면 원래 빠른 돌연변이 속도를 갖는 생물체는 새로운 변이체를 축적하는 속도도 빠르다. RNA 바이러스는

DNA 바이러스보다는 돌연변이 속도가 높다. RNA 바이러스들이 돌연변이가 일어나는 속도와 동일하게 돌연변이를 축적하는 것은 중립설과 부합된다. 기무라에 따르면 분자 진화는 일정한 속도와 보존적인 성질을 가지고 있다는 점에서 해부학적 진화와 대조된다고 요약할 수 있다.

선택과 중립성이 작용하는 수준은 각각 다르다

중립설이 처음 제안되었을 때는 선택주의자의 진화관과 너무 달랐기 때문에 호된 비평을 받았다. 그럼에도 불구하고, 10년 이내에 이 이론은 선택주의자 이론을 신중하게 대체하는 설로 확고하게 자리잡았을 뿐만 아니라, 우세한 이론으로 나타났다. 예를 들어 그 이론의 가장 강력한 비판자였던 데이비스 소재 캘리포니아 대학교의 진화생물학자인 존 길레스피 John Gillespie는 10년 전에 다음과 같은 글을 썼다. 〈중립설은 집단유전학, 분자생물학 그리고 진화에 대한 우리들의 생각에 엄청난 영향을 미쳤다.〉 중립설은 효과적으로 분자 진화의 귀무가설 null hypothesis이 되었다. 즉, 분자 수준에서 유전적 변이를 설명할 수 있는 가장 단순한 방법이며, 대체 이론(평형 선택)을 심각하게 고려하기 전에는 그 예측이 틀린 것으로 보일 수밖에 없었던 가설이었다.

그러나 길레스피와 다른 사람들은 그 이론을 계속 비판했는데, 그 주된 이유는 유전적 변이가 축적되는 속도가 종종 일정하게 일어나지 않는 것으로 관찰되었기 때문이었다. 길레스피는 선택에 의하여 치환이 갑자기 폭발적으로 축적된 결과로 그런 속도가 관찰되는 것이지 지속적인 축적에 의한 결과로 관찰되는 것은 아니라고 주장하였다. 기무라는 서로 다른 계열에서 선택이 동일한 확률로 일어나야 할 분자시계와 같은 행동을 충분히 관찰하였다고 주장하면서, 길레스피의 이러한 생각을 〈고도로 비현실적〉이라고 기술하였다. 중립설이 분자생물학자들 중 다수의 지지를 받고 있음에도 불구하고, 논란이 완전히 끝난 것은 아니다.

중립설을 반대하는 길레스피와 다른 비판자들은 기능에 아무런 영향을 주지 않고도 유전자 좌위 중 상당한 비율의 뉴클레오티드(예를 들자면 10퍼센트)가 변화할 수 있다는 개념을 믿을 수 없다고 한다. 〈그런 것이 중립 대립 유전자 이론의 메시지였다〉고 길레스피는 말한다. 그러나 그것이 터무니없는데도, 〈왜 대부분의 사람들은 폭넓게 분자 진화를 고수하는가〉라고 그는 의문점을 제기한다. 여기에는 두 가지 이유가 있다. 첫째, 자연선택은 특히 게놈의 복잡성과 그 변화 기작에 비추어 볼 때 분자 수준에서는 정의하기가 무척 어렵다. 둘째로, 중립설은 수리적 표현을 할 수 있다는 점에서 명백히 유리하다. 그것은 단순하고, 검정 가능한 수식으로 되어 있는 반면 선택 이론은 그러한 기술을 회피한다.

아마도 우리는 다윈의 최초 언급과 기무라에 의한 그것의 차용으로 되돌아감으로써 어떤 안목을 얻을 수 있을 것이다. 다윈은 자연선택이 전부가 아니라 대부분의 진화적 변화에 책임이 있다고 한 반면에, 기무라는 중립 진화도 전부가 아니라 대부분의 진화적 변화에 영향을 주었다고 하였다. 여기에서 진화적인 상황을 살펴보는 것이 바람직하다. 다윈은 생물계 속의 생물들, 그리고 그러한 세계에서 그들의 적합성에 대해서 이야기하고 있었다. 기무라는 분자들의 세계에서 유기 분자(특히 DNA)에 대해서, 그리고 그들이 어떻게 변화하는가에 대해서 이야기하고 있었다. 각자는 서로 다른 세계에 대해서 이야기하고 있었던 것이다.

기무라는 유전자의 수준에서 돌연변이에 의하여 추진되는 중립 진화의 우월성을 주장한 면에서 매우 옳았다. 그러나 보다 높은 수준, 즉 생물과 그들이 사는 집단에서 진화가 일어나기 위해서는 선택이 아마도 중요한 역할을 해야 할 것이다. 따라서 다른 수준의 진화에서 선택과 중립성의 상대적인 기여는 서로 다를 것이다.

따라서 집단유전학자는 유전자의 수준에서 일어나는 변이에 관해서는 두 가지 중요한 사실을 알고 있다. 그것은 대규모로 일어나고, 대부분은 우연에 의해서 추진된다. 다음 문제는 변이의 축적 속도이다.

살아 있는 화석이라고도 불리는 투구게는 수천만 년 동안 형태를 바꾸지 않았다. 그러한 종이 존재하는 것을 보면 비록 그 속의 유전자가 더욱 규칙적인 속도로 돌연변이를 축적함에도 불구하고 형태학적 진화의 속도는 매우 변이가 심하다는 것을 알 수 있다.

분자 진화 시계 5

종이 하나의 공동 조상으로부터 퍼져나갈 때
일정한 속도로 변이가 축적되어
점차 유전적으로 다른 종이 되어 간다.
따라서 이론적으로는 공동 조상으로부터
두 근연종에 이르기까지 경과한 시간의 길이를 측정할 수 있다.
분자 진화 시계는 이처럼 종 사이의 유사성을 나타내는
계통수에다 시간적인 차원을 더할 수 있는 것이다.

분자 진화 시계는 가장 단순하고 또한 가장 강력한 진화학 분야의 개념 중 하나이다. 또한 그것은 가장 커다란 논쟁거리이기도 하다. 간단히 말해서 시계의 개념은 다음과 같다. 종이 하나의 공동 조상으로부터 퍼져나갈 때 그들은 일정한 속도로 변이를 축적하여 점차 유전적으로 서로 다른 종이 되어 간다. 따라서 이론적으로는 공동 조상으로부터 두 근연종에 이르기까지 경과한 시간의 길이를 계산할 수 있다. 분자 진화 시계는 이처럼 종 사이의 유사성을 나타내는 계통수에다 시간적인 차원을 더할 수 있는 것이다.

시계를 사용하려 하는 생물학자는 난관에 봉착하게 된다. 그들은 (때로는) 이 시계가 작동하는 것을 제시하였으나 무엇이 그것을 작동하게 하는지를 완전히 알지는 못한다. 그것은 일상적인 생활 계획을 짜기 위하여 시청 앞의 고장나기 쉬운 낡은 시계를 성공적으로 사용했던 사실에 비교할 수 있다. 어느 날 당신은 수년째 그렇게 신빙성 있게 시계를 움직여 온 메커니즘을 조사하기로 마음먹는다. 시계탑으로 올라가서 시계의 뚜껑을 열어 보지만, 비둘기 깃털이라든가, 죽은 쥐 외에는 규칙적인 방식으로 시계의 바늘을 돌려줄 수 있는 아무런 것도 찾아내지 못할 것이다. 자연적으로 당신은 시계가 결국 움직이는 것은 없다라고 결론을 내리게 될 것이다. 물론 그것이 움직이리라는 사실을 제외하고는 말이다. 이 유비는 실제 상황과 거의 다르지 않은 것이다.

근연종의 동일한 단백질 분자가 서로 다르다는 개념, 즉 진화적 분리가 커지면 커질수록 그 차이는 커진다는 추론이 형성되기까지는 오랜 시간이 필요하였다. 20세기 초에 워싱턴의 카네기 연구소의 라이헤르트 E. T. Reichert와 브라운 A. P. Brown은 다른 종류들과 글로빈 단백질의 결정 구조를 비교하여 동일 속과 때로는 동일

과에 속하는 종들은 구조적 특징이 같았으나, 서로 다른 속이나 다른 과에 속하는 종들에서는 그렇지 않다는 사실을 발견하였다. 거의 비슷한 시기에 영국의 생물학자인 너틀은 계통적인 차이점이 커질수록 일부 혈액 단백질의 면역학적인 특징이 달라진다는 점을 제시하였다. 그는 무엇보다도 사람과 원숭이, 그리고 유인원의 유연 관계에 관심을 가졌다. 이런 계통의 연구는 1960년대까지 여러

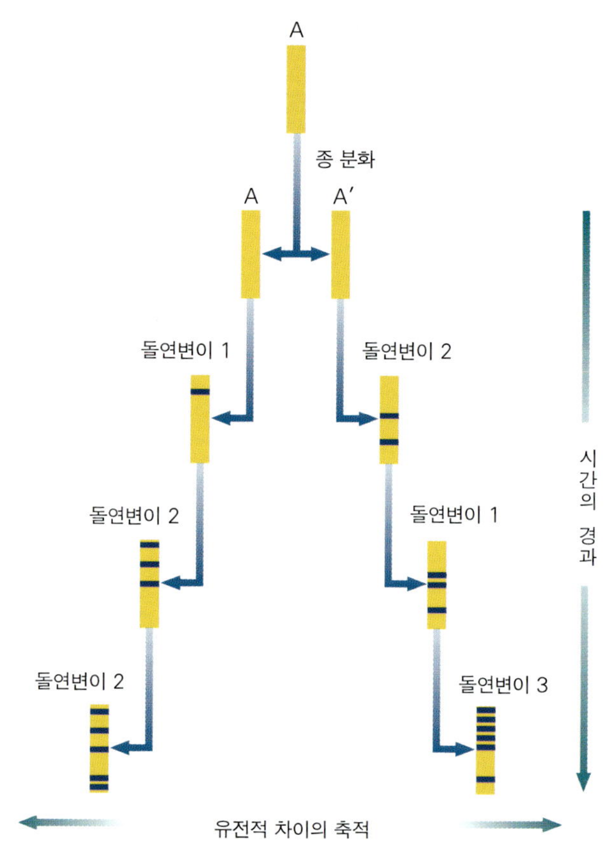

종 분화 사건 이후 유전자는 별도의 계열에서 독립적으로 돌연변이를 축적한다. 여기서 돌연변이는 유전자 A에서 볼 수 있는데, 이는 시간이 경과함에 따라 분지하여 A와 A′이 된다. 돌연변이 속도가 일정하지 않고, 두 계열에서 동일하지 않으나 평균 속도는 유사하게 나타난다. 위 그림에 나타난 시기 동안의 평균 속도는 5.5이며, A와 A′ 사이의 총분지율은 11번의 돌연변이이다.

연구실에서 간헐적으로 계속되었다. 예를 들어 우리가 이미 이야기했듯이 1960년대 초기 웨인 주립대학의 모리스 굿맨은 혈액 단백질의 면역학적인 특징을 사용하여 아프리카 유인원(침팬지와 고릴라)이 사람과 유연 관계가 가까운 반면, 아시아 유인원(오랑우탄)은 다른 세 종과는 모두 거리가 있다는 사실을 밝혔다.

이들 모든 접근법은 서로 다른 종에 있는 상동의 단백질(즉, 동일한 진화적 기원을 가지는 단백질)은 진화적 시간이 경과함에 따라 돌연변이를 축적하였다는 사실을 가정하고 있다. 그러나 축적 속도가 일정하다는 가정은 없었다. 이 방법은 속도의 변화가 그렇게 커다랗게 틀리지 않는다면 변이의 축적 속도가 규칙적인가에 상관이 없이 진화사를 재구성하기 위하여 종들의 유전적인 차이를 사용할 수 있다는 것을 개념적으로 보여주고 있다.

속도가 시계처럼 일정해야 한다는 개념은 1960년대 초 에밀 주커캔들과 라이너스 폴링에 의해서 개발되었다. 폴링의 제자였던 리처드 존스Richard T. Jones와 함께 주커캔들은 분자를 절편으로 부수는 소화 효소(트립신)를 여러 과에서 얻은 헤모글로빈 족에 처리하였다. 주커캔들과 존스는 겔 상에서 이차원 전개하여 그 절편들을 분리하였다. 절편의 패턴이 단백질이나 종 사이에서 다르게 나타난다면, 아미노산 조성이나 서열이 다르다는 것을 그들은 알고 있었다. 1960년 주커캔들과 폴링은 이 방법을 사용하여 사람과 아프리카 유인원 사이에는 진화적인 유사성이 있으며, 아시아 유인원과는 진화적인 거리가 있다는 것을 보고하였다. 이것은 면역학적인 방법을 사용하여 굿맨이 동일한 결론을 보고하기 수년 전의 일이었다.

트립신에 의한 분해를 응용한 이 초기 연구와 특히 헤모글로빈의 아미노산 서열을 결정하는 연구(이 연구는 1950년대 중반에 시작되었다)에서 얻은 데이터로부터 주

왼쪽: 에밀 주커캔들. 분자 진화 분야의 선구자로서 분자 진화 시계라는 개념을 발전시켰다.
오른쪽: 라이너스 폴링. 노벨상을 두 번 수상하였으며 캘리포니아 공과대학에서 주커캔들과 함께 연구했다.

커캔들은 아미노산의 치환의 개수는 진화적인 분리가 된 이후의 시간 경과와 정비례한다는 결론을 내렸다. 헤모글로빈 사슬에서 그 속도는 100만 년당 아미노산 한 개가 치환되는 것이었다. 주커캔들은 화석적 기록에서 알려진 주요한 진화적 방산에 이런 추정치에 근거한 그의 연대 산정 방식을 도입했다.

분자 진화 시계의 개념은 1965년에 가서야 주커캔들과 폴링이 발표한 논문에서 공표가 되지만 이미 1961년 초에 형성된 것이나 다름없다. 기억할 것은 이 논문들이 2년 뒤에 기무라 모토가 중립설을 발표하는 데 자극을 주었다는 사실이다.

단백질의 진화가 규칙적이고 시계와 같은 방식으로 진행된다는 제안은 그 나름대로 일리가 있는 이유에 의해서 잘 받아들여지지 않았다. 그 당시에 생물학자들은 진화에 있어서는 아무것도 규칙성을 나타내지는 못한다고 믿었다. 그들의 믿음은 부분적으로는 관찰에 근거하였고, 부분적으로는 초기에 폐기된 정향 진화orthogenesis라고 하는 궤도를 따르는 변화를 보이는 진화 이론에 대한 반응 때문이었다.

20세기 초에 일부 생물학자들은 진화를 때로는 불행한 결과를 초래할 수도 있는, 특정한 방향으로 냉혹하고도 규칙적으로 추진되는 변화로 간주하였다. 예를 들어 검치호는 세대가 지나갈수록 길어진 그들의 송곳니 때문에 결국 입을 다물지 못해 멸종했다고 알려져 있다. 어떤 굴(Grypea)은 그들의 껍질을 한 번에 너무 많이 꼬아서 그들 스스로 만든 감옥에 갇혀서 멸종하게 되었다고 한다. 그러나 정향 진화가 언제나 비참한 결과를 초래하는 것은 아니다. 다른 생물에 대한 사람의 〈우수성〉과 〈우성〉은 더욱 위대한 지능에 대한 진화적 궤도의 필연적인 결과라고 할 수 있다.

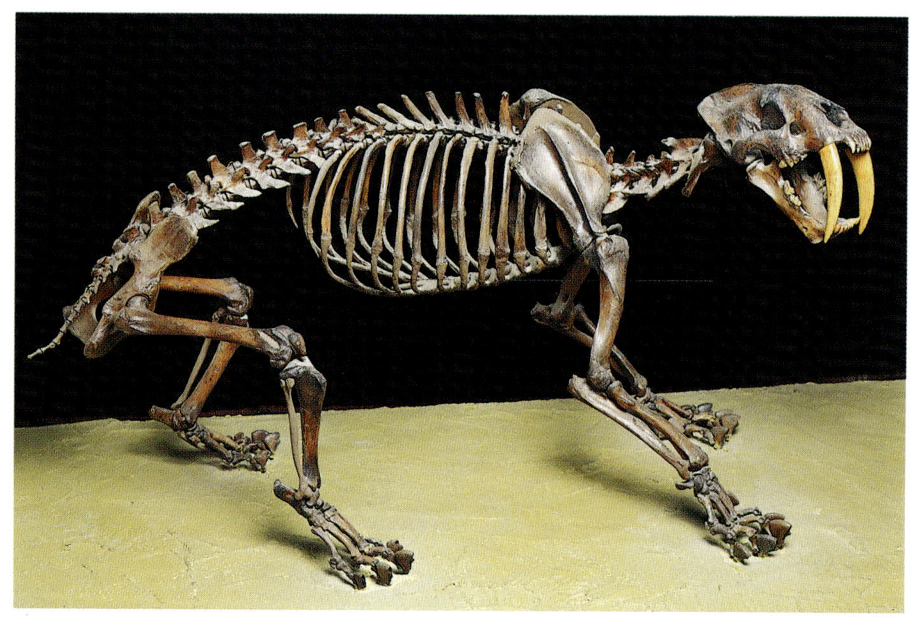

검치호는 아주 커다란 송곳니가 움직일 수 없도록 발달해서 자기 스스로를 멸종시키는 방향으로 진화했다고 오해되어 왔다. 이러한 해로운 변화를 일으키는 가상적인 과정을 정향 진화라고 한다.

1950년대에 이르러, 관찰된 자연계에서 여러 변이에 대하여 설명할 수 없었기 때문에 정향 진화설의 개념은 폐기되었다. 서로 다른 계열에서의 형태적 진화의 속도는 때로는 일부 생물에서는 빠르고 다른 것에서는 느린 등 자명하게, 그리고 극도로 변이가 심하다. 수천만 년에서 심지어는 수억 년까지 형태적으로 변화하지 않은 소위 살아 있는 화석이라고 불리는 투구게와 같은 생물은 그 자체만으로도 정향 진화설을 무력화시킬 충분한 증거를 가지고 있는 셈이다.

따라서 1960년대 초기까지 계열 내에서와 사이에서 모두 형태 진화의 속도는 매우 변이가 심한 것으로 생각되었다. 그리고 주커캔들이 최근 언급하였듯이 〈정보 고분자(단백질과 DNA) 사이에서 시간에 따라 나타나는 점진적 차이에 대하여 주의 깊은 검토가 이루어지는 것과는 달리 형태적 진화 속도는 종잡을 수 없다는 생각이 생물학자의 마음속에 강력하게 자리잡고 있었다〉. 다른 말로 하자면, 분자 진화 시계라는 것은 있을 수 없다는 생각이 지배적이었는데, 왜냐하면 그 당시 관찰된 어떤 영역에서도 진화란 시계와 같은 방식으로 작동하지 않았기 때문이다. 그 당시에는 단백질과, 단백질 제조시 작동하는 다양한 RNA 분자를 지시하는 구조 유전자와, 전체적인 유전자 활성을 조정하는 조절 유전자 사이의 구별에 대한 인식이 없었다. 우리가 이미 살펴보았듯이 조절 유전자에서 돌연변이가 일어나면 생물체에 상당한 형태적인 변화를 일으키게 되는 것 같다. 반면에 구조 유전자는 치환되어도 형태에 영향을 거의 주지 않는다. 따라서 형태적 진화의 템포는 조절 메커니즘의 산발적인 변화로 인해 고도로 불규칙하지만, 형태 밑에 숨어 있는 유전자(구조 유전자와 조절 유전자 모두)는 일정한 속도로 돌연변이를 축적하고 있는 것이다.

헤모글로빈의 진화에 대한 연구 이후에 계통학에 분자적인 데이터를 적용하는 중심적인 연구는 모든 형태의 생물에서 에너지 대사에 관여하고 있는 단백질인 시토크롬 C로 옮겨 갔다. 1967년 그 당시 위스콘신 대학교에 재직했던 월터 피치 Walter Fitch와 에마뉴엘 마골리아시 Emmanuel Magoliash는 사람, 원숭이, 오리, 방울뱀, 물고기, 그리고 몇 종류의 미생물들을 포함하는 20가지 종류의 생물들로부터 얻은 시토크롬 C의 아미노산 서열을 비교하였다. 그들은 몇 가지 예외만 제외하고는 기존의 비교형태학에서 연역된 것과 잘 일치하는 계통수를 재구성할 수 있었다. 그것은 단지 한 단백질로부터 얻은 정보에 의존한 과학자들에게는 놀라운 수확이었다. 이 일은 분자계통학 발달의 이정표가 되었다. 그러나 그러한 데이터가 분자 시계로서의 역할을 하고 있는지에 대한 최초의

앨런 윌슨은 생물학적인 의문에 분자 기법을 적용한 혁신적인 개척자이다.

실제적인 검정은 버클리 소재 캘리포니아 대학의 앨런 윌슨과 빈센트 사리크가 사람과 유인원의 유연 관계에 대한 모리스 굿맨의 일을 이어받았던 때와 동일한 연도에 이루어졌다. 굿맨과 유사한 방법을 사용하여, 윌슨과 사리치는 계통수의 모양만을 추론해내는 것을 취지로 하는 계통학보다 진일보했다. 그들은 화석 기록에 나타난 것과 같이 유전적 거리에 시간의 눈금을 매겨, (시간을 의미하는) 가지의 길이를 계산하였다. 윌슨과 사리치는 사람과가 아프리카의 대형 유인원이 속해 있던 공동 조상으로부터 약 500만 년 전에 분지하였다는 결론을 내렸다.

앞 장에서 더욱 자세하게 이야기한 바와 같이 이 주장은 별반 인기를 끌지 못했다. 그 당시의 인류학자들은 당대의 화석적 기록의 해석에 따라 그 방산이 적어도 1,500만 년 전이나 아마도 3,000만 년 전쯤에 일어났다고 생각하고 있었다. 윌슨과 사리크가 옳을 수 없다는 주장도 있었는데 왜냐하면 분자 진화 시계의 타당성을 믿을 만한 증거(그 당시에 인정되는)가 없었기 때문이었다.

그 뒤로 수십 년간 많은 연구자들은 단백질과 DNA와 같은 다양한 원천으로부터 얻은 유전적인 정보를 사용하여 동일한 계통학적인 문제를 해결하였다. 분자 시계에 따라 계산하여 각 연구자들은 사람과 유인원의 분지 연대가 윌슨과 사리크가 원래 제안한 것과 유사하다고 발표하였다. 그 사이에 인류학자들은 화석 데이터를 재평가하고 새롭게 발견된 화석들을 조사하여 왔으며 지금은 500만 년과 비슷한 분리 연대를 고려하고 있다. 명백히 여기에는 분자 시계가 존재하였다(실제로는 일련의 분자 시계들이 존재하였다. 조사된 각 단백질과 각 DNA 자체가 시계의 역할을 한다).

만약 여기에서 나타난 것처럼 분자적인 진화가 시계와 같은 방식으로 진화한다면 그 같은 진행의 기초가 되는 메커니즘을 아는 것이 중요하다. 앞 장에서 논의하였다시피 진화의 중립설은 진화의 메커니즘과, 과학적으로 검정 가능한 예측 능력을 설명하고 있다. 기무라는 그 상황을 최근 다음과 같이 설명한다. 〈진화의 중립설의 입장에서 보면 중립 대립 유전자의 연간 돌연변이 속도가 모든 시간에 걸쳐 모든 생물 중에서 동일하다면 보편적으로 타당하고 정확한 분자 진화 시계가 존재할 것이라고 예상된다.〉 중립 돌연변이의 동일하다고 가정되는 속도에서의 편차, 즉 돌연변이의 속도 변화(아마도 예를 들자면 세대 간 길이의 차이 등에 의한 효과), 혹은 예를 들자면 원래 중립적이었던 서열이 이제는 선택에서 유리해지는 것처럼 자연선택의 변화에 의해서 비롯하는 편차 때문에 시계는 부정확하게 될 것이다.

여기서 돌연변이가 엄격한 중립성을 따라 진행된다 하더라도 분자 진화 시계는 매년 규칙적으로 똑딱거리는 메트로놈과 같은 시계는 아닐 것이라는 점을 상기하는 것이

빈센트 사리크는 앨런 윌슨과 함께 1960년대 중반 치열한 논쟁의 한복판에서 한 팀을 이루어 활동하였으며, 인류학자들은 즉시 사람과의 기원 시점에 대한 가정에 의문을 제기하였다.

중요하다. 대신에 그것은 매년 특정한 분자에서 돌연변이의 확률에 따라 움직이는 확률론적인 시계일 것이다. 그럼에도 불구하고 시간에 대해 평균을 내어 본다면 이런 종류의 시계도 극도로 정확할 수 있다. 메트로놈 시계는 규칙적으로 똑딱거린다. 이런 진화적인 상황에서는 수천 년에 한 번 똑딱거릴 것이다. 따라서 500만 년이 경과하면 일정한 간격을 두고 5,000번 똑딱거렸을 것이다. 이와는 대조적으로 확률론적인 시계는 적어도 짧은 기간으로 보면 규칙적이지는 않다. 동일한 예에서 생각한다면, 처음 100만 년 동안은 500번만, 그리고 다음 100만 년 동안은 1,500번, 세번째 100만 년 동안에는 1,000번, 네번째 100만 년 동안에는 300번, 그리고 다섯번째 100만 년 동안에는 1,700번 똑딱거렸던 것으로 기록될 수 있다. 그러나 그 기간의 끝에서 확률론적인 시계는 비록 불규칙적으로 축적하였지만 메트로놈 시계와 동일한 횟수의 똑딱거림(혹은 형태의 돌연변이로 나타나는 진화적인 변화)을 기록하게 된다. 따라서 500만 년에 걸친 평균값은 메트로놈 시계와 동일해지는 것이다. 여기서, 분자 시계의 주창자들은 측정되는 시간 간격이 증가할수록 확률적 시계의 정확성이 증가한다는 사실을 흔히 간과해 왔다. 그 이유는 동전을 던졌을 때에 관찰할 수 있는 것과 동일하다. 여섯 번 던졌을 때, 예를 들어 앞면이 두 번 뒷면이 네 번 나왔다고, 즉 33퍼센트는 앞면이고 66퍼센트는 뒷면이라고 하자. 그러나 천 번을 던지면 그 분포가 통계적 확률인 50대 50에 아주 가깝게 되는 것을 알 수 있다. 더 많은 시간이 경과하게 되면(더 많은 동전을 던지게 되면) 우연에 의한 치우침은 평균화되어 없어지게 된다. 따라서 논리적으로 본다면 짧은 시간 간격 내에서 확률적인 시계는 아주 부정확할 수밖에 없는 것이다.

만약 돌연변이가 축적될 때 엄격한 중립성이 적용되지

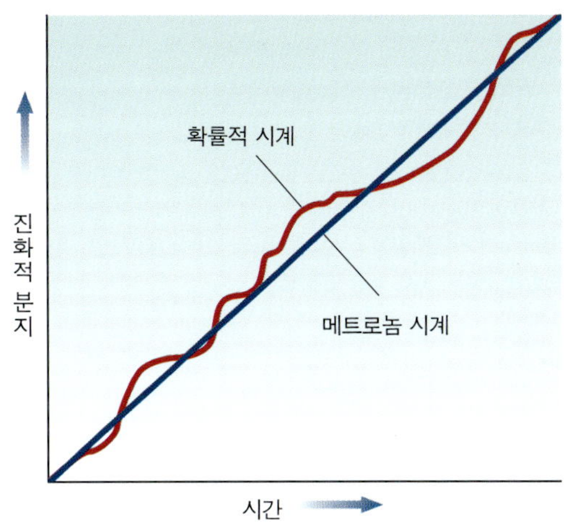

분자 진화 시계는 메트로놈처럼 똑딱거리지 않고 대신 시간에 따라 속도가 변동한다. 따라서 진화적 변화 척도는 시간에 대한 변화의 평균이다. 그것은 확률적인 시계지만 그럼에도 불구하고 진화 연구에 매우 유용하다.

않는다 해도, 그 대신 변동을 하지만 선택이 중요한 역할을 한다면, 시계와 같은 행동은 여전히 가능하다. 시간에 대해 평균을 내 본다면 돌연변이 속도도 유용한 시간의 척도가 될 수 있다. 여기서 문제는 이용 가능성이다. 만약 99퍼센트의 시간적인 정확성이 요구된다면 분자 진화 시계는 그러한 요구를 만족시키지는 못할 것이다. 그러나 시간을 재는 다른 방법이 없는 생물학의 경우에서처럼, 80퍼센트의 정확성으로 충분하다면 그런 시계는 아주 정확하지는 않다고 하더라도 적당하다고 채택되는 것이다.

상이한 DNA 서열은 기능적인 구속을 달리 받기 때문에 대개의 경우 매우 다른 속도로 돌연변이한다. 어떤 서열은 단백질의 기능과는 상관없이도 바뀔 수 있다. 때로는 DNA 복구 메커니즘의 효율성 차이 때문에 돌연변이의 속도가 달라지기도 한다. 돌연변이 속도의 이런 차이점은 서로 다른 수준의 게놈에서도 관찰될 수 있다. 예를 들어 코돈에서 일어나는 돌연변이는 앞의 두 부위보다는

<table>
<tr><td>느림</td><td>리보솜 DNA
엽록체 DNA</td><td>엑손 인트론 위유전자
(핵 DNA)</td><td>미트콘드리아 DNA</td><td>빠름</td></tr>
</table>

상이한 DNA 유형은 매우 다른 속도로 돌연변이를 축적하여 서로 다른 길이의 시간을 갖는 진화 연구에 매우 유용한 시간적 차원을 제공한다. 고대에 일어난 분지는 (리보솜 RNA처럼) 늦게 돌연변이하는 DNA에 의해서 가장 잘 연구된다. 반면에 최근의 분지는 (미토콘드리아 DNA처럼) 빨리 변하는 DNA가 가장 좋은 탐침이다. 핵의 DNA 내의 단백질을 지시하는 유전자는 중간 정도의 속도로 돌연변이를 축적한다. 그러나 일반적으로 엑손은 인트론보다는 더욱 느리게 변화하고, 위유전자는 더욱 빨리 진화하도록 해방되어 있다.

세번째 아미노산의 종류를 결정짓지 않는 염기에서 더욱 빈번하게 일어난다. 단일 유전자에서 돌연변이 속도는 기능적으로 고도로 구속된 부위에서는 낮고, 덜 구속적인 부위에서는 높다. 예를 들어 글로빈 유전자에서 성숙한 구형 단백질의 내부에 영향을 미치는 돌연변이는 단백질의 외부에 영향을 주는 돌연변이보다는 일어나기 어려울 것인데, 왜냐하면 내부는 산소가 결합하는 활성 부위이기 때문이다.

동일한 생물 내의 서로 다른 유전자는 서로 다른 속도로 돌연변이하는데, 이는 지시된 단백질이 얼마나 변형될 수 있는가, 그리고도 그 기능을 수행하는가에 따른다. 이미 언급하였듯이 히스톤에서는 거의 변형이 일어날 수 없는데, 헤모글로빈은 변형할 수 있는 폭이 넓고, 이 차이 때문에 변이 속도가 달라진다. 단백질의 조립에 참여하는 리보솜 유전자는 고도로 구속되어 있고 느리게 돌연변이한다. 인트론과 위유전자는 있다고 해도 기능적으로 거의 구속을 받지 않으며 따라서 빠른 속도로 돌연변이한다.

마지막으로 동일한 생물에 존재하는 서로 다른 게놈은 다른 속도로 변이한다. 고등(진핵)세포에서 핵은 주로 유전적 정보를 저장하는 곳이지만, 세포질은 동물에서 미토콘드리아, 그리고 식물에서 미토콘드리아와 엽록체처럼 게놈을 가지는 세포 소기관을 포함하고 있다. 엽록체의 DNA는 핵의 DNA보다 여러 배 늦게 진화하지만, 미토콘드리아 DNA는 전형적으로 핵 DNA보다 10배나 빨리 진화한다. 여기서 볼 수 있는 차이점은 세포 소기관들과 핵에서 나타나는 서로 다른 DNA 복제와 복구의 효율성과 많은 관련이 있다.

중립설 하에서 이러한 차이점들은 대부분 수용된다. 게다가 서로 다른 유형의 DNA에서는 돌연변이의 축적률도 다르기 때문에 어떤 문제를 조사할 때 다른 속도를 갖는 시계를 이용할 수 있다. 연구자들은 적절한 작동 속도를 갖는 분자 시계를 쉽게 선택한다. 만약 수억 년에 걸쳐 일어난 계통학적 문제를 비교해야 하는 것이라면 매우 천천히 작동하는 시계, 예를 들면 리보솜 유전자가 가장 적당할 것이다. 반면에 수만 년이라는 짧은 시간 내에서 계통학적인 비교를 해야 한다면 미토콘드리아 게놈의 특정 부위와 같은 빨리 작동하는 시계가 필요할 것이다.

모든 종은 동일한 시계를 갖는가?

중립설 자체(그리고 그것은 분자 진화 시계에 속하는)와 관련된 주요 의문은 서로 다른 유전자가 서로 다른 속도로 변이하는가가 아니라, 서로 다른 계열에서도 동일한 유전자는 일정한 속도로 변이하는가 하는 것이다. 원리적으로는 쉽게 답할 수 있을 것 같은 이 질문을 해결하기 위해서 여러 종에서 수백의 단백질과 유전자의 서열을 밝혔던 것이다. 그럼에도 불구하고 얻은 다수의 데이터를 어떻게 해석할 것인가에 대해 여러 해 동안 격렬한 논쟁이 일어났다. 어떤 사람은 정말로 핵과 미토콘드리아 DNA 양쪽에 적용할 수 있는 보편적인 속도가 있다고 주장을 하고, 다른 사람들은 속도의 차이가 심하다고 언급하였다. 일부 관찰자들이 주장하는 것보다는 덜하지만 지금으로서는 계열 간에 속도의 차이가 있다는 것이 명백하다.

예를 들어 20여 종 중에서 DNA−DNA 잡종형성 비교를 통한 증거를 찾는 일은 1986년 캘리포니아 공과대학의 로이 브리튼Roy Britten에 의하여 수행되었는데 그는 돌연변이의 속도가 다섯 배나 차이가 나는 것을 발견하였다. 돌연변이의 속도는 고등 영장류(특히 유인원과 사람)에서 가장 늦은 것으로 나타났으며, 그 속도는 일부 조류 계열에서도 늦은 것으로 나타났다. 설치류, 성게 및 초파리에서는 속도가 빨랐다. 29종 중 25개의 유전자에서 아미노산 조성에 영향을 주지 않는 치환에 관한 데이터를 검사했을 때에도 브리튼은 유사한 차이점을 발견하였다. 브리튼의 조사 결과는 모든 사람의 인정을 받고 있다.

왜 속도가 다를까? 브리튼의 제안에 의하면 느린 돌연변이 속도를 갖는 그룹에서는 DNA 복제 도중에 이루어지는 실수를 제거할 수 있는 더욱 효율적인 DNA 복구 메커니즘을 갖고 있다는 것이다. 다른 학자들은 쥐처럼 사람에 비하여 매우 짧은 세대 기간을 갖는 종들은 돌연변이 속도가 빠르다고 주장하는데, 이는 한 세대에서 다음 세대로 유전자가 전달될 때 실수의 기회가 더 많다는 것을 의미한다. 말하자면 쥐에서의 돌연변이 속도가 사람보다 빠르다는 것은 사실이지만, 다섯 배 정도에 불과하여 세대 기간이 백 배나 차이나는 것에 비한다면 훨씬 적다. 세대 기간에 비하여 돌연변이 속도가 이처럼 작은 것은

종이 갖는 세대 기간의 장단에 관계없이 계속적으로 배우자(특히 수배우자, 즉 정자)가 새롭게 만들어지기 때문이다. 양쪽 종 모두에서 정자는 계속적으로 생성되어, 실수가 유전의 시점에서만 일어나는 것은 아니고 계속적으로 일어날 가능성이 있기 때문이다.

돌연변이 속도는 높은 대사 속도를 갖는 종에서 더 높은데, 이로 미루어 보아 대사 속도도 돌연변이 속도에 영향을 미침을 알 수 있다. 최근 상어 종류에서 특정 미토콘드리아 DNA의 서열을 연구하여 이런 점이 밝혀졌다. 하와이 대학 및 미국 국립 자연사박물관의 동료들과 함께 스티븐 팔럼비Stephen Palumbi는 상어 종류가 영장류와 유제류ungulate보다 일곱 배 내지 여덟 배 돌연변이 속도가 느린 것을 알아냈다. 이들 다양한 종류에서 세대 기간은 유사하지만, 대사 속도는 매우 달라서 동일한 크기의 포유동물에 비하여 상어에서는 다섯 배에서 열 배 정도 느리다. 이 연구는 한 그룹의 결과를 다른 그룹에도 확대 적용하는 것이 안전할 것이라고 생각하기보다는 그룹 내에서 속도를 측정하는 것이 중요하다는 것을 강조해 준다.

생물학자들은 분자 진화 시계를 정밀하게 조사하는 연구의 일환으로 어떤 유전자가 좋은 시계의 역할을 할 수 있고 어떤 것이 그렇지 않은가를 조사해 왔다. 그 임무는 동물의 많은 그룹에 걸쳐 유전자(혹은 그의 단백질 산물)를 조사하여 돌연변이 축적에서의 규칙성을 가지고 있는지의 여부를 찾는 것이었다. 여기에서조차 여러 가지 복합적인 원인으로 해서 관찰되는 것이 사실이 아닐 수도 있다. 예를 들어, 어떤 유전자에서 돌연변이의 속도는 진화 시간이 증가할수록 명백히 느려진다. 그 이유는 확률적 과정인 돌연변이가 동일한 좌위에서 반복적으로 일어날 (중복 돌연변이multiple hit라고 불림) 확률을 가지고 있기 때문이다. 시간이 경과함에 따라 중복 돌연변이의 숫

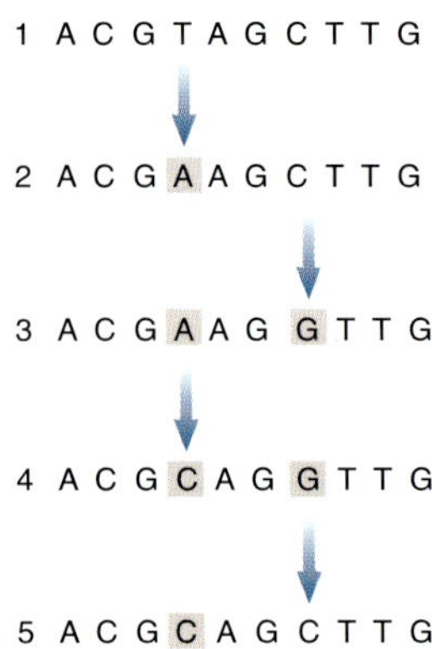

중복 돌연변이 현상은 돌연변이가 일어난 실제 횟수를 모호하게 만든다. 여기에서는 네 번의 돌연변이가 이 짧은 DNA 서열에서 일어난다. 3단계에서 서열을 분석해 보면 그때까지 두 번의 돌연변이가 일어났다는 것을 정확히 밝힐 수 있을 것이다. 그러나 3단계와 4단계 사이에서, 또한 4단계와 5단계 사이에서 일어난 돌연변이는 검출되지 않는데, 왜냐하면 그들은 이미 전에 돌연변이가 일어난 곳을 다시 돌연변이시켰기 때문이다. 4단계와 5단계 사이의 변이는 뉴클레오티드를 원래의 것으로 되돌려 놓았으므로 그것은 효과적으로 두 번의 돌연변이를 덮어버린다. 따라서 5번 서열을 분석하면 실제로 일어난 네 번 대신에 한 번의 돌연변이만이 파악된다.

자는 명백하게 증가하게 되어 돌연변이 속도는 감소되는 것으로 나타난다. 분자 시계를 계산할 때에는 통계적인 조정을 통하여 이런 복잡한 문제를 관례적으로 고려하게 된다.

그러나 실제로는 아직도 복잡한데, 특히 어떤 유전자 내에서 모든 유전자 좌위가 돌연변이에 의해 동등하게 공격을 받을 수 있는 것은 아니기 때문이다. 그리고 다른 유전자 좌위에서 일어나는 돌연변이에 의해서 공격성 자체도 영향을 받기 때문이다. 중복 돌연변이는 모든 좌위에서 동등하게 공격을 받을 수 있는 유전자보다는 특히 공격을 받기 쉬운 일부 좌위를 갖고 있는 유전자에서 더욱 빈번하게 발생하며, 이런 일이 일어나면 돌연변이 속도가 느린 것처럼 간주될 수 있다.

이러한 복잡성 때문에 실제로는 대강 정확하게 작동하는 분자 시계라도 부정확한 것처럼 판단될 수도 있는 것이다. 실례를 수퍼옥시드 디스무타제superoxide dismutase 유전자에서 찾아볼 수 있는데, 이 유전자는 (구리와 아연 보조 인자와 결합하여) 모든 호기성 생물에서 독성이 있는 산소 라디칼을 제거하는 역할을 한다. 10년 전 프란시스코 아얄라Francisco Ayala는 곰팡이, 효모, 초파리, 황새치, 소, 쥐, 그리고 사람에서 이 유전자의 완전한 서열을 비교하였다. 그 다음 그는 이 결과를 이들 생물들로 구성된 (12억 년까지 거슬러 가는) 계통수에 적용하였고, 진화사의 다른 연대, 그리고 다른 그룹 중에서 변이 속도를

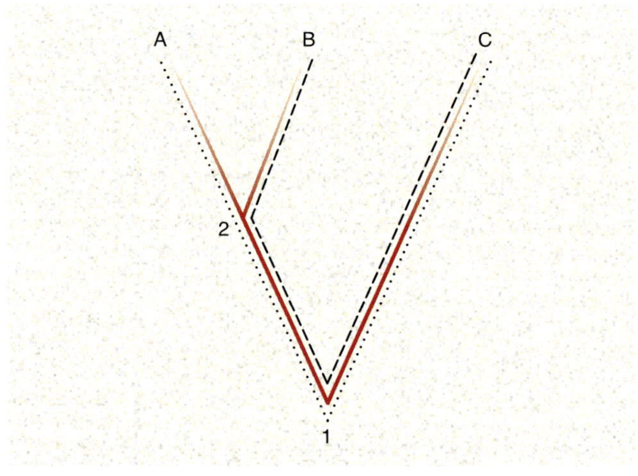

서로 다른 계열에서 일어나는 단백질이나 유전자의 돌연변이의 축적 속도가 다른가의 여부를 보여주는 상대 속도 검정법. 모식도는 두 가지의 진화 사건을 나타낸다. 1에서 한 번의 분지가 일어나 한편으로는 C를 만들고 다른 편에서는 두번째 계열을 만든다. 2번 마디에서 두번째 분지가 일어나 A종과 B종을 만든다. 속도 검정법은 만약 유전적 분지 속도가 모든 계열에서 동일하다면 종 A와 종 C 사이의 유전적 거리(점선)는 종 B와 종 C 사이의 유전적 거리(긴 점선)와 동일하여야 할 것이다. 그러나 만약 계열 B에서 유전자 돌연변이가 느려진다면 B에서 C 사이의 유전적 거리는 A에서 C까지의 경우보다는 작을 것이다.

계산하였다. 그 속도는 상당히 달랐다. 예를 들어 포유동물 중에서 그는 100만 년당 100잔기당 27.8개의 아미노산 치환이라는 속도를 가진다는 것을 알아냈으며, 포유동물과 황새치 사이에서, 그리고 포유동물-황새치 그룹과 초파리 사이에서 그 속도는 9.1이었다. 그리고 균류와 동물 사이에서는 5.5였다. 이들 유전자의 변이 속도는 조사된 시간 간격에 따라서 다섯 배나 차이가 나는 것으로 드러났다. 아얄라는 이 유전자는 〈매우 부정확한 시계〉라고 결론을 지었다.

아얄라는, 지금은 어바인 소재 캘리포니아 대학에 재직 중인 월터 피치와 함께 수퍼옥시드 디스무타제에 대한 데이터를 재조사하였다. 그러나 이번에는 복잡한 중복 돌연변이에 대하여 더욱 본격적으로 보정하였다. 그 결과 그들은 실제로는 이 유전자가 상당히 믿을 만한 시계라는 것을 발견하였으며, 최근에는 다음과 같이 언급하였다. 〈포함된 생물학적 과정의 합리적인 모델을 세워 보면 처음에는 매우 부정확하게 보이던 시계가 실은 필요한 보정이 이루어지지 않아서 단순히 부정확하게 보였을 뿐이라는 결론을 내릴 수 있다.〉 부정확한 시계라고 판단되었던 다른 유전자에도 유사한 결론이 적용될 수 있을 것이다. 여기에서 적절한 통계적 분석의 필요성이 명백히 나타난다.

현재로는 분자 진화 시계가 기대했던 것보다는 훌륭한 것도 아니고, 두려워한 만큼 좋지 못한 것도 아니라고 이야기할 수 있을 것 같다. 비록 그 존재는 중립 진화가 어느 정도 중요한가에 달려 있지만, 중립 진화는 많은 교란 요인(그런 것만 없다면 보편적인 속도를 가지고 경험적인 영역에서 그러한 시계가 존재할 많은 여지를 남길 수 있다)을 가지고 있다. 조사되지 않은 상황 하에서 어떠한 것이 일어날까 하는 예측을 하기란 매우 어렵다. 그러나 경험적인 데이터들은 그러한 예측을 더욱 확실하게 만들 수 있다. 매우 긴 시간 동안 모든 분류군에 걸쳐 작동하는 〈보편적인 시계〉가 있을 수는 없다는 생각이 지배적이지만 그럼에노 불구하고 〈국부적인 시계〉가 발견될 수 있으며 한정된 시간과 계열 범위에서 믿을 만하게 사용될 수 있다는 것도 확실하다. (그들의 정확성은 다음 그림이 나타내는 바와 같이 상대 속도 측정에 의해서 확인될 수 있다.) 만약 가능하다면 분자 진화 시계를 사용하여 조사를 할 때 한 개 이상의 유전자를 채택하는 것이 바람직하다. 만약 과학자들이 효율이 다른 시계를 사용하여 일치된 결과를 얻을 수 있다면, 어떤 결론에 도달하건 그들은 상당한 자신감을 가지게 될 것이다.

오늘날 생태학의 중요한 연구는 분자생물학 실험실에서도 이루어지고 있다. 예를 들면 DNA를 조직 시료로부터 추출하여 개체의 친부를 DNA 지문 감식법에 의해 결정할 수 있는 것이다.

분자생태학 6

분자생태학은
유전학적 데이터에 접근하는
방법을 갖추고
진화생태학, 행동생태학, 계통지리학
그리고 보존유전학적 문제를 다룰 수 있다.

생태학은 예를 들면 기생생물과 숙주와의 관계로부터, 생태계의 구성 메커니즘, 그리고 역동적인 지구화학 회로까지의 광범위한 문제를 다루는 오랜 역사를 가지며 연구 범위가 넓은 학문이다. 생태학은 전에는 자연사라는 이름 아래 생물계가 어떻게 작용하는가, 생물이 자신의 개별적인 이익을 어떻게 추구하는가, 그리고 어떻게 종이 진화하는가에 대한 연구를 계속해 왔다. 분자생태학은 출현한 지 채 10년이 되지 않았지만 이토록 유서가 깊은 학문에 새로운 분자 방법을 적용하기 위해서 노력하고 있다.

앞선 장들에서는 어떻게 분자적 연구들이 우리들로 하여금 주요한 진화적 관계를 규명하도록 하였는가를 기술하였다. 초기의 생명의 계통수에서 가장 기본적인 가지는 어느 것인가? 어떻게 다세포 생물들의 주요 그룹들은 서로 관련되어 있을까? 이들 그룹 내에서 주된 진화의 패턴은 어떤 것이었을까? 이 장에서 우리는 이러한 의문들이 어떻게 두 가지 주요한 방향으로 전개될 수 있었는가를 발견하게 될 것이다. 결국 생명의 계통수는 계보적인 기록뿐만이 아니라 어떤 특정한 시간에 공존한 생물들의 활기차고 복잡한 패턴인 것이다. 아직도 번성하고 있는 계통수 전체는 오늘날 지구생태학을 나타낸다. 따라서 생명의 계통수뿐만이 아니라, 생물의 그물도 분자유전학적 방법에 의하여 밝혀질 수 있는 것이다. 생물학적인 지도 작성, 즉 분류적 영역과 역사적인 분지를 그리는 것 외에 우리는 어떤 경우에는 왜 종들이 분지하고 새로운 종이 형성되었는가를 밝혀줄 분지의 발생 방식을 살펴볼 수 있을 것이다.

4장에서는 1960년대에는 예상치 못했던, 단백질 전기영동에 의한 종들 간의 상당한 유전적 변이의 발견에 대해 기술하고 있다. 이 발견 때문에 오늘날에도 계속되고 있는 중립주의자－선택주의자 논쟁이 촉발되었을 뿐만 아니라 집단유전학의 기본을 형성하는 집단과 종들 사이의 관계에 대하여 중요한 연구를 할 수 있게 되었다. 그 이후 몇 가지 주요한 기술적인 진보로 말미암아 생물학자들은 생물의 주요 그룹뿐만 아니라 각각의 생물체를 구별할 수 있는 능력을 갖게 되었다. 예를 들어 1980년대 초, 제한효소 지도 작성법 restriction enzyme mapping이라고 하는 제한효소 절편 다형성(RFLP) 분석 방법이 개발되었다. 1장에서 기술하였듯이 그 기법에 의하여 DNA의 수준에서 집단의 유전적 변이를 분석할 수 있게 됨으로써 유전학자는 유력한 연구 수단을 갖게 되었다. 그러나 유전적인 지식을 생태학에 보다 넓게 적용하려면 유전자 수준에서 개개의 생물을 식별할 수 있는 수단이 필요할 것이다.

여기에서 사람 개개인을 대략적으로 구별할 수 있었던 해묵은 기법인 지문을 예로 드는 것이 적절할 것이라 생각한다. 어떤 종의 개체를 식별할 수 있는 그러한 수단은 두 가지 방법이 개발됨에 따라 1980년대 중반에 출현하였다. 처음의 것은 DNA 지문 감식법인데 이는 RFLP 방법과 원리상으로는 비슷하지만 개체의 DNA에 대하여 더욱 많은 정보를 제공할 수 있다.

고등생물의 게놈은 아무것도 암호화하지 않는 많은 DNA 부위를 가지고 있음이 명백하다. 적어도 서열의 일부만이라도 어떤 기능을 수행할지는 모르지만, 그러한 DNA를 때때로 정크junk DNA라고 부른다. 그러한 예로 소부수체minisatellite DNA라고 알려진 약 15뉴클레오티드 길이의 반복 서열을 들 수 있다. 각자 독특한 반복 서열을 갖는 소부수체 DNA는 많은 종류가 있다. 이들 각각의 유전적 벙어리들은 적어도 게놈의 20여 부위에 존재하며 소부수체족을 이룬다. 각 족 내에서 개별 구성원의 길

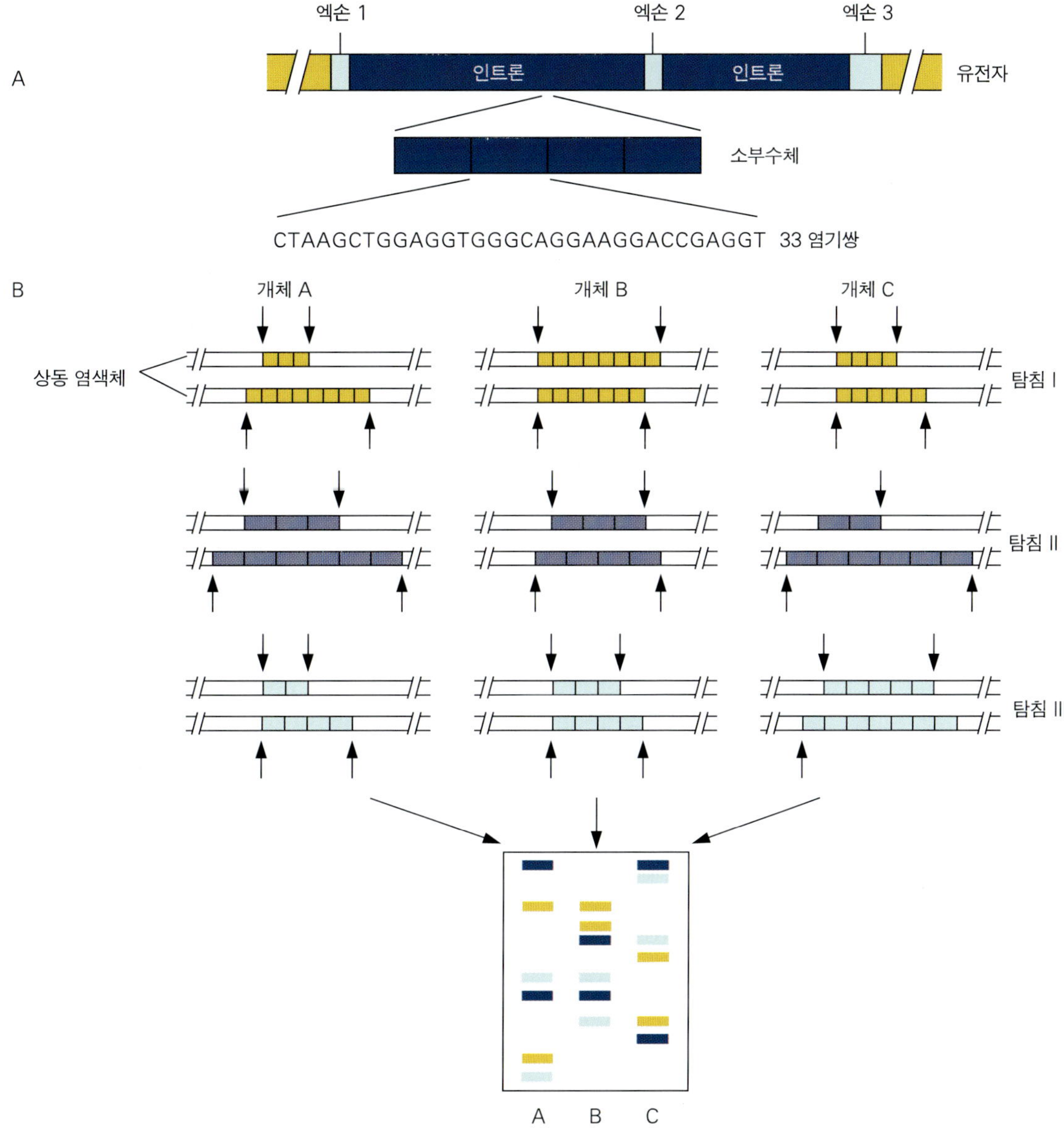

DNA 지문 감식법은 각 개체마다 가지고 있는 독특한 DNA 패턴을 밝혀낸다. 첫번째 단계는 탐침을 만드는 것이다(a). 유전자의 첫번째 인트론은 보는 바와 같이 네 개의 반복 단위를 가지고 있으며, 이 안에 굵은 글씨로 표시한 13개의 염기쌍이 들어 있다. 이 핵심 서열은 위의 단순한 모식적 표현에서 탐침 I, II 및 III이라고 표지된 다른 좌위에서 발견된다. 핵심 서열을 가지는 세 가지 탐침 유전자 좌위에서 반복 횟수는 개체 A, B, 그리고 C에서 다르며, 따라서 DNA 지문을 만들어낸다(b).

1983년 그 당시 시터스 재단에 근무했던 캐리 멀리스는 중합효소 연쇄 반응 혹은 PCR이라고 불리는 방법을 개발한 공로로, 1993년 노벨 화학상을 공동 수상하게 되었다. 이 방법은 단순한 만큼이나 위력적이다. 이 방법에 의하여 연구자들은 원하는 DNA 절편을 다량으로 만들어서 쉽게 분석(예를 들어 서열 결정)할 수 있게 되었다. 원리상으로 PCR을 적용하면 DNA 단일 분자를 포함하는 시료에서 수백만 개의 복사물을 금방 만들어낼 수 있다. 1990년까지 이 기법은 여러 종류의 연구에서 목표로 하는 DNA 절편을 얻어서 분석하는 생물학자들의 능력을 혁신시켜 주었다.

PCR이 개발되기 전에는 어떤 선택된 DNA 절편을 얻는다는 것은 분자의 성질과 세포 내에서의 물리적인 상황 때문에 보통 어려운 작업이 아니었다. 전형적인 유전자는 서로 꼬여 이중 나선을 형성하는 두 가닥의 DNA를 이루는 상보적인 서열의 목걸이에서 구슬처럼 배열되어 있는 수천 개의 뉴클레오티드 염기의 조합으로 되어 있다. 세포 내에서 DNA 이중 나선은 더욱 꼬여서 복잡한 구조를 이루며 다양한 단백질과 단단히 결합하여 안정성을 얻는다. 연구자가 세포를 파열시키고 단백질을 제거하여 순수하게 DNA를 얻고자 할 때 길고 파괴되기 쉬운 DNA 분자는 무작위적인 단계에서 끊어지기 쉽다. 이는 수천 개의 다른 세포들에서 분리된 동일한 유전자는 들쭉날쭉한 길이의 DNA 가닥들로 얻어진다는 것을 의미한다. 따라서 유전자를 양적으로 유용할 정도로 분리하는 것은 어렵다.

1970년대 DNA를 반복적으로 일정한 길이로 얻는(소위 DNA 가닥을 끊는 제한효소를 사용하여) 방법이 개발되었으며, 그것은 분리 효율을 증대시켰다. 그럼에도 불구하고, 양은 종종 적었으며, 세균에서 복제 운반체(플라스미드와 같은 자연적으로 만들어지는 DNA 조각)상에 그것을 끼워 넣어 물질의 양을 늘리는 방법을 필요로 하였다. 그 다음 그 세균을 배양하였다.

각 세균이 분열할 때, 각기 두 개의 복사물을 만들며 이때 DNA도 복사되는 것이다. 충분한 물질이 생산되었을 때 표적이 되는 DNA를 절단효소로 운반체에서 분리한 후 DNA를 모아서 정제하면 된다. 그러나 시간을 소비하고 기술을 요구하는 이러한 과정은 언제나 성공적인 것도 아니며, 항상 적용 가능한 것도 아니다.

PCR은 DNA 시료의 분리와 증폭을 매우 단순화하였다. 그것은 각 사이클마다 표적 DNA 서열의 양을 배가시키는 순환적인 과정이다. 한 분자로 시작하여 30사이클의 PCR 과정을 거치면 십억 개 분자의 DNA를 얻을 수가 있다.

그 과정은 머리카락 하나의 모근과 같은 실험 재료에서 DNA를 대충 분리하면서부터 시작된다. PCR 기법의 성공 여부는 표적 서열의 양쪽 말단의 (약 20뉴클레오티드로 이루어진) 짧은 서열을 알아내는 것에 달려 있다. 올리고뉴클레오티드로 알려진 이 짧은 서열은 실험실에서 기본 기술을 통해 합성된다. 그 다음 추출된 DNA 시료를 가열하여 이중 나선을 두 개의 상보적인 단일 가닥으로 분리한다. 이제 올리고뉴클레오티드 프라이머를 첨가하고 혼합물을 약간 식히면 올리고뉴클레오티드는 상보적인 서열을 가지고 있으므로 표적 DNA의 측면 부위에 결합(혼성화)된다. DNA를 복제하는 데 참여하는 자연적인 효소인 DNA 중합효소와 구색을 갖춘 뉴클레오티드의 존재 하에서 프라이머 서열은 표적 DNA를 따라서 점차적으로 신장되어 짧은 이중 가닥의 DNA 절편이 된다.

따라서 단일 사이클을 지나면 표적 DNA는 배가된다. 가열, 프라이머 첨가, 그리고 복제의 과정을 반복함으로써 현존하는 DNA는 다시 배가된다. 매우 빨리, 복제되는 DNA는 표적 DNA와 양쪽에 붙어 있는 측면의 올리고뉴클레오티드로만 이루어진다. 기하급수적인 진행의 위력 때문에 몇 번만 반복해도 원하는 DNA를 다량으로 만들 수 있다. 연구자들은 이전에는 여러 날 혹은 여러 주일 고생해야 했던 일들을 PCR을 사용하여 불과 몇 시간 만에 할 수 있다.

PCR이 처음 개발되었을 때는 각 가열 단계 후에 반복해서 DNA 중합효소를 첨가해야 했는데, 왜냐하면 DNA 가닥들을 분리하기 위하여 가열할 때 효소 또한 불활성화되었기 때문이다. 멀리스는 가닥을 분리시키는 가열에 내성이 있는 효소를 사용한다면 이 단계를 생략할 수 있음을 깨달았다. 많은 세균은 열천과 같은 고온의 환경에 적응하고 있으며, 그들은 바로 그런 종류의 효소를 생산할 가능성이 있었다. 그는 이들 생물 중의 한 종인 서모필루스 아쿠아티쿠스(*Thermophilus aquaticus*)를 얻었으며 시터스의 연구자들로 하여금 DNA 중합효소의 분리에 참가하도록 하였다. 예견한 바와 마찬가지로 서모필루스 아쿠아티쿠스 효소는 가열과 냉각 과정을 견뎌냈으며, 따라서 그 기법을 단순화할 수 있었다. 전 과정은 작고 저렴한 기계를 사용하여 자동화될 수 있었다.

PCR이 극단적으로 민감하다는 장점은 가장 불리한 약점이기도 하다. 그 프라이머는 그들이 혼성화하는 특정 서열에 상보적이지만, 그러한 서열은 〈외래〉 DNA에도 동일하게 존재할 수 있는 것이다. 만약 그러한 외래 DNA가 우연히 반응 혼합물에 오염되었을 때에는 원하지 않는 서열이 증폭될 수 있다. 신뢰할 만한 PCR 작업을 위해서는 주도면밀한 청결이 요구된다. 특히 과거의 DNA를 연구할 경우에는 그러한 실수를 방지하는 주의가 필수적으로 요구되는데, 이는 마른 가죽, 화석 뼈, 혹은 호박 속의 곤충 등과 같은 연구 대상이 되는 시료가 현대의 세균 혹은 사람의 조직으로 오염될 수 있기 때문이다. 연구팀들은 고 DNA를 추출한 것으로 환호했으나, 결국 그 DNA는 한 연구자의 것에서 유래하여 시료에 떨어진 몇 개의 표피 세포가 증폭되었음을 발견한 적도 여러 번이었다.

PCR의 단순성과 그것이 기초적인 그리고 상업적인 분자생물학에 끼친 엄청난 영향을 고려한다면, 그것이 발명된 시기에 그 기법을 충족시키는 데 필요한 모든 구성 성분이 십여 년이나 걸려서 사용 가능하게 되었다는 것은 의아하기까지 하다. 유능한 분자생물학자라면 잠깐 동안만 생각하더라도 그 기법을 생각해낼 수 있었는데 말이다. 멀리스 자신은 그가 그런 영감을 받았을 때 아무도 그 이전에 그것을 개발한 적이 없었다는 사실에 충격을 받았다고 한다. 몇 분 동안의 영감의 산물인 PCR은 10년 이내에 수십억 달러의 가치를 지닌 사업이 되었다.

이는 (즉, 각 위치에서 핵심 서열이 반복되는 횟수는) 동일 종의 개체마다 다르다. 영국 레스터 대학의 알렉스 제프리스는 여기에서 개별 생물체를 식별하는 잠재력을 인식하였으며, DNA 지문 감식법이라고 부르는 방법을 고안하였다.

RFLP 방법과 마찬가지로, DNA는 어떤 특정한 뉴클레오티드 서열에서 사슬을 끊는 효소로 처리된다. 각 소부수체 부위와 관련되어 생성되는 절편의 길이는 그 부위에서 핵심 서열의 반복 횟수에 좌우된다. 소부수체 자체의 길이가 매우 다르다고 한다면, 그리고 각 족은 적어도 20개의 부위를 갖는다고 하면 하나의 소부수체족으로부터 얻을 수 있는 정보는 상당하다. 그 방법은 각 개체마다 독특한 절편 길이의 배열에 따라서 독특한 유전자의 단면을

갖게 된다.

두번째 발전은 1980년대 중반 PCR의 도입으로 이루어졌는데, 핏방울이나 모근, 버려진 깃털, 심지어는 마른 똥과 같은 소량의 시료로부터 과학자들은 작업할 만한 양의 DNA를 얻을 수 있었다(앞의 상자글 참조). 뒤이은 10년 동안에 지문 감식법과 같은 더욱 많은 방법이 개발되었다. 레스터 대학의 동물학자인 테리 버크Terry Burke는 최근 〈이러한 방법과 연관된 기술들은 가장 선견지명이 있는 생태유전학자라도 내다볼 수 없을 정도로 생태학에서 유전학의 지평을 엄청나게 확장시켜 놓았다〉고 진술하였다. 새롭게 활용되는 이 유전학적 데이터에 접근하는 수단은 분자생태학molecular ecology의 기반이 되었으며, 그것 때문에 이룰 수 있었던 방대한 업적은 마침내 1992년 동일한 이름의 학술지를 탄생케 하였다.

따라서 분자생태학자는 네 가지 주된 분야 즉, 진화생태학, 행동생태학, 계통지리학, 그리고 보존유전학 내에서의 많은 문제들을 다룰 수 있는 많은 도구를 구비하고 있다. 이 장의 나머지 부분에서는 분자생태학의 목표와 위력을 밝히며 이들 각각의 영역에서 이룩된 연구의 실례를 기술할 것이다. 이들 영역 모두는 그들에게 적용되는 기술적 방법으로 연결되어 있다. 특히 여러 수준에서 자연계의 작동법을 더욱 깊이 이해하려는 목표들에서 가장 잘 연결된다고 하겠다. 보존유전학은 사람의 서식처 파괴에 직면하여 멸종으로부터 종을 구하는 방법을 찾을 수 있도록 해준다.

적은 양의 DNA는 효소에 의한 DNA 복제의 반복 순환을 통한 중합효소 연쇄반응에 의하여 작업할 수 있는 양까지 증폭이 된다. 여기서는 증폭을 위해 DNA를 추출하는 중이다.

진화생태학

다윈 이론의 중심된 교의는 모든 개체들이 그들의 적응

성을 극대화하는 방향으로 행동하여 성공적인 번식을 하리라는 것을 주로 의미하고 있다. 가장 단순한 수준에서 개체들은 그들 자신의 자손을 가장 많이 남기려고 행동할 것이 틀림없다. 최근 10년 내에 생물학자들은 소위 이타적 행동을 고려하는 방향으로 이런 관점을 확장시켰는데, 이타적 행동이란 그 자신이 손해를 입으면서도 가까운 친족들의 번식적 노력을 뒷받침해 주려는 개체의 노력을 의미한다. 어린 수컷 비비는 억척스러운 공격을 받는 형제를 도와주다가 그 과정에서 자신이 위험에 빠지기도 하는데 이 사실은 한 예가 될 수 있겠다. 그는 또한 암컷의 관심을 독차지하려는 그의 형제를 돕기도 하는데, 따라서

그 형제가 암컷과 짝짓기를 할 기회를 높여준다. 개체는 그의 형제와 유전자의 2분의 1을 공유하기 때문에, 비록 그 자신의 자손을 번식시켰을 때 거둘 수 있는 이익보다는 받을 수 있는 이익이 한정되어 있지만 그 형제의 생식적인 성공은 자신의 것이기도 한 것이다. 따라서 개체가 거둔 생식적인 성공은 그 자신의 자손과 가까운 친족의 자손의 합계를 반영해야 하며, 이를 통틀어 포괄 적응도 inclusive fitness라고 한다. 야외생물학자들은 이 다원적인 요구의 작동 여부를 검정하기 위해 넓은 범위의 종들에서 짝짓기 체계를 구별하는 데 많은 노력을 기울여 왔다. 분자적인 방법은 이 야생 관찰에서 얻을 수 있는 결과

포유동물에서 일부다처제는 이 그림의 말코손바닥사슴에서 볼 수 있듯이 일반적 형태의 사회 구조를 이룬다.

를 상당히 확장시키는 역할을 한다.

　수컷과 암컷들은 가장 적은 노력을 들이면서, 될 수 있는 대로 가장 많은 자손을 번식시키기 위해서 계속적인 노력을 하고 있다. 각 부모는 상대 성을 갖는 배우자가 자손을 돌보도록 부추겨, 각자가 다른 일시적인 짝과 더 많은 자손을 번식할 기회를 가지려고 한다. 이 알력은 여러 가지 다른 방법으로 해소되어 매우 다양한 짝짓기 체계를 만들어내는데, 부분적으로는 주어진 종의 생물학적 이유 때문이고, 부분적으로는 생태적 이유 때문이다. 예를 들어 포유동물에서는 생식이 체내에서 일어나므로 수컷은 일련의 번식 과정에서 정자만을 제공하는 역할을 할 따름이어서 암컷이 어린것을 돌볼 수밖에 없다. 아비가 돌보는 경우는 드물고 한 마리의 수컷이 여러 마리의 암컷을 독점하는 것이 보통이다(일부다처제). 새에서도 수정은 몸 안에서 이루어지지만, 부모 중 한쪽만으로는 새끼들을 부양하는 데 필요한 모든 노력을 다 제공할 수는 없기 때문에, 포유동물에서보다는 아비가 돌보는 경우가 많다. 또한 몇 마리의 수컷이 한 마리의 암컷을 돌보는 경우도 흔하다(일처다부제). 물고기에서 수정은 체외에서 일어나며, 많은 경우에 수컷은 새끼들을 돌보기 위해 남는다.

　무엇이 기본적인 짝짓기 체계이건 간에 수컷과 암컷은 그 체계 밖에서 자손을 번식시킴으로써 번식에 있어서 최대의 성공을 거두려고 노력할 것이다. 외도(수컷의 경우)와 다른 부모가 돌보도록 제 새끼를 몰래 맡기는 것(새들에게 적용되는 하나의 선택으로 탁란이라고 한다) 등이다. 이 탁란 전술은 놀라울 정도로 보편적이며, 예를 들어 굴뚝새house wren, 동양극락조eastern kingbird, 절벽제비cliff swallow 등이 그런 습성을 가지고 있다. 이들 종들에서는 새끼의 반 이상이 다른 암컷이 낳은 알이다. 암컷들은 그들의 주 배우자 이외에도 짝짓기 기회를 엿보며

높은 유전적 질을 갖춘 상대를 선택하는데, 그들은 종종 자손을 낳는 데 기여하게 된다.

　생물학자들은 분자적인 기법을 사용하여 기본적인 짝짓기 체계 이외에 수컷과 암컷이 외도에서 성공을 거두는 빈도를 알아보려고 했다. 대부분의 초기 연구는 그 당시에 진화생태학의 인기 있는 주제였던 일부 새에 집중되었다. 그 뒤 다른 그룹에 대한 연구가 뒤따랐는데 연구 결과 세 가지 주요한 점이 종합적으로 발견되었다. 첫째, 짝짓기 체계는 상상했던 것보다는 훨씬 다양하였다. 둘째 소위 대체 짝짓기(혼외 수정, 탁란 등)는 미리 예측되었던 것보다 훨씬 보편적이었다. 그리고 세번째로 암컷은 생각했던 것보다 (특히 짝짓기 체계 이외의) 상대를 까다롭게 고르는 것으로 나타났다. 이미 언급하였듯이(10-11쪽) 바위종다리는 수컷이 번식에 참여한 만큼 부양 노력을 기울이려는 경향을 나타냈다. 다른 기초적인 연구는 붉은날개찌르레기red-winged blackbird에서 이루어졌는데 많은 놀라운 성과를 거두었으며 그들 중 일부는 번식의 성공 정도를 평가하는 데 있어서 전통적인 야외 관찰만으로는 한계가 있다는 점을 보여주고 있다.

　북미산 붉은날개찌르레기가 갖는 짝짓기 체계는 일부다처제이다. 수컷은 둥지에 있는 몇 마리 암컷이 점유하는 영토를 방어한다. 아비가 새끼를 돌보는 경우는 없다. 비록 영토를 지배하는 수컷 이외의 다른 수컷들이 암컷에 접근할 수는 있지만, 전통적으로 수컷의 번식 성공 정도는 주어진 수컷의 영토 내에 새끼의 숫자에 의해서 측정된다. (지배자 수컷은 많은 시간을 암컷을 감시하고 원치 않는 침입자를 쫓아버리는 데 소비한다.) 유사하게, 암컷은 사람들이 아직 파악하지 못하고 있지만 지배자 수컷이 가지는 어떤 매력 때문에 어디에 둥지를 틀고 짝을 지을 것인가를 결정하는 것 같다. 온타리오 주 킹스턴 소재 퀸스

붉은날개찌르레기 수컷은 여러 암컷에 의해 점유되는 영토를 방어한다. 수컷들은 영토를 침입하여 짝짓기의 기회를 엿보는 다른 수컷들을 감시하기 위해서 많은 시간을 보낸다. 자신의 암컷을 잘 지키는 수컷들은 또한 인접 영토에서 다른 암컷들과 짝짓기의 기회를 갖는 데도 성공적이다. 왼쪽이 수컷이며 오른쪽이 암컷이다. 뉴타의 오그덴에서 촬영하였다.

대학과 오타와 소재 카렐턴 대학의 라일 깁스Lisle Gibbs와 몇몇의 동료들은 이들 결론이 얼마나 잘못되었는가를 밝혀냈다. 연구자들은 DNA 지문 감식법에서 소부수체족들을 사용해서 많은 새들(37개의 둥지에 들어있는 111마리의 새끼, 21마리의 아비로 추정되는 수컷, 31마리의 어미로 추정되는 암컷)의 유전적인 정체를 결정하였다.

유전적인 데이터에 의하면 45퍼센트의 둥지에서 적어도 한 마리의 새끼의 유전적인 특징은 그의 잠정적인 부모 중 한편과 달랐으며, 28퍼센트(111마리의 새끼 중 31마리)의 새끼는 한편의 잠정적 부모와 부합하지 않는 유전자형을 가지고 있음이 드러났다. 모든 경우에서 제외되는 부모는 수컷이었다. 따라서 붉은날개찌르레기의 암컷은 많은 종류의 새들처럼 다른 새끼를 키우지는 않는다.

이 패턴이 보여주듯이 수컷 짝을 바꾸어 짝을 짓는 비율이 높은 것은 일찍이 예측하지 못했던 것이었다. 대개의 경우, 그 새끼의 아비는 인접하는 영토를 지배하는 수컷이었는데, 그것은 놀랄 만한 일은 아닐 것이다. 그러나

놀라운 것은 그들 자신의 영토에서 성공적이었던 수컷들(즉, 혼외 수정을 배제하는 데 효율적이었던 것들)은 또한 다른 어느 곳에서도 혼외 수정을 하는 데 성공적이었다는 점이다. 게다가 수컷의 영토의 크기와 번식 성공의 정도와는 아무런 상관 관계가 없었다.

따라서 이 경우에 분자유전학적 분석에 의하여 수컷의 번식 성공에 대한 전통적인 관점이 바뀌게 되었을 뿐만 아니라, 암컷의 선택에 대한 가정에도 의문을 갖게 되었다. 즉, 어디에 둥지를 틀 것인가에 대한 암컷의 결정은 어떤 수컷과 짝짓기를 하는가에 의해 영향을 받지 않을 수도 있다는 것이다. 그 분석에 의해 우리는 또한 흥미롭기는 하지만 아직까지 규명되지 않은 의문점, 즉 그들 자신의 영토에서도 성공적이면서 또한 이웃의 영토에서도 성공적인 그런 수컷들이 가진 매력이란 어떤 것인가라는 의문점을 가질 수 있는 것이다.

호주 종인 알록선녀굴뚝새superb fairy wren에 관해 최근 보고된 연구는 어떻게 분자 분석에 의해 예상할 수

호주 종인 알록선녀굴뚝새는 영구 영토를 지키는 한 마리 내지 네 마리의 수컷과 한 마리 암컷으로 구성된 협동적 사회 구조를 이루며 산다. 왼쪽이 수컷이며 오른쪽에 두 마리의 새끼와 함께 있는 것이 암컷이다.

없을 정도로 복잡한 짝짓기 체계를 밝히게 되었는가를 나타내주는 좋은 예이다. 이 경우에 가장 높은 정도로 혼외 수정이 일어난다는 사실이 밝혀졌다. 알록선녀굴뚝새는 하나의 암컷과 한 마리에서 네 마리까지의 영구적 영토를 지키는 수컷으로 구성되어 있는 협동적 사회 그룹을 형성하면서 살고 있다. 여러 마리의 수컷이 존재할 때, 하나는 보통 연령이 많고 행동적으로 우세하다. 나머지는 지배 암컷의 아들들이며 짝을 지을 수 있는 암컷과 서식처가 부족하기 때문에 따로 살림을 차릴 수 없다. 모든 수컷은 새끼를 보호하고 먹이를 제공하는 데 기여한다. 해가 경과해도 암컷과 최상위 수컷primary male 간의 결합은 안정적이다.

캔버라에 있는 호주 국립대학의 앤드루 콕번Andrew Cockburn과 그의 동료들은 두 번의 번식기에 걸쳐 65마리의 새끼들 모든 개체에 대해 DNA 지문 감식법을 사용하였다. 그들은 대략 76퍼센트에 달하는 대부분의 새끼들이 사회적 그룹을 형성하지 않는 수컷의 자손이라는 사실을 발견하였다. 심지어 새끼들이 들어 있는 둥지의 반에 해당하는 둥지에서는 모든 자손이 그룹 외의 수컷을 아비

로 두고 있었다. 그룹이 단지 한 쌍으로만 구성될 경우에는 수컷은 자기 새끼를 90퍼센트까지 낳을 수 있었으며, 극진하게 새끼를 보살펴 아비의 역할을 했다. 그러나 사회적 그룹의 숫자가 증가할수록 최상위 수컷이 아비가 되는 새끼의 퍼센트가 급격하게 감소하여 어떤 때는 0까지 떨어지며, 아비는 언제나 먼 영토에서부터 유래하는 것으로 밝혀졌다. 그룹 내의 조력자가 동일 그룹에서 자식을 낳게 하는 경우는 아주 드물었으며, 그 대신에 그들은 다른 그룹에서 자식을 낳게 하였다. 가장 놀라운 사실 중의 하나는 그룹 외의 아비 중의 일부는 다른 것보다 훨씬 더 번식에서 성공을 거두었으며, 그러한 아비의 아들들도 역시 성공적이었다. 이들 수컷이 가진 매력이 무엇이건 간에 그것도 명백히 유전되는 것이었다. 게다가 모든 짝짓기는 수컷이 아니라 암컷이 유혹하는 것이었다.

이 종에서 강력하게 작용하는 암컷의 선택은 비일상적인 짝짓기 체계에 그 책임이 있다는 것이 명백하다. 콕번과 그의 동료들은 한 마리의 암컷 알록선녀굴뚝새가 한 마리의 수컷과 있을 때에는 그 수컷에게 배타적인 것은 아니지만 여러 번의 짝짓기 기회를 허락하여 아비가 돌보

124

아주는 행동에 보상을 한다는 점을 밝혔다. 하지만 조력자가 존재할 때에는 최상위 수컷의 돌보아주는 노력에 더 이상 의존하지 않고, 특히 성공적인 수컷과의 더 많은 외도의 기회를 노린다. 암컷은 준상위 수컷이 새끼들을 돌볼 뿐만 아니라 외부 그룹과의 짝짓기로부터 새끼들을 성공적으로 갖게 된다는 점에서 이익이다. 이 연구는 새에서 암컷이 혼외의 수컷을 선택하고, 또한 혼외 수정으로 새끼를 낳는다는 최초의 보고 사례이다. 이들 결과에 의해서 제기되는 이론적인 의문점들은 많은데 그중에는 그룹 외 짝짓기를 통해 암컷이 얻는 이익은 무엇인가, 왜 최상위 수컷은 그들과 관련이 없을지도 모르는 어린것들을 돌보는가, 그리고 무엇이 종 내에서 혼이 수정의 폭넓은 변이를 결정하게 하는가 등이 포함된다.

예상치 못했던 암컷의 선택은 브리티시 군도 인근 해역에서 살고 있는 회색물개gray seals에서도 최근에 확인되었다. 이미 언급하였지만, 수컷 포유동물은 자손을 기르는데 정자를 제공하는 것 정도로만 기여하며, 여러 암컷을 거느리는 것이 보편적이다. 회색물개도 예외는 아니다. 가을 동안에 암컷은 해변가에 나와 하나의 새끼를 낳고 젖을 먹이고 짝짓기를 한다. 수컷도 역시 이 시기에 해변가로 나와 군집 내에서 영토를 놓고 다른 수컷들과 경쟁을 하여, 그 영토 안에서 암컷들을 독점하는 것이 확실하다.

케임브리지 대학의 빌 아모스bill Amos와 그의 몇몇 동료들은 최근에 DNA 지문 감식법을 사용하여 몇 계절에 걸쳐 85마리의 수컷과 88마리의 암컷으로 구성된 새끼에서 친부 관계를 결정하였다. 그들은 각 암컷의 새끼의 30퍼센트가 완전한 씨족이라는 것을 발견하였는데, 이는 짝짓기를 할 때 상당히 높은 정도로 정절을 지킨다는 것을 암시하는 것이었다. 이런 현상은 두가지 가능성으로 설명할 수 있다. 첫째, 암컷은 가장 가까운 우세한 수컷과 짝짓기

회색물개는 브리티시 군도의 외딴 곳에서 산다. 가을 동안에 암컷은 물가로 나와서 새끼를 낳고, 젖을 먹이고, 짝짓기를 한다. 수컷은 이 시기에 물가로 나와서 군집 내의 다른 수컷과 영토를 놓고 서로 경쟁한다.

를 하며, 그리고 수컷과 암컷은 동일한 군집 현장으로 돌아올 빈도수가 높다는 것이다. 둘째로, 물개는 원래의 짝을 선택할 빈도수가 높다는 것이다. 유전적인 데이터에 의해 첫번째 가능성이 배제되었고 두번째가 가장 개연성이 있는 설명으로 받아들여지고 있다.

아비가 일치한다는 것은 또한 놀라운 사실이었다. 야외 관찰에서 얻은 가장 합리적인 결론은 우세한 수컷은 실제보다도 더 많은 자손을 낳게 한다는 것이었다. 암컷은 짝을 결정할 때 수컷에 대한 정절을 지켜 그들을 아마도 덜 공격적으로 만들고 따라서 새끼를 죽일 가능성을 낮추려 할 것이다. 개체의 DNA를 조사하여 야외 관찰에서는 뚜렷하지 않은, 예상과는 상반되는 행동 패턴을 다시 한번 알아낼 수 있었다.

아모스와 뮌헨 대학의 두 공동 연구자들은 길잡이고래 pilot whale의 사회적 구조를 결정하는 데 동일한 방법을 사용하였다. 이제 생물학자들은 야외에서 집단을 오랫동안 관찰하여 비비나 침팬지와 같은 커다란 포유동물의 사회적 구조를 밝혀내는 데 익숙해졌다. 우리는 이미 대부분의 포유동물 종이 일부다처제 짝짓기 체제를 가진다고 언급한 바 있다. 실제적으로 모든 경우에 수컷이 성숙하게 되면 그들은 출생 집단을 떠나 인접하는 혹은 먼 집단(암컷을 교환하는 침팬지에서는 예외)에 참여한다. 이 행동은 근친 교배를 피하려는 메커니즘으로 여겨진다. 길잡이고래가 이와 유사하게 행동하는지는 최근까지 밝혀지지 않았는데, 그들 생활의 대부분이 사람이 연구할 수 있는 범위 밖에서 이루어지기 때문에 장기간에 걸친 관찰이 불가능했기 때문이었다.

길잡이고래는 종종 백 마리 이상의 개체들로 구성되는, 어린것과 성숙한 것이 섞여 있으며 암수의 비가 비슷한 대규모의 응집력을 갖는 집단(무리) 내에서 헤엄친다. 이

길잡이고래는 종종 노소가 함께, 암수 비율이 비슷한 100마리 이상의 개체들로 구성되는 응집력을 갖는 대집단을 이루며 산다.

126

행동은 무리를 이끌 수 있는 어부들에 의해서 수세기 동안 연구되어 왔는데, 지금도 그 어부들은 스코틀랜드의 파로에Faroe 군도에서만 볼 수 있는 전승된 방법에 따라 고래들을 조종한다. 아모스와 그의 연구자들은 이 무리들의 구성원들에서 DNA를 분석하여 이 현상을 연구했다. 그는 다수의 무리들을 구성하는 모든 개체로부터 DNA를 추출하고 고도로 변이가 심한 소부수체 서열들을 분석하여 모계, 부계 그리고 각 개체들 간의 관계를 조사하였다. 그 결과 고도로 특이한 사회적 구조와 짝짓기 체계가 밝혀졌다.

수컷과 암컷은 성숙해서도 그들의 무리를 떠나지 않으므로 각 무리는 근본적으로 확장된 가족이다. 그렇지만 수컷들은 그들 자신의 무리 내에서는 짝짓기를 하지 않고 다른 무리의 암컷과 짝짓기를 한다. 모든 수컷들의 번식 성공률은 비슷한 것 같다. 아모스와 공동 연구자들은 다음과 같은 특이한 체계를 해석하였다. 만약 다른 무리에서 수컷의 짝짓기 기회가 제한되지 않는다면, 그들의 최적 전략은 그들 자신의 자손을 아비로서 보살필 필요가 없다는 것이다. 그 대신에 수컷은 자신의 무리에 남아서 그의 누이들과 사촌누이들이 그들의 새끼를 키우는 것을 도와주어 자신의 포괄 적응도를 극대화한다. 직접적인 행동이 관찰되지는 않았지만 아마도 수컷은 무리를 보호하고 먹이를 먹는 것을 도와준다고 생각된다. 어떤 경우에나 무리의 구성원이 가까운 유전적 관계를 가지고 있다는 사실은 그룹의 응집력이 강한 사실을 설명해 준다.

생태적 지위에 적응

종이 자연선택에 의하여 그들의 환경에 적응한다는 생

각은 다윈주의 이론의 핵심이며, 현대 생물학자도 다윈과 마찬가지로 비교법을 통하여 그것을 탐구하고자 한다. 만약 유사한 종이 유사한 환경에서 유사하게 적응한다고 한다면, 환경과 종의 형태 및 행동과의 관계는 명백하게 확인된다. 그러나 그와 같이 잠정적으로 연결시키는 방식은 곤란에 처하게 된다. 만약 두 종이 최근에 공동 조상으로부터 나누어졌다면 그들의 유사성은 적응이 아니라 역사의 유산인 것이다. 다른 말로 하자면 종은 특정한 환경에 특이하게 적응해서 유사성이 나타났기 때문이 아니라, 공동 조상을 가졌기 때문에 그들의 유사성을 물려받게 된 것이다. 종들의 그룹 간에 그와 같은 연결의 실제 특성을 결정하기 위해서는 그들의 진화사 혹은 계통을 확립할 필요가 있다. 우리가 이미 살펴보았듯이 이것은 형태적인 특징에 의거한다면 언제나 쉽게 이루어지는 것은 아니다. 때로는 문자적인 특징들을 다루기가 더 쉽다.

오리건 대학의 아담 리치맨Adam Richman과 샌디에이고 소재 캘리포니아 대학의 트레버 프라이스Trevor Price는 인도 카슈미르 지방의 히말라야 지방에서 벌레를 먹고사는 여덟 종류의 잎휘파람새leaf warbler를 가지고 그와 같은 일을 수행하였다. 이들 작고 초록빛깔을 띠는 새들은 서식처의 선택, 먹이의 크기, 그리고 섭식 방법에 따라 구분된다. 어떤 종의 형태와 그 습관 사이에는 강력한 상관 관계가 있다. 예를 들어, 커다란 종들은 커다란 먹이를 먹고살며 비교적 짧은 발톱을 가진 종들은 활엽수보다는 침엽수림에서 알을 부화하며 넓은 부리를 가진 종들은 파리류를 주로 먹고산다. 이들 상관 관계는 공통된 진화사를 갖기 때문인가, 혹은 자연선택에 의해서 독립적으로 적응되었기 때문인가?

리치맨과 프라이스는 여덟 종에서 미토콘드리아 DNA 시토크롬 b 유전자로부터 얻은 910 염기쌍 서열을 모두

이 사진의 필로스코푸스 트로칠라이데스 (*Phylloscopus trochilaides*)와 같이 곤충을 먹고사는 잎휘파람새에 속하는 여덟 종은 인도 카슈미르 지방의 히말라야 산맥에서 살고 있다. 그들은 서로 다른 서식처와 먹이감에 상당한 적응력을 나타낸다.

비교하고 다른 종을 외집단으로 비교하여 휘파람새의 계통을 구성하였다. 그들의 연구에 따르면 상기의 의문점에 대한 해답은 모두 긍정적으로 나타난다. 예를 들어 세 종류의 가장 작은 종들은, 세 종류의 가장 커다란 종이나 두 종류의 중간 크기의 종처럼 근연 관계를 가지고 있다. 따라서 역사를 공유한다는 것은 아마도 이들 체구에 근거한 범주에 반영되는 것 같다. 그럼에도 불구하고, 통계를 사용하여 역사의 효과를 제거하면 체구와 먹이의 크기 사이에는 상관 관계가 남는다. 가장 체구가 커다란 그룹에서 커다란 먹이를 먹는 종은 작은 먹이를 먹는 종류보다 체구가 크다. 게다가 서식처 선택, 섭식 행동과 형태에는 진화사의 영향이 거의 없다. 이들 상관 관계는 진정한 적응 효과로 보인다.

계통수에 의하면 이 그룹은 350만 년 전에 기원했다가, 빠르게 방산하여 100만 년 동안에 하나에서 여덟 종으로 증가했다. 최초의 분지 결과 체구의 커다란 변화가 있었다. 뒤이어 생겨난 그룹 내에서는 체구의 변화가 거의 없었다. 다음의 변화는 섭식 형태 및 먹이의 크기와 같은 그와 관련된 행동을 바뀌게 했다. 다른 그룹에서도 아주 보편적일 수 있는 이런 진화의 패턴은 또한 진화의 속도를 나타낸다. 오랜 시기 동안 생태적, 형태적 변화가 거의 없다가, 한 번에 한 측면의 적응이 나타나는 변화가 산발적으로 빠르게 일어나는 것이 보편적이었다.

독립적인 삶

대부분의 식물 뿌리를 미세한 거미줄 구름과 같은 것으로 둘러싼 것은 균류의 망과 같은 수백만의 균사이다. 식물과 균류는 상호 보답하는 관계를 갖고 있다. 각 상대는

128

서로에게서 필수 영양소를 공급받는다. 최근에 발견된 이 공생 관계는 비록 생물계에서 공생의 중요성을 나타내는 한 예에 불과하지만, 생물이 존립할 수 있는 생물권의 근본 원리라고 할 수 있다.

생태학적으로 볼 때 동일하게 중요하지는 않지만, 더욱 환상적인 것으로는 약 200종으로 구성된 개미족인 버섯개미류attine ant와 그들이 먹고사는 균류와의 친밀한 관계이다. 각자는 생존을 위해서 서로 의존적이다.

이 가위개미leaf-cutter ant는 신열대구의 우점 초식동물로서 그곳에서 신선한 잎의 약 20퍼센트를 수확한다. 그러나 이 개미는 적어도 직접적으로는 잎을 먹지는 않는다. 그 대신 그들은 복잡한 지하의 소굴로 가지고 가서, 조심스럽게 재배하는 균류 농장에 그것들을 원료로 사용한다. 균류는 바람에 의하여 도착하는 잎에 의존하는 것보다는 이 풍부한 음식물을 공급받아 더욱 잘 자랄 수 있

으며, 개미도 마찬가지로 영양분이 풍부한 균사를 먹고 번성할 수 있다. 몇 가지 신비로운 의문점이 이 공생 관계에 내포되어 있다. 첫번째로, 어떻게 그리고 언제 그런 농사법이 시작되었으며, 그것은 시간에 따라 어떻게 바뀌어 갔는가? 두번째로, 재배되는 균류의 정체는 무엇인가? (개미와 관계를 갖게 되면서 균류는 자실체를 생산하는 것을 멈추게 되었는데, 이것을 가지고 생물학자들은 전통적으로 균류를 분류학적으로 동정해 왔다.) 수백만 년에 걸쳐 개미와 함께 진화해 온 균류는 애초에 단일 과에 속하는지도 불분명했다.

형태적인 특징을 사용하여 버섯개미의 계통수는 잘 구성되었지만, 이들이 먹고사는 균류에 대해서는 아무런 정보도 얻을 수 없었다. 미국 내 여섯 개 대학의 연구자들은 최근에 핵의 리보솜 DNA의 서열을 사용하여 이 탈락 부분을 보완하여 균류에 대한 진화의 계통수를 구성할 수

가위개미 하나가 지하의 균류 농장에서 개미들이 재배한 균류 일부를 운반하고 있다. 이런 개미들은 약 200종류이며, 신선한 잎 생체량의 약 20퍼센트를 수확하는 신열대의 우점 초식성 동물이다.

있게 되었다. 그들은 부생성 균류의 리보솜 DNA 서열과 그것의 리보솜 DNA를 비교함으로써 공생 관계에 포함된 균류를 동정할 수 있었다. 대부분은 레피오타케아Lepio-taceae라는 과에 속하는 것으로 나타났는데 이 그룹이 갖는 종에는 파라솔버섯이 포함되어 있다. 나머지 균류들은 근연 관계가 먼 계열에 속하는 것으로 나타났다. 이들 균류들은 신선한 잎을 사용 가능한 영양소로 바꾸는 능력을 가지고 있는 점에서 독특하다.

진화의 패턴은 다음과 같다. 개미의 역사에 있어서 균류를 재배하는 습성의 시작 혹은 〈발명〉은 흔치 않은 사건으로서 약 5,000만 년 전 단지 한 번 일어났다. 개미들은 원래의 균류 계열을 계속 재배하였다. 균류는 특별히 잎을 분해하는 능력이 있었기 때문에 개미들은 이 균류 계열에 집착하였음을 알 수 있다. 일부 더욱 원시적인 개미들은 때때로 레피오타케아에서 균류를 바꾸었지만 가장 진화적으로 특성화된 버섯개미들은 적어도 2,300만 년 동안 동일한 계열의 균류를 재배해 왔다는 점이 분자 분석을 통해 알려졌다. 여왕개미가 둥지를 떠나는 때마다 작은 양의 균주를 가지고 가는데 여왕개미는 이것을 사용하여 새로운 둥지에서 새로운 농장을 가꾸게 된다. 중남미에 퍼져 있는 수백만에 달하는 이 개미의 지하 소굴에서 재배되는 수백만 톤의 균류는 2,300만 년 전에 존재했던 단 한 개의 단일 조상의 포자로부터 모두 비롯된 것이다.

신비한 이동

일부 행동생태학자들은 개별적인 생물의 생식적 성공과는 관련되지 않은 종들의 생활 패턴을 이해하려고 한다. 야외 관찰은 영양가가 거의 없는 잎을 정기적으로 먹는 침팬지의 습관(후에 그것은 의학적인 효과를 나타낸다고 판명되었다)과 같은 일부 흥미로운 행동을 밝혀내는 데 성공적인 것으로 증명되었다. 그러나 어떤 행동은 직접적으로 관찰할 수가 없으며, 그것들을 이해하기 위해서는 유전학적 데이터와 같은 다른 종류의 정보가 필요하다. 그러한 예로 바다거북과 혹등고래라는 두 가지 수생동물에 초점을 맞출 수 있다.

바다거북은 땅에서는 어기적거리지만, 바다에서는 우아하게 헤엄치는 매혹적인 동물인데, 최근까지 이 동물의 생활의 중요한 면들은 밝혀지지 않은 채로 남아 있었다. 바다거북의 집단은 적도 부근의 여러 지역에서 살고 있다. 각 집단은 얕은 섭식 장소에서 흩어져 자라면서 일년 중 대부분을 보내다가 알을 낳을 때가 되면 알을 낳는 장소로 이동하기 시작한다. 두 달이 소요되는 매번의 이주마다 암컷은 모래 해변을 다시 방문하여 깊은 알구덩이를 파고 한 번에 백 개 이상의 알을 낳는다. 알을 낳은 후에는 다시 역방향으로 이동하며, 그 과정은 반복된다. 일부 집단에서는 왕복 이동 거리가 수백 킬로미터에 달하기도 한다. 다른 집단에서는 수천 킬로미터를 넘기도 한다. 예를 들어 어떤 집단은 3월에서 12월까지 브라질의 해안을 떠나서 생활한다. 암컷은 중대서양에 있는 아센시온 섬으로 알을 낳기 위해서 이동했다가 남아메리카 해안으로 돌아오는데 그 거리는 무려 왕복 4,000킬로미터에 이른다.

생물학자들은 삼십 년간 이상이나 암컷에 구별하기 위한 표지를 붙여 아센시온 섬 집단과 카리브 해 주변의 다른 집단을 집중적으로 연구했다. 몇 년이 지나도 그들의 알을 낳는 생활을 위하여 비록 섭식 장소는 다른 집단과 공유할지라도 암컷들은 동일한 알 낳는 장소로 아주 충직하게 돌아왔다. 예를 들어 지난 30년 동안 코스타리카의 토르투게로의 집단에서 표지된 28,000마리의 새끼 암컷

130

바다거북 암컷이 브라질의 테임에서 알을 낳기 위해서 물가로 나오고 있다. 이것은 먹이를 먹는 장소와 알을 낳는 장소 사이를 이동하는데, 때로는 이 거리가 수천 킬로미터에 이르기도 한다.

중에서 다른 알을 낳는 장소에서 발견된 것은 단 한 마리도 없다.

왜 암컷들은 이처럼 알을 낳는 장소를 선택하는 데 고지식할까? 30년 이전에 제안되었던 것과 같이 그들이 태어난 해안으로 돌아오려는 본능이 강하기 때문일까(소위 귀소 본능 가설)? 혹은 최초의 선택은 어린 암컷이 늙은 개체의 예를 따라서 우연히 결정되었지만, 이후에는 일생을 통한 패턴을 형성했을까(후자는 사회 촉진 가설이라고 알려져 있다)? 불운하게도, 30년이 지나야 성적으로 성숙해지는 어린 거북이에게 그런 방법으로 표지를 하여 의문점을 해결하는 것은 현실적으로 가능하지 않다. 다른 의문점도 있을 수 있다. 왜 아센시온 섬의 집단들은 매년 그러한 위험스런 여행을 감행하는가? 20년 전 바다거북 연구의 아버지라고 불리는 고(故) 아키 카Archie Carr는 답을 낸 바 있다. 그는 6,000만 년에서 8,000만 년 전 남아메리카와 아프리카는 가느다란 수로를 중간에 두고 분리되어 있었다고 주장하였다. 현재 아센시온 거북의 선조들은 인접하는 대륙의 사이에 놓인 옛 아센시온 섬에서 군집 생활을 했다. 시간이 지남에 따라 일년에 수센티미터씩 대륙은 서로 떨어지게 되었다. 그 결과 거북의 섭식 장소와 알을 낳는 장소는 더욱 멀어지게 되었다. 오늘날 머나먼 항해를 하기까지 거북은 세대를 거듭할수록 본능적으로 점차로 이동의 거리를 늘려나갔다는 것이다. 불행하게도 그 가설을 검정할 방법은 없다.

지난 수년 동안 플로리다 대학의 브라이언 보엔Brian Bowen과 조지아 대학의 존 어바이스John Avise는 분자적인 기법을 사용하여 이 의문점을 해결하려고 노력하여 왔다. 그들은 미토콘드리아 DNA의 제한 부위 분석을 사용하였다. 미토콘드리아 DNA는 언제나 모계로부터 유전되어 암컷 집단의 역사와 행동을 나타내주기 때문에 특히 그 조사에 적당하다. 수컷의 이동에 관한 행동이 암컷과 다르다면 결과를 혼란시키기 때문이다. 만약 귀소 본능 가설이 옳다면, 다른 집단 사이의 미토콘드리아 유전자의 흐름이란 없을 것이다. 각 집단은 따라서 유전학적으로 구분될 것이다. 이와는 대조적으로 사회 촉진 가설이 옳다면 서로 다른 집단에서 유래한 미토콘드리아 계열들이 섞일 것이고, 따라서 집단들은 유전적으로 구분되지 않을 것이다. 미토콘드리아에서 얻은 데이터는 명확했다. 플로리다의 헨더슨 섬에 있는 집단과 토르투게로의 집단은 유전적으로 비슷했지만, 카리브 해에 있는 모든 다른 집단들과 아센시온 섬의 집단들은 유전적으로 구분이 되었다. 이들 결과들은 귀소 가설을 강력하게 뒷받침해 주었다.

아센시온 섬 집단에 대한 카의 가설은 어떻게 되었는가? 만약 아센시온 거북이 다른 모든 바다거북 집단에 대하여 8,000만 년 동안이나 분리되어 왔다면, 다른 거북들과의 유전적 차이는 상당히 클 것이다. 실제로 아센시온 섬 집단은 유전학적으로 독특하지만, 서열의 차이가 나는 정도에 의해 판단하자면 다른 집단과는 100만 년 전 이내에서 분리된 것으로 나타난다. 보엔과 어바이스는 이 종에서 분지 속도는 상당히 느리며 약 2퍼센트 정도가 된다고 한다. 그러나 이처럼 속도가 느리다고 하더라도 카의 가설을 뒷받침할 수는 없다.

만약 이따금씩 서로 다른 집단 간의 교배가 일어나 집단 간의 유전자 흐름이 일어났다면 오랫동안 분리된 집단에서도 상대적으로 유전적 차이가 적어질 수 있음은 물론이다. 흔한 일은 아니지만, 강력한 귀소 행동에도 불구하고 암컷은 인접 집단으로 길을 잘못 들을 수도 있다. 보엔과 어바이스는 지질학적인 시간 연대에 비하면 집단이 지속된 기간은 아주 짧으며 100만 년이 아니라 기껏해야 수 세기 정도밖에 지속하지 못하였다고 주장하였다. 사람의

간섭으로 말미암아 많은 집단들이 없어지기 전에도 자연적인 기후 변화 때문에 일부 서식처는 알을 낳기에 부적당하게 되었을 것이다. 예를 들어 홍적세의 빙하기가 1만 년 전에 끝나고 해수면은 90미터 이상 상승하였다. 원뿔과 같이 생긴 아센시온 섬에서 10만 년 동안 계속 존재하였던 해변은 빨리 소실되었을 것이고, 새로운 해수면이 확립되자 새로운 해변이 생성되었을 것이다. 적절한 집단 서식처가 사라지고 다른 서식처가 지질학적 시대에 생성되면서 거북 집단은 이동해야만 했을 것이다. 이런 〈유동적인 집단들〉의 시대에는 집단 간에 유전자 흐름이 일어날 기회가 있었을 것이다.

만약 집단 서식처가 이처럼 쉽사리 변할 수 있는 것이라면 더 나아가 유전학적으로 귀소를 위한 본능이 고정되어 있다는 가정도 할 수 없게 된다. 반면에, 보엔과 어바이스는 모든 바다거북은 그들의 태어난 위치에 대한 신호를 배울 수 있는 능력을 가지고 있다고 제안하였다. 뇌의 매우 복잡한 구조 때문이 아니라 이것 때문에 그들은 항해를 할 수 있는 것이다.

고래의 경우 행동의 신비를 어떻게 밝힐 수 있는가? 생애의 대부분을 바다에서 지내는 그들은 관찰하기가 어렵다. 미토콘드리아 DNA를 조사해도 그들의 역사와 행동에 대하여 아무런 단서를 찾을 수 없다. 그 의문을 규명하기 위해서 보엔과 어바이스는 남플로리다 대학의 스티븐 칼Stephen Karl과 공동 작업을 하였는데, 그는 몇 개 군집의 개체들로부터 핵 DNA 서열을 비교하였다. 그 군집은 유전학적으로 구분되는 것으로 나타났으나, 미토콘드리아 DNA 데이터처럼 명확하게 나타나지는 않았다. 이 사실에 의해 수컷이 가끔 다른 집단의 암컷과 교배한다는 것을 추측할 수 있고, 따라서 집단 사이의 유전자 흐름이 있다는 사실을 예상할 수 있다.

혹등고래는 계절에 따라 여름철 먹이를 먹는 장소인 온대 혹은 극점과 가까운 해역에서 겨울철 자식을 낳는 장소인 얕은 열대 해역까지 종종 11,000킬로미터 이상을 이동한다.

혹등고래humpback whale는 온대나 아북극 해역에 있는 여름철의 섭식 장소로부터 얕은 열대 해역의 새끼를 낳는 장소까지 계절적인 이동을 하는데, 그 과정 중에 1,100킬로미터 이상을 이동한다. 고래 감시인들은 꼬리의 독특한 패턴에 따라서 개체를 구별할 수 있다고 하는데, 이에 따라 종의 군집 구조에 대한 정보를 얻는다. 혹등고래의 경우, 관찰자들은 태평양과 대서양에는, 자기들만의 섭식 장소를 갖지만 종종 새끼를 낳는 장소는 공유하는 아집단이 있다고 결론을 내렸다. 유전적인 분석에 의해 이들의 이동 패턴을 이해할 수 있다.

뉴질랜드의 웰링턴 소재 빅토리아 대학의 스코트 베이커와 몇몇 동료들은 두 지점의 섭식 장소(남동 알래스카와 중부 캘리포니아)와 북태평양에 있는 한 곳의 새끼를 낳는 장소(하와이)와 북대서양에 있는 한 곳의 섭식 장소(메인 만)에서 90개체로부터 피부 표본(생체 검사법)을 얻었다. 베이커는 제한 부위 분석을 수행하였으며, 이들 개체로부

터 미토콘드리아 DNA 중 빨리 진화하는 부위를 또한 서열화하였다. 그는 해양에서뿐만 아니라 북대서양의 섭식 장소의 집단에서도, 명백한 유전적인 차이를 발견하였다. 하와이의 새끼를 낳는 집단은 알래스카와 캘리포니아 개체들의 혼합체였다. 태평양 아집단 사이에는 지리적인 경계가 없으므로 베이커와 그의 동료들은 대양에서의 개체군의 구조가 〈이동 목표를 설정하는 것은 강력한 모계의 전통〉 때문이라고 결론을 내렸다. 여기서는 사회 촉진이 확실히 중요한 것으로 나타났다.

태평양과 대서양 집단 사이의 유전적 차이를 비교해 보니 종의 행동에 대하여 더욱 많은 사실을 알 수 있었다. 파나마 지협은 두 해양을 300만 년 전에 갈라놓았다. 태평양과 대서양 집단 사이의 유전적 차이는 만약 그들이 그 이후 분리된 채로 있었다면 그 분리를 반영하여야 한다. 100만 년당 2퍼센트의 서열 분지가 일어난다는 속도에 근거한다면 집단 간의 차이는 6퍼센트 정도가 되어야

한다. 실제로 그것은 예상치에 비하면 아주 적은 숫자인 0.27퍼센트 정도로 나타났다.

이는 혹등고래에서 서열 분지 속도가 다른 포유동물에서 관찰되는 것보다 매우 느리든지 혹은 아마도 아집단들이 섞여서 시간에 지남에 따라 해양의 집단들 사이에 유전자의 흐름이 일어날 수 있었든지 두 경우 중의 한 가지 때문이다. 바다거북의 생태와 마찬가지로 혹등고래가 먹이를 먹고 새끼를 낳는 장소도 역시 역사가 오래되지 않은 것으로서 그렇게 혼합되었을 수 있다. 베이커의 동료 중 한 사람인 스티븐 오브라이언이 최근 언급했듯이 이 연구들은 〈모계를 따라서 유전하는 게놈의 계통적인 분석을 통해서 멸종 위험에 처한 대형 해양동물이 사용하는 행동학적인 이동 전략을 이해할 수 있는 실례이다〉.

계통지리학

유전적 변이는 어떤 종의 전체 범위에 걸쳐 균등하게 분포되어 있지 않은 것이 보통이다. 대신에 불연속적인 집단은 자신들 내에서는 유전적으로 서로 유사하지만 다른 집단과는 다양한 차이를 보이며 구분된다. 예를 들어 바다거북과 혹등고래의 경우, 암컷의 이동은 집단을 분리시키고 따라서 서로 다른 집단 내에 유전적 차이가 축적되게 한다. 이들 동물에서 그런 별개성은 종의 행동(이동)에서 유래하였으나, 특히 국부적인 생태 상황에 어떤 집단이 적응하는 등의 다른 이유로도 생길 수 있다. 이런 경우에 어떤 종 내에서 발생하는 유전적인 차이는 자연선택에 의해서 유전자 활성이 미세 조정된 것으로 간주한다. 동일한 집단의 종이 격리되면 4장에서 살펴본 바와 같이 우연이나, 혹은 유전적 부동에 의해서 서로 다른 유전적

특징을 가질 수 있다.

어떤 종 내의 집단 사이에서 유전적인 별개성을 만들어내는 다른 요인으로 역사를 들 수 있다. 이런 상황에서의 역사란 지리와 기후가 상호 작용하는 복잡한 과정이다. 지리는 종이 분산하여 분리된 집단을 만들 수 있는가를 결정하며, 기후는 어떤 주어진 지리학적 위치에서 어떤 독특한 종이 서식할 수 있는가를 결정한다. 거북과 같은 일부 생물들은 나날이 그리고 그들의 일생에 걸쳐 사는 영역이 매우 한정되어 있다. 그 결과 인접 집단의 개체들과 교배가 전혀 일어나지 않는다. 따라서 이들 집단에서는 유전자의 흐름이 거의 일어나지 않으며, 시간에 따라 유전자가 서로 달라지게 된다. 새, 해양물고기, 그리고 대형 육상동물과 같이 이동하는 종들은 커다랗고, 연속적인 교배 네트워크를 효과적으로 구축하여 집단 간의 유전자의 흐름을 촉진하고, 유전적으로 달라지는 것을 막는다. 분산에 대한 물리적인 장벽이 있을 경우에도 제한된 분산를 하는 습성을 가졌을 경우와 동일한 효과를 나타낸다. 예를 들어 예로부터 존재했던 산맥이나 주요 강들의 양쪽에 사는 집단 사이에는 유전적으로 다른 특성들이 실제로 축적된다. 궁극적으로 그런 특성의 차이는 너무 커져서 새로운 집단들은 종으로 분지하게 된다. 따라서 지리적인 특징은 그곳에 사는 집단의 유전적 구조를 그들에게 각인시킨다. 예를 들자면 지리적으로 분할된 사람의 집단에서도, 비록 집단 내에 존재하는 유전적 변이 정도에 비교하여 그리 크지는 않다고 할지라도, 그런 유전적인 차이는 나타나게 된다.

1987년 존 어바이스와 그의 동료들은 종의 물리적 환경이 유전적 구조에 미치는 충격을 연구하는 분야를 나타내기 위하여 계통지리학 phylogeography이라는 용어를 창안하였다. 어바이스에 의하면, 계통지리학은 〈생태지

리학 ecogeography〉과 함께, 생태학자들이 생물지리학 biogeography이라고 알고 있는 학문 분야를 집합적으로 구성한다. 가령 생태지리학은 특정 종의 집단이 어떻게 서로 다른 생태학적 지대eoecological zone에서 해부학적인 변이를 나타내게 되는가에 대한 몇 가지 〈법칙〉을 확립하였다. 예를 들어 버그만의 원리Bergman's rule에 따르면 고위도 지방에서는 온혈동물의 체형이 더욱 커진다(표면적에 비하여 체적비가 높다). 유사하게 고위도 지방에서 사는 생물들의 사지는 상대적으로 짧은데, 이는 앨런의 원리Allen's rule라고 알려져 있다. 예를 들어 에스키모인들은 비교적 짧은 수족을 가진 뚱뚱한 체형을 나타내는 데 비하여 적도에 사는 사람의 집단은 전형적으로 키가 크고, 몸통이 마르고, 길다란 수족을 갖는다. 그러한 조정은 열 조절의 요구에 대한 지역적인 적응 형태라고 할 수 있다.

1970년대 말 집단유전학에 미토콘드리아 DNA 데이터가 도입되어 계통지리학의 의문점들을 조사할 수 있는 유력한 수단이 마련되었다. 특히 미토콘드리아 DNA는 개체 수준에서가 아니라 집단 수준에서의 유전적인 차이에 민감하기 때문에 그 문제를 해결하기에 적절하다. 연구 결과, 생물지리학은 종 내와 종 간 모두에서 유전적 구조를 형성하는 데 주요한 요인이라고 확인되었다. 따라서 그러한 하부 구조 분석substructuring을 수행함으로써, 종의 행동(분산와 관련하여)과 그것의 역사(어떻게 종이 전 지역에 분포되었고, 상당한 시간 동안 존재해 왔는가)에 대한 정보를 얻을 수 있다. 몇 가지 예가 이들 원리를 설명해 줄 것이다.

어바이스와 그의 동료들은 다양한 범위의 종들로부터 실제적인 계통지리학의 데이터를 모은 첫번째 연구자들 중의 한 그룹이었다. 미국 남동부의 3개 주에 걸쳐 땅굴을 파고 살아가는 설치류인 주머니땅다람쥐 pocket gopher에 대한 그들의 분석은 고전으로 남아 있다. 87개체에서 미토콘드리아 DNA의 유전자 다형성 분석으로로부터 얻은 데이터에 근거한 그 결과물은 1979년에 발표되었다. 그들의 연구 결과 동부(플로리다와 조지아)와 서부(주로 앨라배마) 집단이 명확하게 구분되는 것으로 나타났다. 각 집단은 특징적인 DNA 서열을 가지고 있었으며, 이로써 유전적인 격리가 오랫동안 지속되었으리라는 사실을 짐작할 수 있었다. 동물들이 원래의 둥지에 가깝게 남으려는 습성을 가지고 있기 때문에 그러한 특징이 나타나며, 멀리 떨어져 서식할 경우 그런 특징들은 희미해진다. 10년 뒤에 어바이스와 그의 동료들은 붉은날개찌르레기에서 얻은 유사한 데이터를 발표하였다. 그 연구는 지리직으로 넓게 분포하는 새 종류에서 이루어진 첫번째 연구였다. 북미를 가로질러 얻은 127마리의 개체 표본을 조사한 결과, 이들이 집단 간의 차이가 거의 없는 유전적으로 거의 균일한 미토콘드리아 DNA를 가짐을 알 수 있었다.

대개 붉은날개찌르레기의 90퍼센트 정도가 그들이 부화한 장소로부터 130킬로미터 이내에 둥지를 치지만 나머지는 더욱 멀리, 때로는 1,200킬로미터까지 멀리 여행한다. 놀랍게도 집단 간의 유전자 흐름이 거의 일어나지 않았는데도 그들 사이의 유전적 유사성은 유지되었다. 한 세대에 한 마리 혹은 두 마리의 개체만이 그들의 원래 집단을 떠나기만 하면 된다. 한계가 있기는 하지만 붉은날개찌르레기의 분산 방식은 유전적인 수준에서는 지리적인 집단 구조가 결여되어 있음을 설명해 준다. 이와 대조적으로 특히 국부적인 생태적 영향을 받게 되면 지리적 집단은 형태에서 큰 차이를 보였으며, 그 결과 23개의 아종으로 인식되었다.

계통지리학적 연구는 이제까지 100종 이상의 척추동

물, 무척추동물, 그리고 식물체에서 수행되었다. 주머니 땅다람쥐나 붉은날개찌르레기의 경우처럼 어떤 종의 분산 능력과 장소에 따른 유전적 구조와의 상관 관계는 강력하다. 또한 장기간의 역사적 요인도 커다란 영향을 미친다. 예를 들어 홍적세 동안(200만 년에서 1만 년 전) 빙하기와 간빙기가 번갈아 일어났기 때문에 생태계에는 상당한 변화가 일어났다. 숲은 분단되었으며, 추운 시기에는 레퓨지아refugia(빙하기와 같은 대륙 전체의 기후 변화기에 비교적 기후 변화가 적어 다른 곳에서는 멸종된 생물이 살아남은 지역)라고 부르는 작은 생태계를 형성하면서 적도까지 이동하였다. 종이 어떻게 반응하는가에 따라서 그러한 변화는 집단의 유전적인 하부 구조인 종 내에서와 종 사이에서 모두 반영될 수 있다.

그러한 재미있는 예가 유럽떡갈나무, 특히 토착종인 케르쿠스 로부르(*Quercus robur*)와 케르쿠스 페트라에(*Quercus petraea*)에서 나타나는데, 이것들은 고대 동-서의 지리적 분리를 반영하면서 대륙에 걸쳐 넓게 분포하고 있다. 영국 이스트앵글리아 대학의 휴이트 G. M. Hewitt와 그의 동료들은 오랜 역사의 신호를 찾아내기 위하여 엽록소에서 뽑아낸 tRNA 유전자의 인트론이라는 특이한 유전자 표지genetic marker를 찾아내었다. 이 인트론의 일부 부위는 십억 년 동안 고도로 보존되었으며, 모든 광합성 생물에서 동일하게 남아 있다. 휴이트와 그의 동료들은 떡갈나무의 여섯 가지 종에서 이 부위를 서열 결정하여 두 가지 놀라운 사실을 발견하였다. 첫번째로, 케르쿠스 로부르와 케르쿠스 페트라에는 동일한 점돌연변이 부위를 갖고 있었는데 그 부위에서는 T 뉴클레오티드가 C 뉴클레오티드로 돌연변이되었다. 둘째로 그 돌연변이는 두 종의 동부 집단에서만 존재하였다.

다른 나무들과 마찬가지로 이 두 종들은 남부 유럽의

레퓨지아에서 빙하기를 겪고 살아남았다. 휴이트와 그의 동료들은 고대의 한 시기에 떡갈나무 한 종에서 특이한 돌연변이가 일어났고 나중에 보편적인 과정인 종간 잡종 형성시 다른 종으로 전달된 것이라고 제안하였다. 따뜻한 시기에 양 종은 북쪽으로 이동하였으나, 여전히 그들의 동-서 집단 간의 구분은 명백히 유지되었다. 휴이트 그룹은, 이 동일한 지리적인 구분이 두 떡갈나무 종의 유전자 수준에서만 검정할 수 있는 것인데, 이를 이용하여 형

유럽 떡갈나무종의 분포는 명백하게 동서로 분리되며 이는 고대의 지리적 장벽에 의해 영향을 받았음이 명백하다. 이 나무는 케르쿠스 로부르(*Quercus robur*)이며 잉글랜드 지방에서 자란다.

태적으로 식별이 가능한 많은 종류의 분류군을 나눌 수 있다는 점을 지적한다. 동일한 선이 스페인과 지브롤터까지의 서부 경로와 발칸과 보스포러스 해협까지의 동쪽 경로를 따라 이동하는 많은 새 종들의 이동 경계를 나누는 데도 사용된다. 여기서 주요한 지리학적 경계가 작용하는 것이 거의 확실하며, 이는 오랜 기간 동안 존재했음에 틀림없다.

세계의 많은 지역에서 지리와 기후 사이의 유사한 상호 작용이 일어났음에 틀림없으며, 그 과정에 대한 분자적인 지식은 축적되기 시작하는 중이다. 한 예는 호주 북동쪽 산악 지방의 숲에서 얻을 수 있다. 숲은 좁은 회랑corridor으로 연결되어 있는 두 가지의 주요 구역, 즉 북쪽으로 발달한 데인트리Daintree 숲과 남쪽으로 발달한 에더톤 테이블랜드Atherton Tableland 숲으로 나누어졌다. 빙하기 동안에 숲의 면적은 줄었으며, 숲을 연결시키던 회랑은 없어지게 되었고 그 결과 블랙마운틴 장벽 Black Mountain Barrier이 생겨났다. 주요한 숲 지역의 일시적인 분리와 재결합은 두 지역에 사는 모든 종들의 집단 사이에서 (그들의 분산 능력에 따라) 유전적인 차이를 만들어냈다. 진화생태학자들은 생물학적 다양성을 생성하는 데 이 패턴의 중요성에 대하여 논쟁하여 왔다. 일부 생태학자들은 종들이 지리적으로 격리된 집단으로 구분되는 기간 동안에 새로운 종의 진화를 가능케 할 정도의 유전적 차이가 그들 사이에 확립된다고 믿고 있다.

퀸즐랜드 대학의 크레이그 모리츠Craig Moritz와 그의 동료들은 이들 숲에서 부분적으로는 논쟁거리가 되는 의문점을 조사하기 위해서 수행된 여섯 종에 관한 연구 결과를 보고하였다. 그 종들 중 넷(도마뱀 한 종과 새 세 종)은 고유종endemic(지역, 토착종)이었다. 그들은 도마뱀 한 종과 회색머리방울새 grey-headed robin, 차우실라

chowchilla, 그리고 애더톤덤불굴뚝새 Atherton scrub-wren였다. 두 비고유종은 노랑목덤불굴뚝새 yellow-throated scrubwren와 큰부리덤불굴뚝새 large-billed scrubwren였다. 41마리의 도마뱀과 102마리의 새의 혈액에서 DNA를 추출하여 미토콘드리아의 게놈으로부터 얻은 시토크롬 b 유전자의 짧은 염기를 서열 결정하였다. 한 종만 제외하고 모든 종에서 북쪽 집단과 남쪽 집단 사이의 구분이 명확하였으며, 이로써 지리적 역사와 부합함이 밝혀졌다.

그럼에도 불구하고 편차는 상당히 크게 나타났다. 도마뱀에서는 서열의 차이가 8퍼센트, 그리고 큰부리덤불굴뚝새의 경우에는 0.1퍼센트로 나타났다. 분산 능력이 좋은 종들은 계통지리학적 원리에 의하여 예측되었듯이 집단간 교배 때문에 유전적으로 유사한 집단이 된다. 또한 각 종 내의 유전적으로 분지가 일어나기 시작한 시점도 서로 다르다. 도마뱀에서는 수백만 년 전에 집단이 분지하기 시작하였고 대부분의 새들에서는 100만 년 전 미만이다. 결국, 그 결과는 레퓨지아가 생물학적 다양성을 형성하는 데 중요하다는 관점을 뒷받침해 준다.

애더톤덤불굴뚝새는 이 패턴의 예외이다. 그 두 집단은 그들 사이에서 변이가 거의 나타나지 않는다. 이것은 특히 이상한데, 왜냐하면 새는 현재 빙하기 동안 서로 격리된 몇 개의 고위도의 다우림에 국한되어 분포하고 있기 때문이다. 모리츠와 그의 동료들은 1만 8천 년 전 빙하기의 절정기에 새의 서식처가 숲의 한 지역에서 완전히 사라졌고, 그 후 1만 년 전에 따뜻한 기후가 회복되면서 살아남은 집단의 개체들이 다른 숲에서 군락을 재구성했다고 설명한다. 만약 이것이 사실이라면 공통적인 서식처를 갖는 애더톤덤불굴뚝새와 기타의 종에서도 유사한 유전적 패턴이 나타나야 한다.

다음으로 생태학적으로 그리고 지리학적으로 복잡한 지역인 미국 남동부에서 찾을 수 있는 몇몇 종에 걸쳐 공통적으로 나타나는 패턴에 대하여 이야기하고자 한다. 10여 년 전 존 어바이스와 그의 동료들에 의해 주로 수행된 이 일의 중요성은, 관련되지 않은 종들로 이루어진 어떤 그룹의 현재의 유전적 구조가 집단의 분포에 미치는 기후의 변화와 같은 역사적 요인(비록 그들 요인의 정확한 성질은 알려지지 않은 채로 있지만)의 영향을 명확하게 나타낸다는 점에 있다. 게다가 이 경우에 현재 존재하는 유전적 구조는 우세한 생태적 선택압에 근거해서 예측될 수 없으며, 따라서 역사의 중요성을 강조하고 있다.

플로리다 반도는 남쪽으로 아열대 해역을 향해 돌출해 있어, 다수의 종을 공유하지만 각각 독특한 종들로 구성되어 있는 대서양과 멕시코만 생태계로 나눌 수 있다. 홍적세에 수십 번 존재했던 빙하기는 해수면이 90미터 이상 내려간다든가 건조하고 차가운 조건이 퍼져 있다든가 하는 기후와 관련된 영향을 끼쳤다. 이들 변화가 함께 일어날 때의 영향은 복합적이다. 그러나 어바이스는 과거에 집단 분포에 미친 그들의 영향은 역사의 족적처럼 현재 집단의 유전적인 구조에서 식별될 수 있다고 본다.

어바이스와 그의 동료는 이 지역의 19종 담수, 연안, 그리고 외양 종(다양한 물고기, 뱀장어, 굴, 후미거북, 게, 그리고 새들을 포함)의 미토콘드리아 DNA 유형의 패턴을 분석하여 동물상의 생물지리학적 역사를 구성하였다. 그들은 대부분의 집단에서 아주 놀랍게도 유전적 패턴이 지리와 부합함을 발견하였다. 대부분의 담수종도 역시 유사하게 동-서 축으로 나뉘었다. 외양과 연안 종에서 대서양과 멕시코만 집단이 구분되었다. 최근 몇몇 기타 연구소에서 발표된 데이터에 의하면 설치류, 거북이류, 그리고 새들을 포함하는 일부 육상종에서도 동-서 분포 패턴이

나타난다. 이들 결과로 보아 홍적세 동안 기후에 의해서 형성된 물리적 요인이 모든 종류의 종들을 동, 서의 집단으로 분할한다는 것을 알 수 있다. 집단은 이렇게 분리되어 미토콘드리아 DNA 등에서 오늘날에도 검정이 가능한 뚜렷한 유전적인 특징을 점차 발달시키게 된다.

현재 생태학으로는 이 뚜렷한 동-서 간의 집단 분포를 예측할 수 없다. 사람의 눈으로는 동에서 서로 횡단할 때 명확히 생물지리학적인 구분을 할 수 없다. 실제로, 생태학자들은 플로리다 반도를 기온 기울기와 강의 배수 패턴에 따라 남-북으로 구분하는 것을 선호한다. 해석되어야 할 기후적, 생태학적 역사가 너무 복잡하므로 역사적인 생물지리학적인 역동성이 어떻게 현대의 유전학적 패턴으로 번역되었는가를 정확하게 밝히기에는 아직 이르다. 어바이스는 그럼에도 불구하고 이들 놀라운 결과들이 〈집단 구조와 종 내의 진화적 과정에 역사적인 관점을 덧붙일 수 있었다〉고 말하고 있다.

이 같은 연구에 의하여 밝혀진, 동일한 종의 집단 사이에서 상당한 유전적 차이가 난다는 사실은 보존생물학이나 집단의 관리에 적용될 수 있다. 보존생물학자들은 때로는 동일한 멸종 위기종인 두 집단을 통합할 것을 제안한다. 예를 들어 한 집단이 자신을 유지하기에 너무 규모가 작아지거나 혹은 지역적인 서식처가 파괴될 위험이 있을 때 이런 일을 생각해 볼 수 있다. 그러한 상황 하에서 두 집단의 개체들을 섞는다는 것은 합리적인 행동처럼 보이지만, 동일한 종으로 구성되어 있다고 할지라도 유전적으로 서로 구분되는 집단을 뒤섞을 위험성이 있다. 우리는 다음 절에서 멸종 위험성이 있는 종을 식별하는 과정이 유전학적으로 구분되는 집단의 존재로 말미암아 문제점이 많다는 것을 살펴볼 예정이다.

집단의 병목 현상

생태학자들은 사람의 활동에 의하여 종들의 서식처가 파괴됨으로써 멸종이 가속화되고 있다는 사실을 점점 깨닫고 있다. 예를 들어 다우림의 무자비한 재목 벌채로 말미암아 21세기 중반까지는 전세계에 존재하는 종의 반이 멸종하게 될 것이다. 종의 서식처가 붕괴되면 생존도 위협을 받는다. 마지막 구성원이 죽기 전이라도 집단의 구성원이 너무 작아 병이나 불이나 허리케인과 같은 해로운 사건에 쉽게 영향을 받게 되면, 그 위험은 불가항력적으로 닥쳐온다. 우리가 살펴보겠지만 작은 집단은 여러 가지로 유전적인 문제를 겪기 쉽다. 따라서 보존주의자들은 사람에 의한 서식처 파괴와 위협받는 종을 위해서 보호구역을 설정하기 위한 노력을 전반하게 펼치고 있다.

생태학자들은 과학적 데이터를 가지고 그러한 노력을 뒷받침하기 위해서 분자생물학의 새로운 기법을 최근에 도입하기 시작했다. 보존유전학이라고 불리는 이 새로운 분야는 두 개의 주된 목표를 가지고 있다. 첫째, 위협받는 종의 생존에 영향을 끼치는 유전학적 변화를 이해하고, 두 번째로 위협받는 종의 성공적인 관리를 위해서 유전적인 정보를 사용하는 것이다. 이들 두 가지 종류의 연구로부터 얻은 결과는 언제나 예상했던 대로 나오지는 않았다.

우리는 대부분의 자연적인 집단에서 유전적 변이의 정도가 상당하다는 점을 4장에서 살펴보았는데, 이는 1960년대 중반 상당한 놀라움을 불러일으킨 발견이었다. 원래, 집단유전학은 부정적인 효과 없이 어떤 집단이 얼마나 많은 무작위 변이를 견딜 수 있는가에 관심을 두었다. 그 의문점은 아직까지도 온전한 해답을 얻지 못하고 있지만, 대규모 변이가 적응상 어떤 이익을 가지고 있는가 하는 문제로 바뀌었다.

북미의 서부 해안에 사는 바다코끼리에서 조사한 24개 단백질이 유전적인 변이를 나타내지 않았을 때인 1970년

지난 세기 동안 사람들이 과도하게 사냥한 결과, 북쪽의 바다코끼리 집단은 적은 수의 개체로 줄어들었다. 1922년부터 보호를 받게 되자 그들의 숫자는 12만 마리로 불어났다.

대 중반 보존 군집의 위기에 대한 논의가 활발하게 일어났다. 지난 세기 동안에 집단을 아주 적은 개체수를 남길 정도로 격감시켰던 탐욕스런 사냥의 결과로 이런 특수한 상황에 처하게 되었다. 종은 1992년 발효한 법적인 보호를 통하여 부분적으로 살아남았으며, 그 이후 집단은 약 12만 마리로 늘어났다. 어떤 종이 그러한 집단 병목population bottleneck을 통과할 때는 집단에 걸쳐 분포했던 유전적 변이의 대부분은 확률적으로 상실되며, 특히 회복이 느릴 때 그런 현상이 심각하다. 그러나 그 종이 이런 심각한 집단 병목의 결과로 멸종하지 않았기 때문에 유전적 변이의 소실의 중요성은 명백히 드러나지 않았다.

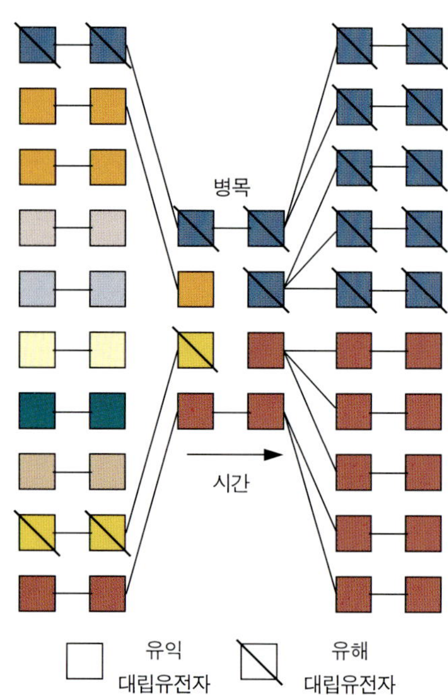

적은 수의 개체로 줄어든 다음 뒤이어 회복된 집단은 집단 병목 현상을 통과했다고 이야기된다. 유전적 변이는 그 과정 중 현저하게 감소하며, 모집단에 낮은 빈도로 존재했던 결함 있는 변이체들은 더욱 보편적으로 존재하게 되어 회복된 집단의 적응성을 감소시킨다.

집단의 크기, 이에 따른 동종 교배, 그리고 유전적 변이 소실 등의 위험성은 1979년 24개의 야생동물종의 포획 집단의 연구에 의하여 밝혀졌다. 워싱턴 국립 동물원의 캐서린 랄스Katherine Ralls와 그녀의 동료들은 내부 교배가 일어날 때, 거의 모든 경우에 새끼의 사망률이 증가한다는 사실을 발표하였다. 보존생물학자들은 정자의 숫자 감소, 정자의 생존력 감소, 그리고 면역 기구에서 유전적 변이의 감소를 통한 병에 의한 저항력 약화 등이 규모가 줄어든 자연 집단에 해로운 영향을 미칠 수 있다는 사실을 깨달았다. 동종 교배의 해로운 영향은 유익한 대립 유전자가 소실되고, 커다란 집단이라면 파묻혀 있을 희소한 해로운 대립 유전자가 동시에 발현되어 나타난 결과이다.

이들 초기 연구 이후에 생물학자들은 집단 병목을 통과한 수십 종의 야생종을 대상으로 단백질 다형 현상, 미토콘드리아 DNA 변이와 DNA 지문 정보를 조사하는 연구를 거듭했다. 집단 감소의 원래 원인이 사냥, 서식처 파괴, 혹은 유행성 질병과 같은 자연적 원인이건 간에 상관없이 종의 생존 능력이 감소할 위험성이 크지만, 모든 종이 다 그렇지는 않다. 플로리다표범Florida panther과 치타cheetah 같은 일부 종은 극심한 해로운 영향을 겪었지만, 스위스생쥐Swiss mouse와 채널섬여우 Channel Island fox와 같은 다른 종은 해로운 영향을 받지 않았다. 이런 불일치 때문에 집단 내의 유전적 변이성의 적응시 이익에 대한 논쟁이 일어나게 되었다. 그러나 스티븐 오브라이언이 제안했듯이 병목 이후에 집단이 유전적인 문제로 해를 받는지의 여부는 그 변이의 양과 아울러 유전적 변이의 질에 의해서도 결정되어야 할 것이다. 어떤 집단의 경우 병목을 통과하여 비록 숫자는 적어지지만 그들이 보유하게 된 유전자가 다행히 해로운 것이 아니라 아주 유익한 것일 수도 있기 때문이다.

플로리다표범은 야생 상태에서 심각하게 멸종 위협을 받고 있으며 집단 내의 개체수가 적기 때문에 고통을 받고 있다.

겔 전기영동 gel electrophoresis을 통하여 단백질의 다형 현상을 보는 것과 같은 전통적인 집단유전학의 구식 기법은 집단의 유전적 상태, 즉 유전적 변이의 존재 정도에 중요한 단서를 제공할 수 있다. 그러나 DNA를 직접 연구하는 분자생물학의 최신 기법들은 보다 명확하고 많은 정보를 제공할 수 있는 것이다. 이런 기법들은 특정 종의 역사에서 어느 시기에 집단의 병목 현상이 일어났는가를 결정하기 위해서도 사용할 수 있다.

유전적 결과로 야기된 집단 붕괴의 극단적인 예로는 플로리다표범을 들 수 있다. 이 동물은 1세기 전 미국 남동부의 대부분에 걸쳐 서식처를 형성했던 퓨마 puma의 아종이다. 오늘날에는 30개체보다 적은 수의 동물이 모두 플로리다 에버글레이즈 Florida Everglades에서 야생 상태로 살고 있다. 과거에는 사냥과 교통 사고사가 플로리다표범의 생존을 위협하는 주된 요인이었으나, 현재 이 동물은 내적인 위험에 처해 있다. 그것은 유전적 내용물이 허술하기 때문이다. 수컷의 정자수가 감소했을 뿐 아니라, 사정된 정자의 95퍼센트가 변형된 것들이다. 지난 15년간 한 개 혹은 양쪽 고환이 내려오지 않는 희귀한 유전적 질병이 0에서 80퍼센트로 증가하였다. 선천적인 심장의 결함도 나타나기 시작하였고, 기생충의 감염 정도도 심각하였다. 미토콘드리아 DNA와 DNA 지문 감식법으로 조사한 결과 북미나 남미의 어떤 퓨마 아종보다도 플로리다표범이 가장 낮은 유전적 변이성을 가지고 있다는 것을 알게 되었다.

직접적인 멸종으로부터 플로리다표범을 구하려는 계획 중의 하나는 텍사스에서 포획하여 키운, 근연 관계를 가진 구성원을 집어넣는 것이다. 그러나 그 계획은 논쟁을 불러일으켰고 보존주의자가 종종 봉착하는 극단적인 딜레마를 드러낸다. 목표는 그 집단의 유전적인 변이성을 생물학자들은 일반적으로 어떤 종의 유전적 변이의 정도와, 그것의 생식적 성공 및 미래의 진화를 위한 잠재력으로 이해되는 적응성 사이에는 관련이 있다는 데 합의하고 있다. 관련의 정확한 성질에 대해서는 아직도 더 밝혀야 하겠지만, 유전적 변이가 적으면 수태율이 낮아지고, 출생 직후의 사망률이 높아진다. 따라서 유전적 변이는 보존유전학에서, 특히 멸종위기종을 보존하려는 노력에 있어서 주요 관심 사항이 되었다. 1980년대 초 시작된 메릴랜드의 국립 암 연구소의 스티븐 오브라이언과 그의 동료들에 의한 연구를 통해서 멸종위기종의 심볼이 된 치타는 급격히 적어진 유전적 변이 때문에 현재 곤란에 처해 있으며 미래도 불확실하다는 사실이 밝혀졌다. 그러나 치타의 유전적 변이는 육식동물에서는 보기 드물게 낮으며, 현재의 멸종 위기는 유전적인 이유 때문이라는 오브라이언의 두 가지 주장은 근래에 많은 비판을 받게 되었다. 이견이 크고 강력하게 개진되었기 때문에 과학 잡지들은 종종 그들의 표제를 〈치타 논쟁〉이라고 택했다.

치타는 실제로 전세계적인 범위에 걸쳐 서식했으나, 이제는 아프리카 사하라 지방과 북부 이란의 작은 고립 지대에 한정되어 살고 있다. 1960년과 1974년 사이에 경작지 확대로 인해 자연 서식처가 파괴되고, 가축의 손실을 방지하기 위해 농부들이 죽이는 바람에 아프리카 집단은 절반이 줄어 약 15,000마리가 되었다. 비록 위풍당당한 모습을 하고 있지만, 집단의 숫자는 급격하게 감소하고 있는 것으로 생각된다. 종은 이제는 멸종위기종

으로 등록이 되어 있고 멸종으로부터 종을 보호하는 유일한 수단으로서 치타를 사로잡아 번식시키려는 노력이 경주되고 있다. 치타는 커다란 육식동물로는 비교적 많은 평균 3.5마리의 새끼를 낳지만, 그중 5퍼센트만이 성숙하게 된다. 치타에서는 포획 번식법을 적용하는 것이 언제나 어려운 일이 되어왔는데, 왜냐하면 수태율이 낮고(야생 상태에서 잡힌 성숙한 치타의 15퍼센트만이 포획 상태에서 생식한다) 어려서 죽는 비율이 높기 때문이다(생후 6개월까지 30퍼센트 이상이 죽는다). 따라서 치타가 미래에도 생존할 수 있을지에 대한 염려는 이런 실제적인 이유에 근거하고 있다.

1981년 오브라이언과 그의 동료들은 남아프리카의 드월트 치타 번식 및 연구 센터로부터 초청을 받아 번식 성공률이 낮은 이유를 찾기 위한 연구에 착수했다. 그 결과 그들의 정자 농도가 집고양이의 10분의 1에 불과한 것과, 정자의 기형률이 집고양이에서는 29퍼센트였는데(들고양이에서도 동일한 비율로 나타난다) 반해 71퍼센트라는 사실을 발견하였다. 전기영동을 사용하여 그들은 50마리로 이루어진 집단에서 52개의 단백질을 검사하였더니, 그들 중 아무런 변이나 다형 현상을 찾아볼 수 없었다. 종의 유전자 중 10 내지 60퍼센트가 다형을 나타내는 것이 전형적인 현상이었다. 남아프리카의 동물에서 단백질 다형 현상에 대한 더욱 대규모의 조사를 한 결과(155 단백질에 대해 이차원 전기영동을 사용하여) 3퍼센트의 다형 현상을 나타내었는데 이는 사람 집단에서 볼 수 있는 3분의 1 수준이었다. 그러한 유전적인 단일성은

동종 교배한 집단의 특성이라고 할 수 있다.

유전적인 변이성이 이례적으로 낮다는 결론을 뒷받침해 줄 수 있는 세 종류의 증거가 더 있다. 첫번째는 좌우 대칭성 흔들림이라는 척도이다. 두개골의 왼쪽과 오른쪽과 같이 해부학적인 특징은 정상적으로는 서로에 대하여 거울상인데 동종 교배의 결과로 덜 대칭적이 된다. 박물관의 표본에서 발견한 다양한 고양이 무리의 동물들의 두개골을 대조한 결과 치타에서는 더욱 뚜렷한 비대칭성이 나타난다는 것을 알려준다. 두번째의 증거는 정상적인 경우보다 연관 관계를 갖지 않은 개체들이 피부 이식에 대한 내성을 더욱 오래 나타내었기 때문이다. 이는 세포의 표면에서 개체의 특이성을 나타내는 단백질의 그룹인 주요 조직 적합 복합체(MHC)에서 유전적 다양성이 낮다는 것을 의미한다. 세번째는 1983년, 오리건 주의 야생동물 사파리 공원에 살고 있는 치타의 절반이 고양이 전염성 복막염으로 죽었는데 반하여, 예를 들어 아프리카 사자 10마리는 한 마리도 죽지 않았다. 치타는 예상보다 혹은 정상의 경우보다, 이 병원균에 의해서 감염되기가 쉬웠던 것이다. 질병에 대하여 그렇게 극단적으로 감염되기 쉬운 것은 종의 면역계에서 낮은 유전적인 다양성을 보이며 질병에 대한 효과적인 퇴치를 하지 못한다는 사실과 부합한다.

이런 모든 종류의 증거들로 볼 때 〈이 종은 이례적인 유전적 재난을 겪고 있다〉고 1986년 오브라이언과 두

야생 상태의 치타의 집단은 극도로 낮은 유전적 변이를 가지며, 역사적으로 병목 현상을 거쳤음이 명백하다. 그러나 그들이 생존하는 데 있어서 주된 위협으로 작용하는 것은 서식처의 감소이다.

동료는 발표하였다. 그들은 유전적 변이의 결핍 때문에 종의 역사에서 적어도 하나 혹은 여러번 나타나는, 집단이 매우 적은 숫자로 격감하는 집단 병목 현상의 결과가 초래되었다는 결론을 내리게 되었다. 그러한 사건 도중에 종 내에 존재하는 유전적 변이는 다형 현상의 확률론적인 소실 과정에 의하여 감소될 수 있다(병목 집단은 숫자가 매우 적으며 유전적인 다양성이 낮기 때문에 회복도 상당히 느리다). 오브라이언과 그의 동료들은 치타가 거의 유전적 동일성을 보이기 때문에 야생 상태에서도 종이 감소할 수 있으며 포획 교배시에도 성공을 기대할 수 없다고 결론지었다.

그러나 최근 몇 년 동안 이와 같은 해석에 대하여 의문을 제기하는 연구 사례가 늘어가고 있다. 유전적 다양성의 정도가 아마도 오브라이언과 그의 동료들이 주장해온 것처럼 이례적으로 낮은 것은 사실이지만 그것 때문에 종이 현재 곤경을 겪고 있는 것 같지는 않다. 데이비스 소재 캘리포니아 대학의 팀 타로와 스코틀랜드 스털링 대학의 카렌 로렌슨은, 세렌게티에서 새끼의 73퍼센트가 죽은 이유는 주로 사자나 점박이하이에나에게 잡아먹혔거나, 어버이에게 버림받았거나 사고사를 당했기 때문이고 단지 몇 퍼센트만이 유전적인 소인 때문에 죽었다는 것이다. 포획 교배 프로그램에서 새끼가 죽은 경우의 대부분도 유전적 결함과는 관계가 없었다는 것이다. 가축을 보호하기 위해서 농부들이 사자나 하이에나를 거의 멸종될 정도로 사냥하는 곳인 나미비아에서는 치타의 집단이 다시 커지고 있다는 사실을 보아서도 알 수 있듯이, 결론은 유전적 결함이 아니라 포식 때문에 치타는 어릴 때 야생 상태에서 죽게 된다는 것이다.

카로의 동료인 나다 빌레노프스키는 포획 교배 프로그램에서의 치타의 성공률은 눈표범, 세르빌, 호랑이, 그리고 사자와 같은 다른 고양이 무리의 동물과 유사하다고 보고하여 낮은 유전적 변이도와는 상관이 없음을 밝혀냈다. 그리고 샌디에이고 동물원의 도널드 린드버그와 그의 동료들은 높은 수준의 정자 변형은 높은 수태율에 도달하는 데 장애가 될 수 없다는 사실을 발견하였다. 동물원에서의 교배를 방해하는 주된 장애 중의 하나

증가시켜서 내부 교배에 의한 해로운 효과를 역전시켜 보자는 것이다. 그러나 그런 방식을 사용하여 성공을 거두는 것은 플로리다표범이 더 이상 유전적으로 구분되는 집단은 아니라는 것을 의미한다. 그러한 차별성의 소실은 아마도 집단의 완전한 소실을 막아주는 대신 치러야 할 대가일 것이다.

야생 집단에서 집단 병목 현상을 나타내는 고전적인 예는 치타에서 찾을 수 있는데, 지난 10년간 오브라이언과 그의 동료들은 이 종을 광범위하게 연구하였다. (하지만 그것도 과거의 논쟁이 되고 말았다——상자글 참조.) 북미, 유럽, 아시아 및 아프리카에 한때 존재했던 집단들은 이제는 동부와 남부 아프리카에만 국한되어 있다. 여러 가지 점에서 인상적인 치타를(일례로 이 동물은 지상에서 가장 빠른 동물이다) 수십 년간 포획하여 번식시키려고 노력했으나 결과는 참담했다. 게다가 잡힌 동물이 낳은 새끼들의 사망률은 놀라울 정도로 높아서 30퍼센트 이상이나

는 환경의 인공성과 그것이 교배 행동에 미치는 영향 때문이다. 실제로 야생 상태에서 치타는 암, 수가 따로 독거하는 동물이다. 암컷은 발정기 때 수컷이 아주 멀리 떨어져 모습이 보이지 않을 경우라도 호르몬을 방출하여 자신이 짝짓기를 할 준비가 되었음을 알린다. 포획 교배 프로그램에 있어서 동물원 사육사는 암컷이 발정기가 되기를 기다려 암컷의 우리에 수컷을 집어넣는데, 이는 실패로 끝날 경우가 많다. 린드버그와 그의 동료들은 만약 수컷이 발정기에 있는 암컷의 우리에 넣어진다 해도 야생 상태에서 일어나는 방식을 조심스럽게 흉내내어 암컷을 잠깐 안보이게 했다가 다시 되돌려줄 경우 암수는 거의 100퍼센트 짝짓기를 한다는 것을 발견하였다.

최근에 옥스퍼드의 저명한 생태학자인 로버트 메이는 야생 상태와 포획 상태의 치타의 곤경에 미치는 유전적 요인의 상대적 중요성에 관한 논쟁에 참여했다. 그 결론은 점수 면에서는 오브라이언이 이긴다는 것이다. 치타의 유전적 다양성이 이례적으로 낮다는 주장에 대하여 메이는 〈나는 오브라이언의 경우가 설득력이 있다고 생각한다〉고 말했다. 그럼에도 불구하고 그는 포획 교배시에는 그 영향이 좋은 사육 기술보다는 덜 중요할 것이라는 점을 덧붙였다. 비판론자들이 이겼다. 그러나 메이가 개진하려는 의견의 골자는 낮은 유전적 다양성은 종의 미래, 특히 질병에 대한 감염성과 관련하여 중요한 의미를 갖는다는 것이다. 서식처를 유지하는 것이 보존주의자들의 가장 중요한 관심사라는 것을 지적하면서 그는 유전적 다양성이 〈많은 보존 프로그램에서 특히 치타의 경우에서 중요하게 고려되어야 할 사항〉이라고 결론지었다.

따라서 중요한 변화가 이루어지고 있다. 유전적 요인들은 보존주의자들에게 더 이상 가장 중요하다고 생각되지는 않는다. 생태학과 관리 기술도 역시 중요한 것으로 인식되고 있다. 오브라이언은 유전학이 모든 해답을 쥐고 있다고 이야기한 적이 없다고 주장하고, 서식처의 파괴가 〈종의 장래를 위해서 가장 중대한 관심사〉라는 메이의 의견에 동의한다.

되었다. 최근 관리 제도를 개선해 주었더니 사망률은 다소 감소하였다.

1980년대 초 오브라이언과 몇몇 연구자들은 그러한 실패가 정자의 수가 적고, 정자의 기형률이 높기(70퍼센트) 때문에 일어날 수 있다는 점을 밝혔다. 단백질의 다형 현상, 일부 핵유전자와 미토콘드리아 DNA의 제한효소 절편 다형성(RFLP), 그리고 소부수체 분석 등의 전통적인 방법을 사용하여 그들은 계획적으로 내부 교배시킨 실험실의 생쥐에 비교하여 볼 때 야생 및 포획 집단에서 유전적인 변이가 무시할 정도로 작다는 사실을 보여 주었다. 변이의 소실은 90-99퍼센트에 달했으며, 그 결과 유연 관계를 갖지 않은 동물들도 피부 이식을 견딜 수 있었는데, 이는 원래 유전적으로 아주 유사한 개체들에서만 가능한 일이다.

오브라이언과 동료들은 그 종은 과거에 집단 병목을 적어도 한 번 이상 겪었을 것이라는 결론을 내렸다. 미토콘드리아 DNA가 빠른 속도로 돌연변이한다는 사실을 이용하여 그들은 살아 있는 개체 사이에서 이 게놈상의 유전적 거리를 결정하였고 그 병목 현상이 1만 년 전에 일어났다고 계산하였다. 그것은 홍적세의 빙하 형성과 일치하였다. 최근 사냥 때문에 치타 집단의 수가 줄어들어 그 집단 내에서의 변이는 더욱 감소하였다. 치타만이 곤경에 처한 것은 아니라는 사실은 우리를 안타깝게 한다.

우리는 무엇을 보존해야 하는가

분자생물학의 최신 기법은 또한 보존의 문제와, 특히 무엇을 보존해야 할 것인가를 밝히는 문제와 관련을 맺고 있다. 언뜻 보기에는 명백한 것 같은, 멸종 위기에 처한 동물에 대한 해결책은 예상보다는 덜 명료하며 더욱 복잡하다. 생태학자들은 보존을 필요로 하는 것으로 밝혀진 종, 아종, 혹은 집단을 나타내기 위하여 〈보존 단위conservation unit〉라는 비낭만적인 어구를 사용한다.

현대 분류학은 해부학적인 특징으로 판단 근거를 삼았던 19세기의 박물학자들이 수집하고 분류한 노력에 크게 의존하고 있다. 우리가 2장에서 살펴보았듯이 형태란 것은 종 사이의, 특히 종 내에서의 차이를 구별하는 근거로는 언제나 신빙성이 있는 것은 아니다. 따라서 보존 단위는 종이 될 수도 있고, 플로리다표범의 예에서 살펴보았듯이 어떤 종의 개별적인 집단일 수도 있다. 우리는 보호를 받아야 할 것이 종일지 혹은 집단일지를 어떻게 알 수 있는가? 보존을 위한 법적인 체계는 분류학에 근거하고 있으므로, 현대의 보존유전학은 정확한 해법을 얻는 데 도움을 준다. 멸종 위기 목록에 들어있는 두 가지 종을 예로 들어 여기서 마주칠 수 있는 잠재적인 문제를 살펴보자. 하나는 북미의 군집을 이루는 주머니땅다람쥐에 관련

된 것이고 두번째는 뉴질랜드의 큰도마뱀tuatara이다.

조지아 주 캄덴 카운티에 살았던 주머니땅다람쥐(*Geomys colonus*)는 1898년 별개의 종으로 기술되었다. 이 집단에 대해서 생물학자들은 수십 년간 아무런 주의도 기울이지 않았으나 1960년대 이 종은 다시 관심의 대상이 되었다. 100마리 정도로 개체수가 줄어들었을 때 주머니땅다람쥐는 심각한 멸종 위기에 처한 종으로 간주되었으며 따라서 조지아 주에 의하여 보호를 받게 되었다.

어바이스와 그의 동료들은 1980년대 초 이 종류와 다른 주머니땅다람쥐 종류인 게오미스 피네티스(*Geomys pinetis*)의 인접 집단을 대상으로 일련의 연구를 행하였다. 그들은 여러 가지 기법 중에서 미토콘드리아의 RFLP를 사용하였다. 그 결과는 명확한 것이었다. 두 집단은 유전학적으로 구분이 불가능하였다. 어바이스는 최근 다음과 같이 말했다. 〈아마도 1898년도의 주머니땅다람쥐에 대한 기재가 부정확했거나, 혹은 원래 유전학적으로 구분되는 주머니땅다람쥐 종이 20세기 초에 멸종을 하고 최근에 캄덴 카운티로 이주한 다른 주머니땅다람쥐(*G. pinetis*)에 의하여 대체되었을 것이다.〉 그 경우가 무엇이었건 간에, 캄덴 카운티의 집단은 명확하게 구분되는 종으로서 인식되지 못하였다. 따라서 그것은 특별 보호를 받을 자격이 없다고 판단할 수 있다.

이구아나를 닮았으며, 머리 중앙에 제3의 눈을 가지고 있어서 독특한 도마뱀인 뉴질랜드산 큰도마뱀의 경우에는 반대의 운명이 기다리고 있었다. 19세기에는 이 도마뱀에 속하는 세 종이 보고되었으며 그중의 한 종은 실제로 멸종되었다. 남아 있는 나머지 두 종은 스페노돈 군테리(*Sphenodon guntheri*)와 스페노돈 푼크타투스(*S. punctatus*)였다. 1895년 큰도마뱀까지 법적인 보호를 받게 되었다. 형태학에 기반을 둔 도마뱀의 분류는 그 후 수

뉴질랜드에 살고 있는 두 종류의 큰 도마뱀 중 하나인 스페노돈 푼크타투스(*Sphenodon punctatus*)는 잘못 동정된 결과의 희생물이 되었다.

십 년에 걸쳐 뒤바뀌었으며, 궁극적으로는 단일종으로 인식되었다. 한 연구자는 이전에 별도의 종으로 인식되었던 집단 간의 해부학적인 차이점은 단일 군집에서 관찰할 수 있는 것보다 크지 못하다고 발표하였다. 그 결과 단일 〈종〉이라는 생각이 널리 퍼져 지난 세기에 40집단 중 10집단이 소실되었어도 매우 심각한 상황이라고 간주되지 못했다.

극히 최근에, 뉴질랜드의 웰링턴 대학과 호주 시드니 대학의 생물학자들은 큰도마뱀이 살고 있다고 알려진 30개의 섬 중 24개의 섬에서 개체들을 분자유전학적으로 분석하였다. 그들이 얻은 결과에 의하면 스페노돈 푼크타투스와 스페노돈 군테리는 원래 구분되는 종일 뿐만 아니라 스페노돈 군테리가 멸종 직전에 있다는 사실이 드러났다. 그 종은 한 섬에 서식하는 300개체만 남아 있을 뿐이다. 따라서 큰도마뱀을 단일종으로 잘못 관리한 탓에 브라더

섬에 폭풍이 닥쳐오더라도 단 하나 남아 있는 스페노돈 군테리 집단은 멸절될 수도 있는 위험에 처해 있다.

이 경각심을 주는 이야기들은 서로 다른 결과를 낳게 하였지만 전해 주는 내용은 같다. 올바른 분류학은 올바른 집단의 관리와 보존의 기초라는 것이다. 따라서 새로운 보존유전학은 진정한 분류학적 상태를 유일하게 밝혀 줄 수 있을 뿐만 아니라 고전적인 접근법을 강력하게 보완해 줄 수 있어서, 분류학의 미래에서 중요한 역할을 담당한다고 판단된다. 어바이스가 최근에 경고했듯이 보존유전학에서 〈분자적인 우월주의〉의 위험성은 경계되어야 한다. 그리고 이 동일한 충고는 분자생태학의 모든 분야에 적용되어야 한다. 분자생물학적 기법은 전통적인 생물학적 조사의 여러 영역에서 의심할 바 없이 위력적이지만, 그것을 연구를 수행하기 위한 유일한 도구라고 생각해서는 안 된다.

오른쪽의 인간 골격이 근연종과 함께 서 있다. 제일 왼쪽이 고릴라이며, 중앙이 오랑우탄이다.

분자인류학 7

분자인류학은
유인원을 닮은 조상으로부터
사람의 진화적 분지, 현생 인류의 출현, 그리고 민족의 뿌리 등
인류의 진화사를 밝혀내는 데 상당한 기여를 하였다.

분자인류학molecular anthropology이라는 용어는 에밀 주커캔들에 의해서 30여 년 전에 창안되었는데, 그는 라이너스 폴링과 함께 인류의 진화사를 밝혀내기 위하여 분자적인 증거들을 사용한다는 개념을 확립하였다. 인류학적 연구를 위한 베너-그렌 재단의 후원 아래 오스트리아의 부르크 바르텐슈타인에서 열린 〈분류와 사람의 진화Classification and Human Evolution〉라는 과학적인 회합에서 그런 기회가 마련되었다. 모인 사람들은 당대의 저명한 진화생물학자 및 인류학자들이라고 할 수 있는데, 그들 중에는 조지 게일로드 심슨George Gaylord Simpson, 에른스트 마이어, 테오도시우스 도브잔스키, 루이스 리키Louis Leakey 그리고 셔우드 워시번Sherwood Washburn 등이 있었다. 그 자리에서 주커캔들은 분자적 증거는 전통적인 해부학적 증거 이상으로 진화적 관계를 밝혀낼 수 있다고 역설하였다. 전통적인 접근법의 대가들은 흥미를 느꼈으나 회의적이었다. 도브잔스키는 주커캔들에게 〈아마도 당신은 20년 내에 '내가 옳았어'라고 말할 수 있을 거요〉라고 격려했다.

도브잔스키의 예언은 적중하였다. 1980년대 중반까지 사람의 선사 시대에 일어났던 진화적 사건을 추정하기 위한 분자적인 접근법은 인류학에서 발판을 마련했으며 더욱 발전할 채비를 갖추었다. 예를 들어 하버드 대학의 인류학자였던 데이비드 필빔David Philbeam은 1984년 다음과 같이 썼다. 〈이제는 분자 기록이 화석 기록보다 '원숭이와 사람의' 분지 양상에 대하여 더 많은 정보를 제공해 줄 수 있다.〉 대부분의 인류학자들은 필빔처럼 분자 데이터가 기술적으로 우세하다고 생각하지는 않았지만 그 학문이 서로 다른 시기에 나타나는 사람의 선사 시대의 계통학적 패턴을 추정하기 위해서 쓸모가 있다는 점을 인정하기 시작했다. 10년 내에 대부분의 대학과 박물관의 인류학과에서 분자 연구를 할 설비가 갖추어졌는데, 이로써 실제로 사람 진화사의 주요 측면에서 새로운 경향의 연구를 할 수 있게 되었다.

분자적 증거는 우리가 사람의 선사를 이해하는 데 세 가지 측면에서 지대한 영향을 끼쳐 왔다. 우선 분자 데이터로부터 얻은 정보는 통념과는 배치되는 경우가 있었으며 두번째 경우는 그것을 완전히 뒤바꾸어 버렸다. 세번째의 경우는 아직도 우열을 가릴 수 없다. 아마도 적절한 때가 되면 인류학자들이 얻은 형태학적인 증거들은 분자적인 증거에 합치될 것이다. 그러나 분자 기법에 의하여 점검된 모든 분야 중에서도 특히 인류학이 가장 중요한 측면의 진화를 해석하는 데 있어서 엄청난 충격을 받았다는 것은 틀림없는 사실이다.

우리가 고려할 분자인류학의 첫번째 측면은 사람과의 시작, 즉 유인원을 닮은 조상으로부터의 진화적 분지에 관한 것이다. 두번째는 인류사에서 가장 최근에 나타난 진화적 사건으로 현생 인류, 즉 호모 사피엔스의 발생과 관련된다. 세번째는 미 대륙에서의 사람의 정착과 관련된 것이다. 여기에서 분자적인 증거는 독특하게 언어학적 데이터와 비교되었다.

이 모든 세 가지 경우에 있어서 분자적인 증거는 그 사건이 일어났던 시간을 추정하게 해줄 뿐만 아니라 그들의 패턴까지도 알려주고 있다. 생물학에서 패턴을 인식하는 일은 모든 지식이 종합되어야 가능하다. 우리가 2장에서 살펴보았듯이 분자적인 증거는 유전적인 변화와 해부학적인 변화가 거의 상관이 없다는 사실을 나타낸다. 사람과, 우리의 가장 가까운 근연종인 아프리카 유인원 사이의 진화적인 관계는 이러한 현상이 가장 충격적으로 드러나는 예가 될 것이다.

유인원과의 유연 관계

화석적인 증거에 의존하여 인류학자들이 연역한 1,500만 년 내지 3,000만 년 전보다 훨씬 최근인 500만 년 전에 우리 사람의 조상들이 갈라져 나왔다는 지표를 분자적인 증거가 마련해 주었다는 사실을 우리는 이미 2장에서 살펴보았다. 그러나 1984년까지 여러 실험실에서 얻은 분자 데이터는 소수의 예외만 제외하고는 의견의 일치를 볼 수 없었기 때문에 사람, 침팬지, 고릴라 등 세 계열의 분지 방식을 나타낼 수가 없었다. 그 당시에는 400만 년이나 800만 년 전 사이에 동일한 줄기로부터 세 개의 가지로 갈라졌고, 세 개의 계열은 동일한 진화적 시점에서 발생하였다고 믿고 있었다. 그렇게 세 방향으로 분열이 일어나는 경우에 대해서 물론 생각할 수 있으며, 많은 학자들은 이것이 실제로 일어났다는 증거를 찾으려고 노력하기도 했다. 세 방향으로의 분지는 그러나 가능하기는 하지만 아주 일어나기 어려운 진화의 패턴이다. 한 계열이 공동 조상으로부터 우선 분지했고 뒤이어 두번째의 분지가 일어났다는 가설이 더욱 가능성이 있다. 대부분의 관찰자들은 언젠가는 분자 데이터가 이 패턴을 밝히기에 충분한 능력을 가지고 있다고 믿고 있었다.

먼저 공동 조상으로부터 사람의 계열이 떨어져 나왔고, 각각 최근연종인 침팬지와 고릴라를 남겨놓게 되었다는 추측은 완벽하고 확실한 것 같았다. 동물원에서 아프리카 유인원을 본 사람이라면 누구나 전체적인 해부학적 특징과 특히 두 팔을 땅에 대고 걷는 이동 방식이 매우 유사하다고 느낄 것이다. 최신의 최정밀 분석에 의하여 사람과 유인원의 해부학적 특징을 비교해 보면 이 직관적으로 명백하게 보이는 패턴을 강력하게 뒷받침한다는 사실을 알 수 있다.

1984년 이후부터 분자적 증거의 비중은 커지기 시작했으며 이미 예측되었듯이 세 방향으로의 분열이 일어난 것이 아니라 하나의 계열이 분지되었고 뒤이어 둘로 갈라졌다는 사실이 더욱 확실해졌다. 그런데 대부분의 관찰자들이 기대한 바와는 달리 이 새로이 인식된 패턴에서는 사람과 침팬지가 최근연종이며, 고릴라는 유전적으로 가장 거리가 먼 것으로 나타났다. 당시 예일 대학 소속이었던 찰스 시블리와 존 알퀴스트는 그 해에 대형 유인원 사이의 DNA-DNA 잡종형성 비교에서 얻은 이 새로운 패턴을 강력하게 뒷받침하는 결과를 발표하였다.

이 특이한 결과에 사람들은 경악하였다. 그들은 초기 사람과가 약 800만 년에서 1,000만 년 전 사이에 고릴라로부터 갈라져 나왔고, 그 다음에는 침팬지와 사람 사이의 분지가 630만 년에서 770만 년 전 사이에 일어났다고 결론지었다. (이 실험 시스템에는 확실히 기술적인 문제가 있었지만, 다른 독립적인 연구 집단도 동일한 방법을 사용하여 이 결론을 재확인했다.) 이들 결과에 대해 엉터리라는 반응이 대부분이었다. 왜냐하면 각 해부학적 분석은 반대되는 패턴을 결론으로 삼고 있었기 때문에 그러한 반응은 일리가 있었다.

1984년 이후 10년 동안 다른 종류의 분자 데이터에 의거한 유인동물의 진화에 대한 수십 건의 분석 논문이 발표되었다. 어떤 사람들은 염색체의 구조를 사용하였고, 다른 사람들은 제한효소 지도 작성법을 사용하였거나, 단백질 전기영동 혹은 미토콘드리아 데이터, 혹은 여러 종류의 핵 DNA 데이터를 사용하였다. 아무런 합의가 없었음에도 불구하고 증거의 비중은 시블리와 알퀴스트에 의해 확립된 가설을 지지하는 방향으로 기울어졌다. 이들 분석에 대한 최근의 리뷰를 보면 침팬지-사람의 관계를 지지한 것이 열세 편이고, 침팬지-고릴라 관계를 지지한 것이 일곱 편이다. DNA 서열을 비교한 연구 10편 중 9편이 사람-침팬지의 관계를 지지한다.

모리스 굿맨과 그의 동료들은 최근 그들의 서열 데이터를 모으고 특정한 관계를 지지하는 뉴클레오티드 위치의 개수를 계수하였다. 다양한 핵 유전자상의 13종의 데이터들은 총 37.1kb(1,000개의 염기 단위)의 DNA를 포함하고 있었으며, 이중 글로빈 유전자 집단이 반 이상을 차지하였다. 이런 핵 DNA의 유전자풀 내에서 62개의 뉴클레오티드 위치는 사람-침팬지의 관계를, 그리고 25개는 침팬지-고릴라의 관계를 뒷받침해 주었는데 16개만이 사람-고릴라가 가장 가깝다는 사실을 뒷받침해 주었다. 미토콘드리아 DNA 서열의 풀은 더 작다(6.6kb). 그러나 그것이 나타내는 메시지는 동일하였다. 75개의 뉴클레오티드

위치가 사람-침팬지를, 52개가 침팬지-고릴라를, 그리고 37개가 사람-고릴라가 가까운 종이라는 사실을 뒷받침해 주었다. 이들 데이터로부터 사람과 침팬지가 서로 가장 가까운 근연종이라는 것뿐만 아니라, 고릴라가 떨어져 나가고 뒤이어 일어난 사람-침팬지의 분리 시기 사이의 시간 간격이 매우 가까웠다고 해석할 수 있다.

일부 분자인류학자들은 이 견해에 의견을 달리한다. 그들은 일부 유전자로부터 얻은 데이터가 고릴라의 분지와 뒤이은 사람-침팬지의 분리 사이의 시간이 짧다는 것을 나타낸다고 해도, 다른 데이터는 시간이 오래되었다는 것을 뒷받침한다는 점을 지적한다. 그러나 텍사스 주 샌안토니오에 있는 남서부 생의학 연구재단의 제프리 로저스Jeffrey Rogers는 세 계열이 본질적으로 동시에 분지하였지만 서로 다른 유전자 변이체를 보유하게 되었다고 가정한다면 이 패턴을 설명할 수 있을 것이라고 주장하였다. 다음과 같은 가상적인 실험은 그의 주장을 나타내 준다. 조상종이 유전자 A를 소유했다고 가정하자. 예를 들어 A′라는 유전자의 변이체가 1,000만 년 전에 출현하였다고 생각해 보자. 이제 그 유전자는 다형적이다. 동일한 조상을 갖는 집단의 개체들은 변이체 A의 한 쌍의 복사본을 갖거나, 변이체 A′의 한 쌍의 복사본을 갖거나, 혹은 각 변이체 하나씩의 복사본을 가질 수 있다. 마지막으로 500만 년 전에 공동 조상종들이 세 개의 자손종 X, Y, 그리고 Z로 나누어졌다고 가정해 보자. X로 되는 집단은 변이체 A′를 소실하고 A만을 갖게 된다. Z로 되는 집단은 변이체 A를 소실하고 A′만을 남겨놓게 된다. (우리는 잠시 후에 자손종 Y도 살펴볼 예정이다.)

여기서 우선 종 X와 Z에서 실제로 종 분화는 겨우 500만 년 전에 일어났음에도 불구하고 이 유전자의 서열을 비교하면 종이 1,000만 년 전에 분지한 것으로 나타날 수도 있

분자인류학의 발달에 있어 선구자 역할을 한 모리스 굿맨(1970년대 초 사진). 10년 뒤에 그는 처음으로 분자적 증거에 의거하여 사람의 위치를 재분류하였다.

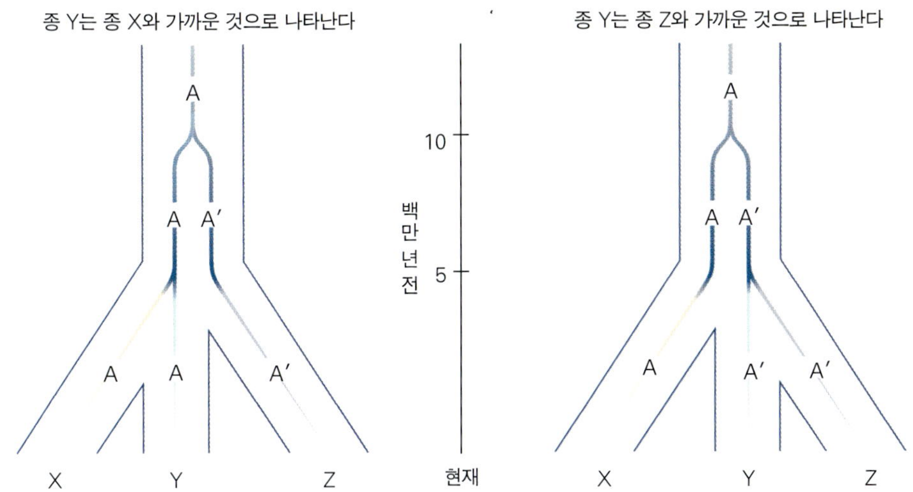

유전자 변이(다형성)의 발생과, 새로운 종이 생겼을 때 그들의 뒤따른 분포에 의하여 계통학적으로 다른 결론을 내릴 수 있다. 예를 들어 종 X와 종 Y에서 A′ 유전자의 변이체를 비교하면 500만 년 전이 아니라 1,000만 년 전에 실제로 분지되었다는 것을 추정하게 된다. 왼쪽에 나타난 것처럼 A′ 유전자 변이체를 가지고 판단하면, 실제로는 종 X, 종 Y 그리고 종 Z가 서로 동등한 근연 관계가 있지만, 종 X와 종 Y는 종 Z보다는 서로 가까운 것으로 나타나게 된다. 오른쪽에 나타난 것처럼 판단하면 종 Y와 종 Z가 서로 가장 가까운 근연종으로 나타나게 된다. 이 현상은 분사 네이터도부디 추른틴 시람과 아프리카 유인원 사이의 관계를 설명하기 위하여 제안되었다.

다는 사실을 염두에 두어야 한다. 소위 유전자 계통수와 종 계통수를 혼동하여 연대 산정에서 실수를 저지를 수 있는데 이는 유전자 다형성이 잘못 적용되었기 때문이다.

종 Y는 어떤가? 만약 그 집단이 변이체 A를 소실했다면, 세 종을 모두 비교할 때 종 Y가 종 X보다는 종 Z에 더욱 근연종이라는 결론이 날 것이다. 만약 Y가 A′ 변이체를 소실했다면 종 X에 보다 가까운 근연 관계를 나타낼 것이다. 그러나 우리는 세 종 모두가 동일한 유연 관계를 가지고 있다고 가정해 왔다.

이 모델의 결론은 많은 유전자가 고도로 다형을 나타내는 조상종에 있어서 그 자손의 유전자를 비교하여 단순하고 단일한 그림을 얻어낼 수 없다는 것이다. 이것은 유인 동물들의 데이터가 혼합된 것이라고 로저스는 추측한다. 〈사람, 고릴라, 그리고 침팬지속 사이의 계통적인 유연 관계와 관련하여 가장 설득력이 있는 것은 3분 가설이다〉라고 그는 세 방향으로의 분지를 결론짓는다.

만약 더 이상의 유전자 서열 분석을 수행하여 로저스의 가설이 낡은 것이라는 것이 증명되고 사람과 침팬지가 각각 서로 가장 가까운 유연 관계를 가지고 있다고 한다면, 해부학자가 해부학적인 단서를 가지고 실제 유연 관계를 밝히려는 시도는 심각한 도전을 받게 된다. 침팬지와 고릴라의 어기적거리며 걷는 행동과 이와 관련된 해부학으로 보아 두 원숭이가 가장 가까운 관계를 갖고 있다고 가정하는 것이 확실히 합리적일 것이다. 이런 관점이 규정하는 바에 따르면 어기적거리며 걷는 행동은 고릴라와 침팬지의 공동 조상에서 한 번 진화했으며 양 원숭이 계열이 그것을 보유하게 되었다. 혹은 그렇게 된 것으로 생각된다. 만약 분자적인 증거에 의해서 추정된, 직관에 반하

1871년 찰스 다윈은 『사람의 혈통』에서 최초의 사람 조상의 화석 잔류물은 아프리카에서 발견될 것이라고 예견한 바 있다. 왜냐하면 우리들의 가장 가까운 살아 있는 친척이라고 할 수 있는 아프리카의 대형 유인원들이 오늘날에도 그곳에 살고 있기 때문이다. 그러나 1925년 호주의 해부학자인 레이먼드 다트가 초기의 사람 선조로 판단되는 화석을 발견하였다고 공표하였을 때, 인류학자들은 회의적이었다. 특히 그 표본이 남아프리카에서 발굴되었기 때문이다. 게다가 다트가 오스트랄로피테쿠스 아프리카누스(아프리카로부터 얻은 남쪽 유인원이라는 뜻)라고 명명한 그 화석은 대부분의 인류학자들이 보기에는 너무 유인원을 닮았기 때문이다. 그 생물은 사람처럼 직립해서 걸었던 것 같았지만, 뇌의 용량은 유인원과 같았고 돌출된 얼굴을 가지고 있었다. 그 당시에는 아프리카가 아니라 아시아가 인류의 요람일 것이라고 생각되었으며 우리들의 조상은 단순한 유인원보다는 고상할 것으로 여겨졌다.

다트의 주장이 타당하다고 인정된 것은 그로부터 거의 사반세기가 지나서였으며, 오스트랄로피테쿠스 아프리카누스는 알려진 것 중에서 인류의 가장 원시적인 형태, 즉 오스트랄로피테쿠스에 속하는 다른 종들(모두 멸종하였음)과 마침내 호모 사피엔스를 만들게 되는 호모 계열의 조상이라고 받아들여졌다. 발견된 곳이 석회암 동굴이라는 지질학적인 상황 때문에 다트의 화석에 대해 정확한 연대를 계산하는 것은 어렵지만 약 200만 년 정도는 되는 것으로 추정되고 있다.

오스트랄로피테쿠스 아프리카누스는 1978년까지 가장 원시적인 사람의 지위를 누리고 있었는데, 그해에 미국의 인류학자인 도널드 조핸슨과 팀 화이트는 약 3백만 년에서 375만 년 전 사이로 추정되는 화석을 발견하고 거기에 오스트랄로피테쿠스 아파렌시스라는 이름을 붙였다. 화석들은 에티오피아의 하다르 지역에서 그리고 탄자니아의 래톨리 현장에서 발견되었다. 유명한 루시의 부분 골격을 포함하고 있는 그 종은 얼굴이라든가, 두개골, 그리고 치열의 모양에서 아프리카누스 종보다는 유인원과 흡사하였다. 그리고 그것은 상당히 오래된 것이었다.

아프리카누스와 마찬가지로 아파렌시스 종은 사람의 무리에 속하는 후손을 구성하는 모든 종의 조상이라고 추정된다. 현존하는 유인원처럼 종의 남성은 여성보다 몸집이 상당히 컸다고 조핸슨과 화이트는 말한다. 하지만 모든 인류학자가 이에 동의하는 것은 아니다. 비판론자들은 화석들의 체구가 서로 다른 것은 몇 종이 혼재한 때문이지 단일 종이 체구에서 성적 이형 현상을 나타내는 것은 아니라고 주장한다.

해부학적인 변이의 문제 이외에도 아파렌시스의 화석을 다수의 종으로 보는 주장은 시기와 다른 대형 포유동물의 진화 패턴에 근거하고 있다. 만약 대부분의 인류학자들이 믿고 있듯이 사람의 무리가 375만 년 전보다 훨씬 이전에 기원했다면 이렇게 후기까지 모든 후생종의 선조격인 단일종이 살아남았을 수 없다는 것이다. 새로운 적응 현상(이 경우에는 두 발로 걷는 것)이 출현한

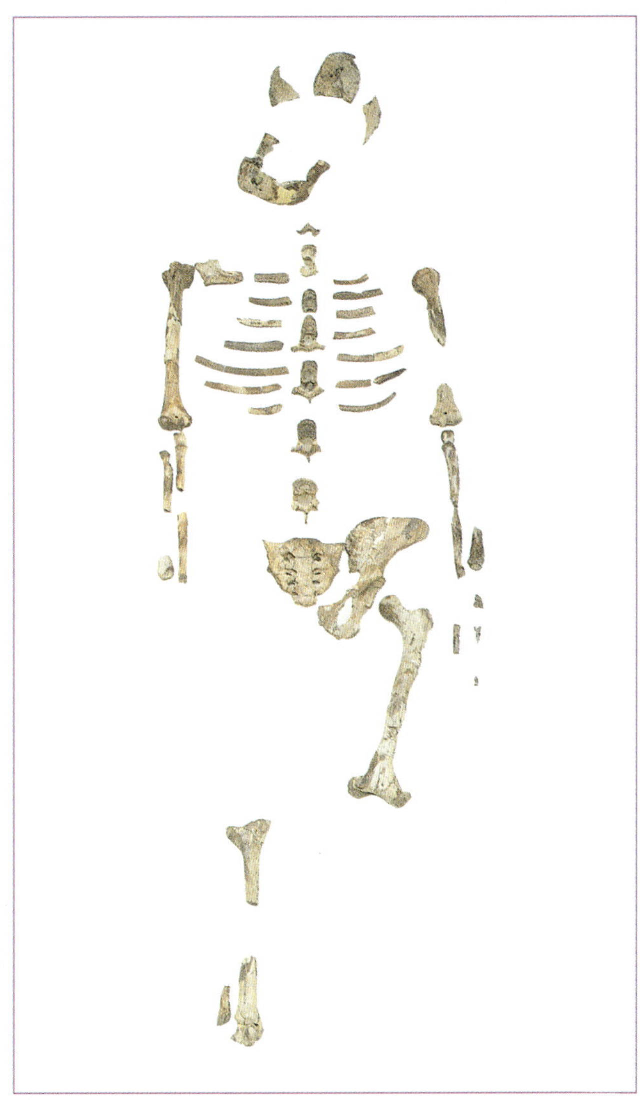

1974년 에티오피아에서 발견된 오스트랄로피테쿠스 아파렌시스 종의 구성원으로 남겨진, 유명한 루시의 골격

후에는 덤불과 같은 형태로 진화 계통수를 만드는 많은 종이 일시에 방산되는 것이 일반적인 진화의 패턴이라고 할 수 있다. 후에 그 덤불은 가지가 제거되어 몇 가지밖에 남지 않는 것이 보통인데, 사람 무리의 경우에는 한 가지밖에 남지 않았다.

아파렌시스 종이라고 생각되는 화석이 한 종을 나타내는가 그렇지 않으면 여러 종으로 구성되어 있는가에 대한 논쟁은 그 뒤로 십여 년 이상 계속되었으며 일부 문제는 해결되지 않은 상태로 남아 있다. 그러나 아파렌시스 종이 사람의 무리 중 가장 원시적인 형태인가 하는 문제는 무엇보다도 새로운 화식 증기물의 발견이라는 가장 강력한 증거에 의해서 정리된 상태이다.

1994년 말, 화이트와 그의 동료 겐 슈와 및 에티오피아의 과학자인 버헤인 아스포는 에티오피아의 중부 아와시 지역의 아라미스에서 아파렌시스보다 훨씬 더 유인원을 닮은 사람의 화석을 발견했다고 공포하였다. 게다가 이 화석들은 거의 450만 년 전으로 연대가 측정되어 사람과 아프리카 유인원의 공통 조상이 분지한 추정 시기와 근접하였다. 아라미스 표본은 너무나 유인원을 닮았기 때문에 일부 학자들은 그들이 사람의 조상이라기보다는 현대 침팬지의 조상이 아닌가 하고 의심할 정도이다. 그러나 화이트와 그의 동료들은 치해부학 및 두개골과 팔에서 나타나는 두 발로 걸은 증거를 지적하며, 새로운 이름의 화석 아르디피테쿠스 라미두스는 비록 원시적인 성질 때문에 나머지의 초기 사람 종과는 다른 속의 이름을 부여받았지만, 사람과 같은 종류라고 결론

오른쪽부터 팀 화이트, 버헤인 아스포와 겐 슈와가 새로운 호미니드 종인 아르디피테쿠스 라미두스(*Ardipithecus ramidus*)의 새로 발견된 화석을 검사하고 있다.

을 내렸다(라미드는 에티오피아 지역 방언으로 뿌리를 의미하며, 따라서 여기서 종의 이름에 그것을 사용한 것은 그것이 인류의 조상임을 강력하게 주장하는 것이다).

라미두스가 유인원과 해부학적으로 흡사하다는 것은 초창기의 사람에서 예견된 바이다(만약 라미두스가 사람이라면). 유인원과 사람의 공통 조상은 유인원과는 닮았을 것이 확실한데, 그들 자신도 진화한 유인원과 다를

것이다. 500만여 년 전의 많은 고대 유인원 종들이 알려졌지만 후기 유인동물(사람상과에 속하는 무리들, 즉 현대 원숭이와 사람)의 조상이 되는 것이 어느 종인가 하는데에는 의견의 일치가 이루어지지 못하고 있다. 초창기의 사람의 종은 직립 보행하는 이동의 방식만 빼고는 실제적으로 모든 점에서 유인원을 닮았다고 하는 것이 안전할지 모른다. 물론 유인원과 사람의 조상이 두 발로

는 패턴이 옳다면 어기적거리는 걸음걸이의 기원에는 서로 다른 진화적인 상황이 존재했을 것이다. 고릴라와 침팬지는 독립적으로 어기적거리는 걸음걸이를 진화시켰거나, 혹은 사람과 아프리카 유인원(고릴라가 떨어져 나가기 전)의 공동 조상도 어기적거리며 걸었는데, 이 중 사람은

이동할 때 두 발을 사용하여 직립 보행하는 이상한 유인원이 되었을 것이다. 통계학적으로는 두번째의 경로가 더욱 개연성이 있다. 왜냐하면 두 계열에서 해부학적 적응과 관련된 복잡한 특성들의 조합이 모두 독립적으로 기원했다고 가정하는 것은 전혀 현실성이 없기 때문이다.

걷지 않았다면, 사람들은 이 원시적인 조건을 간직했을 것이고, 침팬지와 고릴라는 더욱 특수화한 형태의 이동 방법(어기적거리며 걷는 것)을 개발했을 것이다. 널리 퍼진 신화들에서 이야기하고 있듯이 화이트와 그들의 동료와 함께 일하는 지리학자들은 최초의 사람이 살았던 곳은 사바나 지역이 아니라는 점을 지적한다. 그보다 라미두스가 살았던 과거의 환경은 현대 침팬지의 전형적인 서식처인 삼림 지대나 숲 가장자리라고 한다.

1990년대 중반은 초기 사람의 화석을 발견한 수확이 풍부한 시기였다. 에티오피아에서 발견된 라미두스 이외에 북부 케냐에서 미브 리키에 의해서 그보다는 약간 뒤진 시기의 화석이 발견되었다. 그들은 라미두스나 아파렌시스와는 해부학적으로 달랐으며 아나멘시스라는 새로운 종명을 부여받았다. 그리고 1996년 5월에 프랑스의 과학자들은 3백만 년에서 350만 년 전 사이에 살았던 약간 다른 새로운 사람의 무리인 오스트랄로피테쿠스 바렐가잘리아의 아래턱뼈 부분을 찾아냈다. 이들 발견들로 미루어보아 초기 사람의 진화는 어떤 인류학자가 생각했던 것보다도 더욱 널리 방산되었음을 알 수 있다.

무엇보다도 가장 놀라운 것은 하버드대학의 데이비드 필빔과 콜레주 드 프랑스의 이브 코팡이 차드 공화국에서 오스트랄로피테쿠스 종의 것으로 판단되는 턱을 발견한 것이다. 300만 년에서 400만 년 정도 된 그 표본은 아파렌시스와는 해부학적으로 달랐으며, 따라서 사람의 선사 시대였던 그 당시에 많은 종이 존재했다고 하는 추측을 낳게 했다. 아직 이름도 없는 이 새로운 화석의 가장 뚜렷한 특징적인 면은 나이나 해부학적 독특성이 아니라 그것의 지리적인 위치 때문에 유래한다.

서쪽이 원숭이들의 땅이었던 데 반하여, 사람의 진화는 그레이트 리프트 밸리의 동쪽에서만 일어났다고 하는 것이 인류학자들 사이에서 통용되었던 상식이었다. 차드 공화국에서의 발견은 이러한 환상을 뒤집어 놓았다. 돼지의 진화와 관련된 화석적 기록으로부터 식별될 수 있듯이 초기의 사람종은 출현 즉시 저절한 서식처를 점유하였다. 국부적인 삼림 가장자리를 따라 그들은 곧 중부와 서부 아프리카로 퍼져나갔을 것이다. 실제로 최초의 사람종이 진화한 곳이 동아프리카인지, 그렇지 않으면 남아프리카 혹은 서아프리카인지를 확신할 방법은 없다. 지리를 가지고 이야기해 본다면 최초의 출현과 집단의 산포 시기는 화석 기록에서는 거의 동시적으로 나타난다. 따라서 기원의 특이점과 그 이후의 산포를 추적한다는 것은 불가능하다.

그 동안에, 1962년 사람과에 아프리카원숭이와 사람을 묶고 오랑우탄을 독립된 과로 만들자고 제안했던 모리스 굿맨은 1990년에 다시 한번 그가 원래 제안했던 것과는 다르게 유인동물의 분류를 급진적으로 바꿀 것을 제안하였다. 사람과 긴팔원숭이를 포함한 모든 원숭이는 사람과라는 동일한 과의 구성원이라는 것이었다. 그렇다면 긴팔원숭이는 한 종으로 긴팔원숭이아과 Hylobatinae를 구성하고 있게 되며 아프리카 유인원과 오랑우탄 그리고 사람은 두번째 아과인 사람아과 Homininae를 구성한다. 이 아과 내에서 오랑우탄은 성성이족 Pongini의 유일한 구성

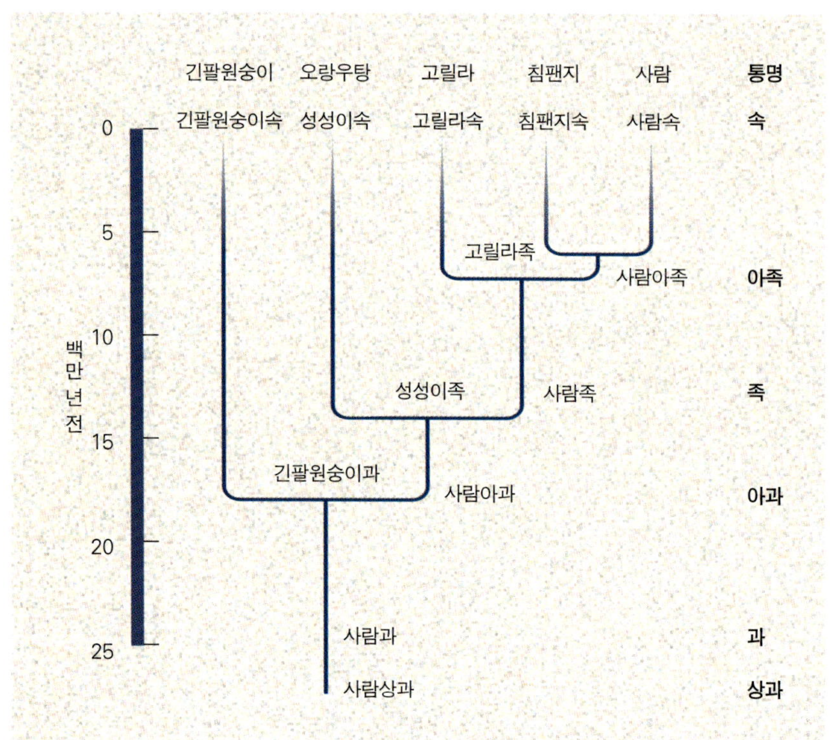

(분자 데이터에 의해 추론한) 사람과 침팬지 사이의 극단적인 진화적 유사성에 근거하여 모리스 굿맨은 최근에 사람의 분류를 다시 할 것을 제안하여, 사람과 침팬지를 사람아족 Hominina이라는 동일한 아족에 소속시켰다. 해부학에 근거한 전통적인 분류에 의하면 사람은 사람과에 속하는 단일종이고, 침팬지, 고릴라, 그리고 오랑우탄은 성성이과를 구성한다.

원이 되며, 고릴라, 침팬지와 사람은 사람족 Hominini의 구성원이 된다. 이때 침팬지와 사람은 근연 관계를 반영하여 사람아족 Hominina을 구성한다. 지지를 받기 시작하는 이 분류법은 먼저 인식된 것보다는 사람과 원숭이들의 근친 관계를 명문화했다는 점에서 1962년의 제안과는 다르다고 하겠다.

오늘날 인류학에서 가장 열심히 논의되고 있는 문제 중

의 하나는 해부학적 현생 인류의 기원이다. 분자적인 증거들은 이 관심을 촉진시키는 데 커다란 역할을 해왔다. 사람무리의 기원 문제에서 나타난 바 있듯이 다수의 인류학자들은 분자적 증거에 근거한 최초의 결론이 지난 1980년대 말 제시되었을 때 이를 거부했으며, 지금도 역시 그런 경향이 있다. 그러나 논쟁은 이제와서는 이전처럼 악의에 차 있기보다는 활발해졌다고 이야기할 수 있다. 분자인류학은 과학으로서 성숙해졌다.

관심을 끄는 의문점은 직접적인 조상으로부터 어떻게 현대의 호모 사피엔스가 출현하였는가 하는 점이다. 분자 데이터는 시기와 지리적인 위치를 확정하는 것 이외에도 진화의 패턴을 나타내 주며, 따라서 우리들의 기원에 대해서 풍부한 생물학적인 지식을 제공할 수 있다.

현생 인류의 선조는 서로 유사하다고 주장되는 반면에 출현의 최종 패턴에 대한 모델은 대조적이다. 예를 들어 100만-200만 년 전의 어느 시기엔가 호모 에렉투스의 집단들이 아프리카로부터 나왔으며, 구세계의 나머지 지역을 점유하기 시작했다는 설이 일반적으로 받아들여지고 있다. 자바원인과 북경원인이라는 유명한 화석인들은 이들 이주자의 후손들이다. 25만 년 전쯤으로 거슬러 올라가면 구세계에 걸친 집단에서 진화적인 변화가 뚜렷해진다. 이때는 아프리카, 아시아, 유럽의 호모 에렉투스와 서부 아시아와 유럽에 존재했던 네안데르탈인보다 더욱 진보한 인종을 포함하는, 다목적 용어로 표현되는 고사피엔스archaic sapiens가 등장하던 시기였다. 이 변화에는 주로 뇌의 크기가 커진다든지, 두개골의 두께가 감소한다든지, 눈두덩 뼈의 크기가 감소되는 특징이 포함된다. 여기서부터 두 모델은 견해차를 보인다.

그중 한 모델인 다지역 진화 모델multiregional evolution model은 고사피엔스를 형성했던 진화적 변화의 과정이 단순히 계속되어 구세계에 있는 모든 집단에서 현생 인류가 출현하게 되었다는 것이다. 모든 시기에 걸쳐 이들 집단 사이에서는 광범위한 유전자 흐름이 있었다고 한다. 만약 이 모델이 옳다면, 인류학자들은 세계의 여러 곳에서 초창기부터 현재까지 존재하는 지역적인 해부학적 특징들을 찾아낼 수 있을 것이다. 또한 지리적 집단의 유전적인 뿌리는 매우 깊어서 그 지역에 호모 에렉투스가 처음 도착했을 때부터 확립되었을 것이다.

두번째 모델은 매우 다르다. 이 모델(때로는 노아의 방주 모델Noah's Ark model, 혹은 아프리카 탈출 모델Out of Africa model이라고 불린다)에 의하면 한 아프리카 고사피엔스의 집단에서 발생한 불연속적인 진화적 사건에서 현생 인류가 시작되었다고 한다. 이 현생 인류 집단의 후손들이 구세계의 전역으로 퍼져나가 기존의 고사피엔스 사람들을 완전히 대체했다는 것이다. 만약 이것이 사실이라면 우리는 지역적인 해부학적 특성의 통시적 연속성이라는 패턴을 일반적으로 찾아볼 수 없을 것이다. 현재 지리적 집단을 구성하고 있는 유전적인 뿌리는 매우 얕아서, 최근의 단일 조상 집단으로부터 유래하였다고 한다. 일부 인류학자들은 현생 인류가 기존의 고집단을 완전히 대체했다는 이 모델보다는 집단 간의 교배가 일어날 수도 있었다는 신축성이 있는 모델을 제안하고 있다. 그러한 집단이 혼합한 결과 예측한 바와 같이 해부학적이고 유전적인 계통은 불확실해졌을 것이다.

현생 인류의 해부적 특징으로 변화하는 동안에 중간적인 해부학적 특징을 보여주는 많은 유명한 화석이 이 결정적인 시기에 발생한다. 하지만 화석적 기록은 일반적으로 생각되는 것보다는 불완전하며, 학자들이 필요로 하는 양보다는 훨씬 적다. 아직까지 그 해석에 대한 합일점도 찾지 못했다. 일부 인류학자는 구세계의 많은 지역에서 해부학적 특징의 지역적 연속성을 찾을 수 있으므로 다지역 모델을 지지한다. 예를 들자면 초기의 그리고 최근의 사람 화석, 그리고 호주 원주민에서 공통적으로 나타나는 단단한 두개골과 얼굴의 윤곽은 남동아시아의 지역적 연속성에서 벗어나고 있다고 한다. 이와 유사하게 북부아시아인(특히 중국인)의 작은 얼굴, 작은 코, 그리고 삽을 닮은 윗앞니는 다지역 진화 가설을 뒷받침하는 예로서 거론되기도 한다. 많은 인류학자들은 이런 특징들이 문제가 되는 지역에만 독특하게 나타나는 것만은 아니라는 점을 지적하며, 지역적 연속성의 증거가 없다고 하면서 아프리카 탈출 모델을 지지한다. 그래도 다른 연구자들은 불연속적인 단일 기원을 뒷받침해 주는 증거들이 있지만 실제로 후에 종간 교배를 하였다는 증거도 나타난다고 여전히 주장한다. 학자들이 대개 (전부는 아니지만) 동의하고 있는 유일한 점은 네안데르탈인은 멸종했으며, 현대 유럽인의 조상은 아니라는 것이다.

이 대립하는 모델에 의해 제기된 문제는 특히 미토콘드리아 DNA 분석과 같은 분자적 기법을 적용하여 해결할 수 있다. 미토콘드리아 DNA는 빠른 진화 속도와 모계 진화 양식을 갖기 때문에 200만 년 정도에 불과한 비교적 최근의 진화사를 연구할 수 있는 수단을 제공한다. 그것은 진핵세포에서 지금까지 가장 잘 알려져 있는 게놈인데, 사람에서는 서열(16,594 염기쌍)과 유전적 구성이 완전히 알려져 있다. PCR을 적용하면 게놈의 어떤 선택된

부위라도 개체들 간에 비교가 가능하다. 10여 년 전, 그 당시에는 스탠퍼드에 있었고 현재 애틀란타의 에모리 대학에 있는 더글러스 월리스Douglas Wallace의 실험실 및 버클리 소재 캘리포니아 대학의 앨런 윌슨의 실험실에서 미토콘드리아 DNA 데이터를 최초로 조사하기 시작했다.

1983년 월리스와 그의 동료들은 전체 게놈의 9퍼센트를 효율적으로 시료로 할 수 있는 제한효소 지도 작성법에 의한 현대인 집단의 미토콘드리아 DNA를 처음으로 조사한 결과를 발표하였다. 그들은 지금까지 타당하다고 여겨지고 있는 일련의 주장을 펼쳤다. 첫째는 현대인의 미토콘드리아 DNA에서 전체 변이량은 작으며, 20만 년 전에 일어났던 현생 인류의 기원을 추정할 수 있다는 것

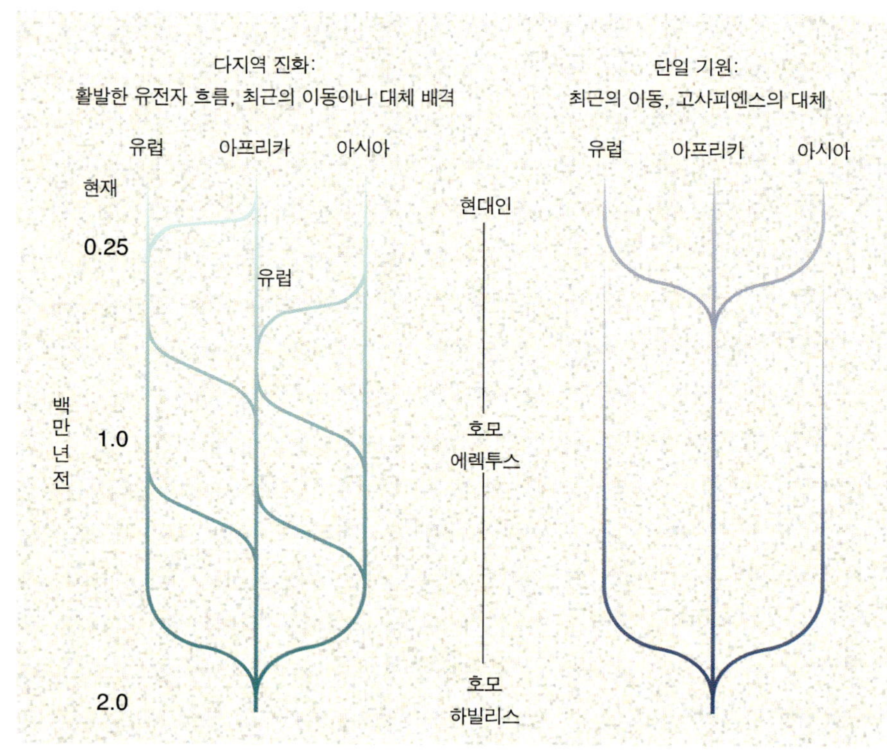

현대인의 기원에 관한 두 가지 모델의 모식도. 다지역 진화 모델은 구세계 전역에 걸쳐 호모 에렉투스의 조상 집단이 거의 같은 시기에 호모 사피엔스로 진화했다는 주장을 편다. 단일 기원 모델은 호모 사피엔스가 아마도 아프리카의 단일 집단에서 최근의 종 분화 과정을 통하여 기원했다고 주장한다.

미토콘드리아 DNA 연구를 사람의 선사에 적용한 선구자인 더글러스 월리스

이었다. (이에 대한 다른 설명으로는 현생 인류는 아주 과거에 진화했으나, 최근에 집단 병목을 통과하면서 유전적 변이가 적어졌다는 것이다. 그러한 설명을 뒷받침해 줄 증거는 없으며 오히려 상당한 유전적 증거가 이에 위배되고 있다.)

두번째, 조사된 모든 집단 중에서 아프리카인의 유전적 변이가 가장 크게 나타났다. 월리스와 그의 동료들은 만약 모든 사람 집단이 동일한 속도로 미토콘드리아 돌연변이를 축적한다면, 아프리카는 현생 인류가 기원한 곳에 틀림없다는 점을 지적하였다. 다시 말해 돌연변이가 동일한 속도로 축적된다고 가정한다면, 세계의 다른 지역의 집단과 비교하여 아프리카 집단에서 변이의 수준이 높다는 것은 아프리카 집단이 시간이라는 또다른 변수에서 앞선다는 것으로만 설명될 수 있다. 따라서 아프리카 집단은 가장 오래된 집단이다.

셋째로 지리적인 집단에서는 미토콘드리아 DNA가 차이를 나타내는데, 그것으로부터 집단의 역사를 나타내는 계통수가 구성될 수 있는 것이다. 월리스와 그의 동료들은 1983년의 논문에서 현생 인류가 기원한 곳은 아프리카가 아니고, 아시아라고 결론을 내렸지만(그들은 아프리카인 사이에 미토콘드리아 DNA의 변이가 큰 것을 설명하기 위해 그들의 돌연변이 속도가 빠르다고 주장했다), 후에 아프리카 기원을 선호하는 해석으로 입장을 바꾸었다. 그들은 오늘날에도 이 결론을 지지하고 있다.

월리스가 1983년 논문을 발표한지 4년 후에 앨런 윌슨과 그의 동료들은 아프리카, 아시아, 호주, 유럽, 그리고 뉴기니를 대표하는 147명으로부터 미토콘드리아 DNA를 조사하여 1987년 1월에 발표한 논문에서 소위 미토콘드리아 이브Mitochondrial Eve라는 개념을 밝혔다. 월리스의 팀과 마찬가지로 사용한 방법은 미토콘드리아 게놈의 제한효소 지도 작성법이었다. 그 분석 결과 133개의 다른 미토콘드리아 DNA 유형이 나왔는데 이를 경제성 원리에 의하여 계통수로 그렸다. 〈이들 모든 미토콘드리아 DNA는 아마 20만 년 전 아프리카에서 살았다고 가정되는 한 여성으로부터 유래한다〉라고 그 논문은 결론지었다. 미토콘드리아 이브라는 용어는 신문의 표제로 창안되었으며, 전문적인 문헌이나 비전문적인 문헌이거나 간에 이를 빨리 수용하게 되었다.

화려하기는 하지만, 그 용어는 잘못 씌어진 것이며 사람들을 오도할 수 있다. 현생 인류 집단에서 미토콘드리아 DNA 유형이 단 한 명의 여성으로부터 유래하였다는 것은 그녀가 그 당시 살았던 단 한 명의 여자였기 때문이 아니라(또한 그녀가 유래한 집단이 필히 적은 집단이어서가 아니라), 미토콘드리아 DNA가 역동적으로 소실되기 때문이다. 이는 다음과 같은 비유로 가장 잘 설명될 수 있다.

예를 들어 10,000명의 짝짓기 쌍을 갖는 집단을 가정하고, 각 쌍은 서로 다른 성family name을 갖는다고 하자. 시간이 경과함에 따라 집단은 안정적이 된다(각 부부는 두 명의 자녀를 낳는다고 생각하자). 각 세대에서 평균적으로 부부 네 쌍 중 한 쌍이 두 명의 사내아이를 갖고, 두 쌍이 사내아이와 계집아이를 각각 하나씩 갖고, 한 쌍이 두 명의 계집아이를 갖는다고 하자. 서구에서 보편적인 방식처럼 아버지는 자신의 성을 자손에게 전달해 준다고 가정하자. 따라서 첫 세대에서 4분의 1이 성을 잃어버리게 된다. 세대가 거듭할수록 느린 속도로 일어나지만 더 많은 성이 없어진다. 약 10,000세대가 지나면(원래 여성 숫자의 두 배), 단 하나의 성만이 남게 된다. 주로 모계를 통해서 전달이 이루어진다는 점에서는 다르지만 미토콘드리아 DNA 유형의 소실에도 유사한 패턴이 적용될 수 있다.

1987년 논문에서 윌슨과 그의 동료들이 내린 결론은 단지 현생 인류가 기원한 곳이 아프리카라는 것과 그 시간이 약 20만 년 전으로 추정된다는 것이었다. 하지만 집단의 병목 현상이 이브 가설의 필수 요소라는 가정은 틀렸음에도 불구하고 널리 전파되었다. 아마도 그들은 성경에서 이름을 인용함으로써 지구상에 그녀의 아담과 함께 있는 외로운 여성을 형상화하려고 하였을 것이다. 면역계와 관련된 한 세트의 유전자에서 얻은 데이터로부터 근래 사람의 역사에서 그러한 병목 현상이 일어나지 않았다는 사실이 증명되었을 때 많은 연구자들은 그 가설이 잘못된 것이라고 주장하였다. 그러나 이런 주장은 사실이 아니

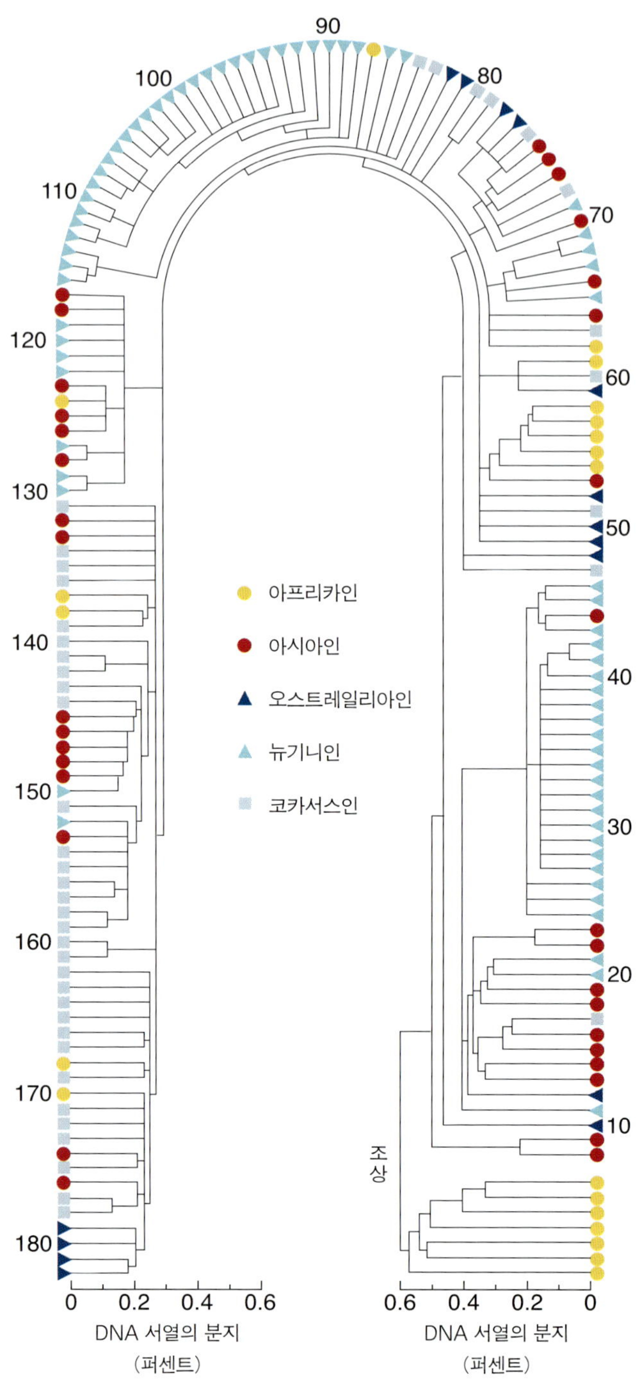

앨런 윌슨과 그의 동료들이 세계 전역의 사람들에서 추출한 미토콘드리아 DNA를 제한효소 지도 작성을 통해 만든 유명한 〈발굽〉형 계통수. 182종류의 서로 다른 미토콘드리아 유형(계통수의 바깥쪽)에서 추론한 진화적인 관계는 현대인이 아프리카에서 유래했음을 암시한다. 아프리카 집단의 유전적 변이가 큰 것도 아프리카 기원을 뒷받침한다.

162

다. 이브는 타당하지 않은 것으로 판단될지도 모른다. 이 것은 최근의 사람의 역사에 집단 병목 현상이 없었기 때문은 아니다. 윌슨의 가설에 나타난 이브는 최근의 추정에 의하면 약 10,000명 정도 되는 고인간의 커다란 집단에 속한 구성원이라고 한다.

버클리 연구진은 사람 집단에서 돌연변이가 축적되는 속도를 보정한 값에 근거하여 20만 년 전의 기원을 추정하였다. 특히 그들은 약 600만 년 전에 사람이 정착한 섬인 파푸아뉴기니의 사람들에서 미토콘드리아 게놈 내에 유전적인 방산의 축적 정도를 측정하였다. 사람들 사이의

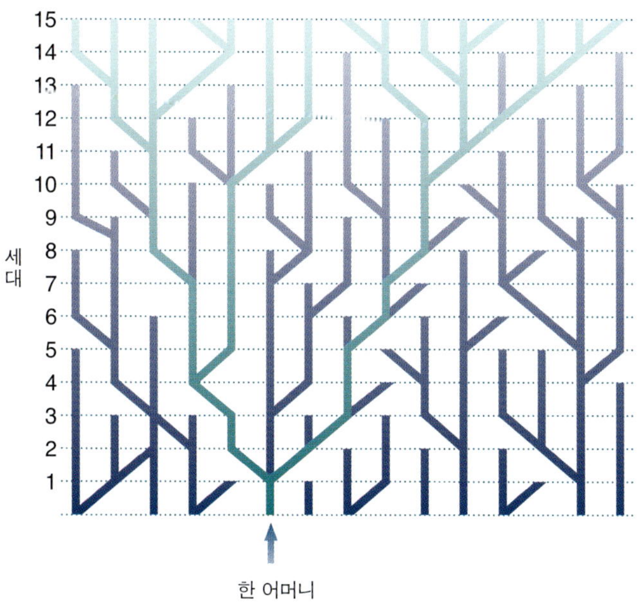

계통수는 현대인 집단에서 나타나는 모든 모계 미토콘드리아 계열이 어떻게 조상 집단의 단일 계열로 거슬러올라갈 수 있는지를 나타낸다. 각 세대에서 어머니의 4분의 1은 두 명의 아들을 낳고, 4분의 1은 두 명의 딸을 낳으며, 나머지 2분의 1은 한 명의 아들과 한 명의 딸을 낳는다. 아들만을 낳는 어머니의 미토콘드리아 계열은 끝나게 되며, 마침내 한 계열이 전체 집단에서 우세하게 된다.

유전적인 방산의 척도와 그것이 발달한 시간의 간격을 가지고 윌슨과 그의 동료들은 돌연변이 축적의 평균 속도를 계산해낼 수 있었다. 두 계열 간에 진행된 서열의 방산을 계산하면 100만 년당 2-4퍼센트인데, 이는 두 게놈에서 100만 년당 매 100개의 부위에서 2-4 뉴클레오티드가 돌연변이할 것이라는 뜻이다. (이것은 두 게놈 사이에서 축적되는 차이의 척도이지 한 개의 게놈에서 돌연변이를 일으키는 속도가 아니라는 것을 알아야 한다. 종종 이런 점은 혼동이 된다.) 사람과 다른 포유동물의 종을 사용한 다른 실험실에서도 2-4퍼센트라는 방산 속도는 지지되고 있다.

따라서 최초의 미토콘드리아 DNA 데이터는 아프리카 탈출 모델의 예측을 지지해주고 있다. 그런 예측은 우선 현대인의 미토콘드리아 DNA에는 한정된 변이만 존재하여 기원이 최근에 일어났음을 추측할 수 있다는 것과, 둘째로 아프리카 집단은 가장 많은 변이를 나타낸다는 것이다. 이와는 대조적으로, 다지역 진화 모델의 예측은 어긋났다. 그런 예측은 첫째, 대규모의 유전적 변이가 존재하여 기원이 적어도 100만 년 아마도 200만 년 이상 거슬러올라가야 한다는 것과, 둘째로 어떤 집단도 다른 집단보다 유의하게 더 많은 유전적 변이를 나타내지 않는다는 것을 의미한다.

윌슨의 1987년 시료에는 그 자체로 다지역 모델에 타격을 가할 수 있는 과거의 미토콘드리아 DNA가 포함되지 않았다. 만약 현대의 집단들이 오랜 지역적인 연속성의 과정을 통해서 유래되었다면 미토콘드리아 DNA 시료는 호모 에렉투스가 처음 아프리카를 떠나 구세계의 나머지로 이주했던 100만 년 이전에 그와 같은 지역적인 집단이 확립되었음을 반영해야 할 것이다. 그것은 또한 구세계 전역에 걸쳐 현대의 호모 사피엔스가 기존의 고사피엔스 집단을 완전히 대체한다는 것을 의미한다. 처음에는

147개의 시료가 너무 적기 때문에 더 오래된 미토콘드리아 DNA가 누락되었다고 하는 반론이 가능했다. 그러나 지금까지 5,000명 이상의 개체에서 분석이 되었으나, 처음의 시료보다 더 변이를 축적한(즉 더 오래된) 미토콘드리아 DNA를 가진 사람은 아무도 없었다.

미토콘드리아 이브 가설의 반대자 중에 가장 저명한 사람은 앤 아버 소재 미시건 대학의 밀포드 월포프Milford Wolpoff인데, 그는 처음에는 방산 속도가 잘못 계산되었다고 주장하였다. 방산 속도는 훨씬 느려져야 하며 그렇다면 현생 인류의 기원은 훨씬 더 시간을 거슬러 갈 것이라고 말했다. (윌슨은 실제로 5배나 잘못 계산하여 다지역 진화 모델이 요구하는 100만 년이라는 결과를 내었다는 것을 명기해두어야만 하겠다.) 월포프는 많은 세대가 지나면 미토콘드리아 DNA가 자연적으로 소실되어 집단 역사를

현대인 기원의 다지역 진화 모델의 선두주자인 밀포드 월포프.

정확하게 재구성하기 어렵기 때문에 방산 속도와는 관계가 없다고 주장하기도 했다.

월포프의 주장은 현존하는 미토콘드리아 DNA 유형에서 이용할 수 있는 정보만으로는 계통수를 구성하기에 불충분하다는 것이었다. 일부 미토콘드리아 DNA의 유형은 필연적으로 소실되며, 시간에 따라서 소실되어져 왔기 때문에 재구성된 어떤 계통수라도 너무 가까운 공동 조상을 가질 수밖에 없다는 것이다. 그러나 이 주장도 의미가 없다. 왜냐하면 현존하는 미토콘드리아 DNA의 유형은 공동 조상을 통해서 서로 갖게 된 유연 관계를 서열에 기록하고 있기 때문이다. 또한 유전적인 기록과 비교하여 (다지역 제안자들이 강조하고 있는) 화석 기록은 증거가 부족하기 때문에 계통수를 세우기가 더욱 곤란하다는 점을 지적하는 것이 합리적일 것이다.

시간을 통한 유형의 소실이 확률적으로(무작위적으로) 일어난다는 가정 하에서는 미토콘드리아 DNA에서 얻은 증거로부터 집단의 역사를 타당하게 추론할 수 있다. 만약 어떤 이유로 해서 소실 현상이 심각하게 치우쳐서 나타날 경우 현대 집단으로부터 유도된 어떤 추론이라도 설득력을 잃게 되거나 혹은 무가치하게 될 것이다. 그러한 편향이 가능할 수 있는 한 가지 이유는 선택이다.

만약 현생 인류가 일단 확립된 다음에 자연선택에 의하여 강력하게 선호되는 새로운 미토콘드리아 DNA 변이체가 출현하였다면 충분한 시간과 집단 간의 유전자 흐름이 허용될 때 그것은 기존의 변이체를 대체할 수도 있었을 것이다. 그렇다면 미토콘드리아 공동 조상에서 추론된 연대는 짧게 나올 것이다. 다른 종에서는 그러한 패턴이 발견된 예가 없더라도 이론적으로는 사람에서 그러한 가능성이 제기될 수 있다. 예를 들어 굿맨이 언급하였듯이 대부분의 미토콘드리아 DNA는 유전자를 암호화하고 있다.

(단백질 생성을) 지시하는 DNA는 자연선택의 표적이다. 게다가 일부 미토콘드리아 유전자는 세포가 장래에 이용하는 에너지 대사 경로에서 중요한 역할을 하는 단백질을 생성한다. 후기의 사람 진화에서는 뇌 크기, 특히 대뇌 신피질의 확장이 중요한 역할을 한다. 이 기관은 몸무게의 2퍼센트에 불과하지만 약 20퍼센트의 에너지를 소비하고 있어 신체 에너지 수지상 부적절하다. 따라서 굿맨과 다른 사람들은 뇌의 확장 진화 동안에 에너지 대사와 관련 있는 미토콘드리아의 유전자가 자연선택되었다고 주장한다. 이는 아직 증명되지 않고 있다.

이 외에 소실은 집단 크기의 붕괴나 폭증과 같은 갑작스런 집단 역사를 통해서도 편향되게 나타날 수 있다. 이런 경우에, 새로운 변이체도 오래된 변이체와 마찬가지로 소실될 수 있다. 만약 현생 인류가 실제로 아프리카에서 최근에 진화했고 구세계의 나머지 지역으로 이주했다면, 그곳에서 그들은 이미 확립된 원생 인류들과 짝짓기를 했을 것이고 그 결과 만들어진 집단은 오래된 것과 새로운 미토콘드리아 DNA를 혼합하게 되었을 것이다. 실제로 이미 대규모로 확립된 원생 인류의 집단과 비교하면 새로운 도래자인 현생 인류의 숫자는 상대적으로 적었기 때문에 원생 인류쪽으로 편향이 일어날 수 있다. 이 경우에 엉뚱한 집단 변화가 일어나게 되면 소수(새로운 타입)가 쉽게 제거되어 오래된 유형이 우세하게 남게 된다.

1987년 윌슨 실험실에서 논문이 발표된 후 버클리 및 다른 실험실에서도 여러 측면에서 미토콘드리아 이브에 대한 분석을 한, 많은 데이터를 발표했다. 비록 미토콘드리아 이브에 대한 의견은 분자생물학자들 사이에서 다양했지만, 그 가설은 지지를 받고 있었다. 1991년 가을 윌슨과 다른 네 명의 저자들이 쓴 논문이 《사이언스》에 발표되었다. 그 논문은 세계의 주요 4개 지역에서 189명의 사과학은 패턴들로부터, 특히 그것들이 일치할 경우 힘을 얻는다. 현생 인류가 최근에 별도로 기원했다는 주장을 지지하는 인류학자들은 그러한 패턴의 일치를 10만 년 전 경에 아프리카에서 종분화 사건이 일어났다는 사실을 뒷받침하는 화석과 유전적인 증거 사이에서 찾고자 한다. 현생 인류의 독특한 행동의 증거는 무엇인가? 만약 해부학적으로 현생 인류가 100만 년 전에 나타났다면, 고고학적인 기록에서도 현생 인류의 행동에 관한 증거를 찾을 수 있지 않겠는가? 유감스럽게도 여기서의 패턴은 아주 명확하지 못하다.

첫째, 현생 인류로서의 행동이란 무엇을 의미하는가? 사람 선사 시대의 대부분의 시기에 사람의 행동 변화(도구의 생산과 사용의 기록에서 증거를 찾은)는 매우 느렸고, 때로는 오랜 시간 동안 정체되었다. 에티오피아와 케냐에서 출토된 작고 날카로운 파편과 단순한 도끼 등 가장 초기라고 알려진 석기의 연대는 250만 년 전의 것이다. 그들의 출현은 최초의 호모종의 진화와 부합된다. 올두바이 산업이라고 알려진 이 원시 문명은 100만 년 동안 거의 변화하지 않고 지속되었다. 그 다음에는 아슐기 석기라는 새로운 형태의 석기가 다시 동아프리카에서 출현하였다. 올두바이와 유사한 석기 이외에도 아슐기의 석기는 제작하는 데 훨씬 더 정교한 개념과 수공 기교를 필요로 하였으며 물방울 모양의 돌도끼를 갖는 특징을 나타낸다.

다양한 석기를 만들 수 있도록 박편을 제작하는 새로운 방법 the Levallois이 개발되는 25만 년이 되기 전까지 고고학적인 기록상에는 어떠한 유의적인 변화도 나타나지 않는다. 실제로 기술적인 정체 현상이 다시 우세해졌다가 다음과 같은 가장 돌발적인 변화에 의하여 종료되었다. 돌 이외에 뼈나 상아와 같은 재료들이 도구를 제작하는 데 처음으로 중요성을 갖게 되었으며, 도구도 매우 섬세하고 다양했다. 게다가 장신구(부장품들이 증명해 주듯이)와 다른 종류의 미술적인 표현물들이 최초로 출현했다. 사람의 정착 규모는 커졌으며, 실용주의자(석기)와 비실용주의자(조개껍질과 호박) 사이의 원거리 접촉과 물물 교환이 이루어졌다는 최초의 증거가 나타난다. 이러한 변화가 돌발적으로 이루어졌고 중요해졌다는 것은 현생 인류의 마음이 작동하고 있음을 알려 준다.

초기에 사용했던 용어가 달랐기 때문에, 과학사적으로 이들 고고학적 시기는 세계의 다른 지역과는 다르게 불린다. 하부 사하라 아프리카에서는 올두바이와 아슐기 작업을 포함하는 시기를 원석기 시대라고 한다. 25만 년 전에 일어난 변화는 소위 중석기 시대를 선도하며, 후석기 시대로 변천한다. 유럽과 아시아 그리고 북부 아프리카에서는 동일한 시대를 각각 전기 구석기 시대, 중기 구석기 시대, 그리고 후기 구석기 시대라고 한다. (전기 구석기 시대는 원석기 시대보다 늦게 시작하는데, 왜냐하면 인간의 조상은 200만 년 이전까지는 유라시아로 확장하지 않았기 때문이다.) 여기서 우리들의 질문은 다음과 같다. 언제 중기에서 후기 구석시 시대로, 그리고 중기에서 후기 구석기 시대로 전이가 일어났는가? 만약 현생 인류의 이런 마음이 출현했다는 것을 알려주는 신호가 현생 인류의 해부학적 특징의 진화와 일치하는 것이라면(만약 아프리카 탈출 모델이 현생 인류의 기원에 적합하다면), 우리는 그 증거가 약 10만 년 전 경에 아프리카에서 처음으로 나타났고, 그 뒤에 유라시아에서 나타났다고 기대할 수 있다.

서부 유럽에서 후기 구석기 시대의 징후는 약 4만 년 전에 처음으로 나타난다. 이는 그곳에서 해부학적인 현생 인류의 최초의 출현과 아주 부합하는데 그들은 아마도 동부로 이주하는 중이었을 것이다. 그러나 우리가 아시아를 살펴볼 때 해부학과 행동 사이의 이런 일치는 기

자이레의 셈리키 강 유적지로부터 출토된 뼈로 만든 도구들. 일부는 가시가 나 있다. 이들 유물이 출토되기까지 이런 형태의 도구 중 가장 이르다고 알려진 것은 유럽에서 발견되었고 3만 년 전의 것으로 연대가 추정되었는데, 이는 이 아프리카 도구보다는 6만 년 정도 늦은 것이다.

대할 수 없는데, 이는 인류학자들에게 의문점이었다. 예를 들어 중동의 스쿨과 콰제Skhul and Qafzeh 동굴에서 발견된, 해부학적으로 현생 인류임이 입증된 화석을 조사해 보니 10만 년 전경의 것으로 밝혀졌다. 이는 하부 사하라 아프리카에서 약간 이르게 나타나고 그 이후 북쪽으로 이주했다는 현생 인류의 기원과 부합한다. 그러나 4만 년에서 5만 년 이전까지는 현생 인류의 행동에 대한 징후는 없었다.

게다가 스쿨과 콰제 사람들은 훗날 사라진 네안데르탈인과 적어도 5만 년 동안 공존했음에 틀림이 없다. 그 시대에 걸쳐 알려진 유일한 문화 유물은 형태적으로 전형적인 중기 구석기 시대의 것이다(이 지역에서는 무스테리안기라고 알려져 있다). 원생 인류(네안데르탈인)와 마침내 그들을 대체하게 되는, 해부학적 현생 인류 사이에는 행동학적인 차이는 없는 것으로 나타났다.

동일한 의문점은 고고학적인 증거가 뚜렷하지 않은 아프리카에서도 발생하는데, 이는 특히 발굴 현장의 숫자가 얼마 되지 않기 때문이다. 후석기 시대 문화(구석기 시대 후기와 질적으로 동일한)가 4만 년 전에 하부 사하라 아프리카에 존재했다고 하는 데는 이견의 여지가 없다. 그러나 해부학과 행동이 연관되어 있다면 더욱 정교한 도구 제작과 사회 구조의 증거가 적어도 6만 년 이전에는 존재해야 했다. 그러나 그 증거는 확실하지는 않다.

북서부의 아테리아기와 남쪽의 호위슨의 푸르트 Howieson's Poort와 같은 초기군의 두 석기는 중석기

시대에 전형적으로 나타나는 것보다 더욱 정교한 석기들이지만 고고학자들은 그들의 해석을 놓고 의견이 구구하다. 그 석기들은 인류학적 증거가 빈약한 후석기 시대로 전이한 흔적을 나타내는가? 혹은 그들은 후기의 좀 더 정교한 행동과는 상관없는 단순히 중석기 시대의 지리적인 변이물에 불과한가? 약 10만 년 전이라고 추정되는 유적지에서 후석기 시대의 산물의 특징을 나타내는 정교한 돌날이 발견되었다. 그러나 발견된 숫자가 적어서 새로운 행동 경향이 나타난 확실한 증거로는 받아들여지지 않는다.

1995년 초 미국, 캐나다, 그리고 벨기에의 고고학자들은 자이레의 셈리키 강 상류 지역의 두 유적지에서 정교하게 제작된 뼈 도구를 발견했다고 발표하였다. 특히 형태적으로 현대적인 그 도구들은, 만약 유적지의 측정 연대가 틀림없다면 약 9만 년 전의 것이다. 그렇다면 이 것은 구세계에서 현대적인 행동이 나타난 가장 오래된 증거가 틀림없을 것이며, 아프리카에서 현생 인류가 기원했다는 개념에도 부합되는 것이다. 그러나 아직 유라시아에서 그러한 행동을 확신하게 하는 고고학적인 유품은 발견되지 않고 있다.

왜 고고학자들은 현생 인류의 해부학과 현생 인류의 행동이라는 명백하게 연결이 되지 않는 수수께끼에서 어떤 결론을 끌어내려 하고 있는가? 아마도 골격해부학의 현대화는 약 4만 년 전에 생물학적인 변화를 상당히 거친 후에 가능하게 된 행동의 현대화에 선행되어 나났을 것이다. 그렇지 않다면 일부 고고학자가 주장하는 대로 현대적 행동의 출현은 문화적인 사건일 뿐이며 인식 능력의 생물학적인 촉진과는 상관없는 것일 것이다.

스미소니언 연구소의 앨리슨 브룩스와 동료들이 자이레의 셈리키 강 지역의 카탄다 유적지를 발굴하고 있다. 고고학자들은 뼈로 만들어진 많은 도구들을 발굴했으며 그 생산 연대를 9만 년 전으로 추정하였는데, 이는 그처럼 이른 시기에 가장 정교하게 제작된 도구들이라고 할 수 있다.

이러한 견해를 뒷받침하기 위해서 그들은 1만 년 전에 나타난 농업의 발생을 예로 드는데, 그것은 인식 능력과는 아무런 상관이 없고, 새롭고 복잡한 형태의 행동을 고무하는, 변화된 문화·환경적인 정황과 관련이 있는 것이다.

람들로부터 얻은 미토콘드리아 게놈의 일부를 서열 결정한 결과였다. 다시 한번 그 저자들은 가장 그럴듯한 계통수 모양을 얻기 위해서 단순성의 원리를 사용했고, 두 개의 통계적인 검정을 행했다. 그 결과는 아프리카 이브라는 결론을 강력하게 뒷받침하는 것이었다. 〈우리들의 연구는 약 20만 년 전 아프리카에 우리들의 공통적인 미토콘드리아 DNA 조상이 존재했다는 사실을 강력하게 뒷받침한다〉라고 저자들은 결론지었다.

그러나 1987년에 행해졌던 최초의 분석처럼 단순성의 원리에 따른 이 분석은 부적절했던 것으로 밝혀졌다. 단순성 분석이란 돌연변이가 최소의 숫자로 일어나게끔 모든 관찰된 변이체를 함께 묶는 계통수를 찾아내는 것이다. 그러나 어떤 시료에 100개체 이상이 포함되면, 그리고 게놈 상에 정보를 갖는 부위가 유사한 숫자가 되면 가능한 계통수는 엄청난 숫자로 불어나게 된다. 분석가들은 가장 적은 돌연변이를 갖는 계통수를 찾아내기 위하여 성능이 좋은 컴퓨터를 가지고 오랜 시간을 소비해야만 한다. 예를 들어, 1991년의 논문의 자료로 만들어질 수 있는 가능한 계통수의 숫자는 천문학적인 8×10^{264}이다. 가장 짧은 계통수의 숫자만도 십억 개가 넘는다. 현재의 연산 능력을 가지고 이러한 엄청난 가능성을 전부 검토할 수는 없다. 가장 좋은 연산 방식과 가장 빠른 컴퓨터를 사용한다고 하고, 군더더기 없는 단순성의 원리를 적용한다 해도 50,000개나 되는 계통수가 가능하다.

연구자들은 그들이 조사하는 계통수를 선택할 필요가 있으며, 그런 선택이 대표적인 표본을 구성한다고 가정해왔으나, 실제로는 그렇지 않다는 것이 증명되었다. 예를 들어, 1991년의 논문의 저자들은 100개의 계통수를 조사하였다. 펜실베이니아 주립대학의 린다 비질란트 Linda Vigilant와 마크 스톤킹 Mark Stoneking이 그 주장의 타당성을 검정하려고 하였을 때, 그들은 10,000개의 계통수를 만들어내어 비-아프리카 기원을 추정케 하는 계통수의 숫자가 아프리카 기원만큼이나 많다는 사실을 발견하였다. 워싱턴 대학의 앨런 템플턴 Alan Templeton과 하버드 대학의 데이비드 메디슨 David Maddison과 그의 동료들도 유사한 결과를 얻었다.

이들 데이터에 근거하자면 아프리카에 기원을 둔 미토콘드리아 이브는 확률적인 관점에서 지지될 수가 없다. 많은 사람들은 이러한 약점을 아프리카 기원설을 기각하는 것으로 받아들이려 한다. 그러나 스톤킹의 언급에 의하면 〈이 결론이 확률적으로 유의하지 않다는 것은 비-아프리카 기원의 확률이 5퍼센트 이상이라는 것뿐이지 지리적 기원에 대해서 아무런 정보가 없다는 것을 의미하는 것은 아니다.〉 통계학적으로 유의하게 계통수를 분석할 수 없다면 그 결과의 의의는 다음과 같다. 첫째, 사람의 미토콘드리아 DNA에서 유전적인 변이의 양은 직으며, 이는 비교적 최근에 현생 인류가 기원했음을 알려준다. 이 결론은 단순성의 원리에 근거한 분석에는 영향을 받지 않는다. 둘째, 아프리카 집단은 가장 변이가 심하다. 이 결론도 영향을 받지 않으며, 통계적인 중요성은 없다고 할지라도 아프리카 기원을 추정하는 것이 가장 합리적이다.

스톤킹과 그의 동료들은 최근에 파푸아뉴기니로부터 얻은 데이터에 두 가지 새로운 방법을 사용하여 사람의 미토콘드리아 DNA의 돌연변이율을 다시 보정하였다. 보정 결과 미토콘드리아 DNA 조상의 평균 연대는 133,000에서 137,000년으로 나왔다. 그러나 새로운 보정의 가장 중요한 의의는 95퍼센트의 신뢰도를 갖는 연대 범위를 산출했다는 것이었다. 한 방법에 의하면 63,000년에서 356,000년 전으로 산출되었으며, 다른 하나는 63,000년에서 416,000년 전으로 산출되었다. 범위의 하한은 고고학적 기록에서 본 현생 인류의 행동의 시초에 관한 관찰과 잘 부합한다. 그러나 우리들의 목적을 위해서 더욱 의미가 있는 것은 범위의 상한으로서 그 연대는 그래도 다지역 진화 모델이 요구하고 있는(적어도 100만 년 이상) 것의 반도 채 되지 않는다.

다른 사람들은 미토콘드리아 DNA 데이터를 분석하여, 다른 결론에 도달하였다. 예를 들어 샌디에이고 소재 캘리포니아 대학의 유전학자인 크리스토퍼 윌스Christopher Wills는 핵산 돌연변이의 부분 조합을 사용하면 전체 데이터보다는 더 명확한 결과를 얻을 수 있을 것이라고 생각했다. 이런 분석에 의하면 현생 인류의 기원 시점은 436,000년 내지 806,000년 전이 된다. 이는 많은 사람이 생각했던 것보다는 이브가 사람의 선사 시대 훨씬 이전 단계에 존재했음을 나타낸다. 즉 그녀는 고 호모 사피엔스라기보다는 호모 에렉투스에 속해 있었다. 그럼에도 이브는 다지역 진화 가설이 주장하는 아프리카로부터의 초기 이동(아마도 200만 년 이전인) 이후의 시기에나 존재하는 것 같다.

핵 유전자의 변이에 관한 몇 가지 연구에서 얻은 데이터로부터 아프리카 집단은 유럽 집단으로부터 최초로 분리되었으며, 뒤이어 최근에 코카서스 인종과 아시아 인종이 분리되었다고 추정되었다. 일반적이기는 하지만 유사한 결론이 예일 대학의 켄 키드Ken Kidd의 실험실에서 행해진 12번 염색체의 작은 비암호화 부위noncoding section에서 얻은 데이터에서도 도출되었다. 이 유전자 좌위에서의 변이는 세계의 다른 지역에서보다 아프리카에서 더욱 대규모로 나타났다. 〈그것은 최근에 일어난 아프리카로부터의 현생 인류의 이주 가설과 부합한다〉고 키드는 언급한다. 〈그 데이터를 설명해 줄 다른 어떤 가설을 상상한다는 것은 곤란하다.〉 유사하게 스탠퍼드 대학의 루이지 루카 카발리−스포르자Luigi Lucca Cavalli-Sforza와 그의 동료들은 세계의 다른 집단과 비교하였을 때 아프리카 집단에서 추출한 일종의 비지시 DNA에서 높은 변이성을 발견하였다. 1994년 벽두에 그들은 《네이처 Nature》에 〈이 관찰은 아프리카 기원의 개념을 뒷받침한다〉라고 보고하였다.

아프리카 내에서의 높은 유전적 변이와 다른 곳에서의 낮은 변이를 보이는 패턴은 다음과 같이 생겨났다. 현생 인류는 아프리카에서 처음 출현하였으며, 그곳에서 유전적 변이성이 확립되었다. 상당히 커다란 이 집단으로부터 작은 소집단이 아프리카 밖으로 영토를 확장해 나갔고 유럽과 아프리카로 퍼져 갔다. 이 이주 집단은 구성원들의 숫자가 적었기 때문에 전체 집단이 원래 가지고 있었던 유전적 변이 중 일부분만을 보유하게 되었다. 새롭게 유전적 변이성을 확립하게 된 이들 집단은 새로운 영토로 신속하게 확장해 갔으며, 이 과정에서 비교적 유전적 변이가 낮게 유지되었다. 여러 연구팀은 막 서술한 인구통계학을 지시하는 데이터로서 이 유전적 각인의 다른 예를 찾아보았다.

예를 들어, 윌슨과 안나 디 리엔조Anna Di Rienzo는 미토콘드리아 DNA 데이터로부터 그러한 단서를 찾아냈다. 그것은 약 6만 년 전에 유럽에서 확립되는 변이의 증폭을 보여주었다. 〈우리들은 아프리카로부터의 이민에 따른 집단의 급격한 팽창의 결과를 보고 있는 것이라고 설명할 수 있다〉라고 리엔조는 설명한다. 이와는 대조적으로 워싱턴 대학의 앨런 템플턴은 그 데이터로부터 다른 주장을 편다. 그는 이것은 다지역 진화 가설을 뒷받침해 주는 증거라고 간주한다. 미토콘드리아 DNA 데이터를 분석하면서 펜실베이니아 주립대학의 헨리 하펜딩Henry Harpending은 이를 각각 세계 전역에서 분리되어 팽창된 증거로 보는데, 그런 관점은 다지역 가설을 지지하고 있다. 유타 대학의 앨런 로저스는 미토콘드리아 DNA 데이터에 〈돌연한 팽창〉의 컴퓨터 모델을 적용하여 하펜딩이 주장한 바 있는 8만 년 전에 시작된 팽창의 증거를 찾는다. 로저스의 결과에 의하면 특정 가설을 선호하는 명확한 결론이 나올 수는 없지만 아프리카 탈출이라는 관점이 가장 설득력이 있다.

핵 DNA의 변이를 가지고 기원 시점을 유추해내는 것은 더욱 어렵지만 지난 몇 년간 펜실베이니아 주립대학의 마사토시 네이Masatoshi Nei와 그의 동료들에 의하여, 그리고 카발리－스포르자와 그의 동료에 의하여 각각 계산된 두 추정치는 10만 년 전에 근접한 것으로 나타났다. 이는 대부분의 미토콘드리아 DNA 분석에서 얻은 연대와 아주 흡사한 것이다. 더욱더 놀라운 것은 1995년 중반《사이언스》에 발표된 Y 염색체 상의 어떤 유전자의 729개 뉴클레오티드로 이루어진 절편을 비교한 결과였다. 남성에게 있어서 Y 염색체는 한쪽 성, 즉 부계를 따라서만 유전된다는 점에서 미토콘드리아 DNA와 유사하다. 예일 대학의 로버트 도리트Robert Dorit와 두 동료들은 세계 전역의 38명의 남성을 조사했지만 이 서열에서 변이가 일어난다는 사실을 발견하지 못했다. 변이가 존재하지 않는다는 것은 놀라운 일이었으며, 유전자의 역사를 분석하는 과학자들에게는 커다란 도전이었다. 통계학적인 기법을 사용하여 도리트와 그의 동료들이 연구한 결과 〈최종적인 공통의 남성 조상은 27만 년(95퍼센트의 신뢰 한계를 가지고 0에서 80만 년대로 추정)이라는 연대에 등장한 것으로 추정된다〉고 보고하였다.

만약 아프리카로부터의 이주 모델이 옳다면, 다양한 결과들이 선사 시대의 기록적 측면에서 그 영향을 미쳤을 것이다. 이들 중 다수는 물질 문명의 측면이지만 어떤 이

들은 언어의 전파에 관심을 가진다. 현생 인류를 형성하는 집단은 단일 언어를 가졌을 것이고 이 언어는 이주하는 집단을 따라 퍼져나갔으며, 유전자처럼 지역적으로 진화했을 것으로 추측된다.

그러나 만약 다지역 모델이 옳다면 구세계 지역의 언어는 유전적인 유산처럼 매우 원시적이고 전혀 비교할 수 없는 근원을 가질 것이다. 지역적인 집단 간에 지리적으로 분포하는 언어가 특이한 유전적인 조성과 상응할 수 있다고는 거의 기대하기 어렵다. 둘 사이의 연결을 확인하기에는 언어가 기원된 지, 그리고 지역적 집단이 기원된 지 매우 오랜 시간이 흘러갔기 때문이다.

10여 년 전에 사람의 집단에 대한 유전적인 정보가 축적되기 시작했을 때 원래의 목적은 이런 언어적인 문제를 다루는 것은 아니었지만, 최근에 카발리 스포르자는 유전자와 언어의 관련성 여부를 검정할 수 있는지를 확인하였다. 스탠퍼드 대학의 언어학사인 조셉 그린비그Joseph Greenberg와 메리트 루렌Merrit Ruhlen의 도움을 받아 카발리－스포르자와 그의 동료들은 본질적으로 구세계의 유전자 지도를 연관된 어족의 지도와 맞추어 보았다. 〈어학적인 상위족은 '유전적 패턴에서의' 두 개의 주요 집단과 뚜렷이 일치하였으며, 이로써 유전적 진화와 어학적 진화 사이에는 상당한 연관 관계가 있음을 알게 되었다〉라고 그들은 결론지었다.

스탠퍼드 대학에서 이루어진 연구는 어떤 측면에서 논쟁을 불러일으켰지만, 언어로부터 추론한 패턴은 현생 인류 진화의 마지막 요소 중의 하나가 언어 능력의 발달이라는 개념과 부합한다. 그것은 현생 인류가 최근에 그리고 불연속적으로 아프리카에서 기원했고, 후에 구세계의 나머지 부분으로, 그리고 마침내 신세계로 이주했다는 사실과도 부합한다.

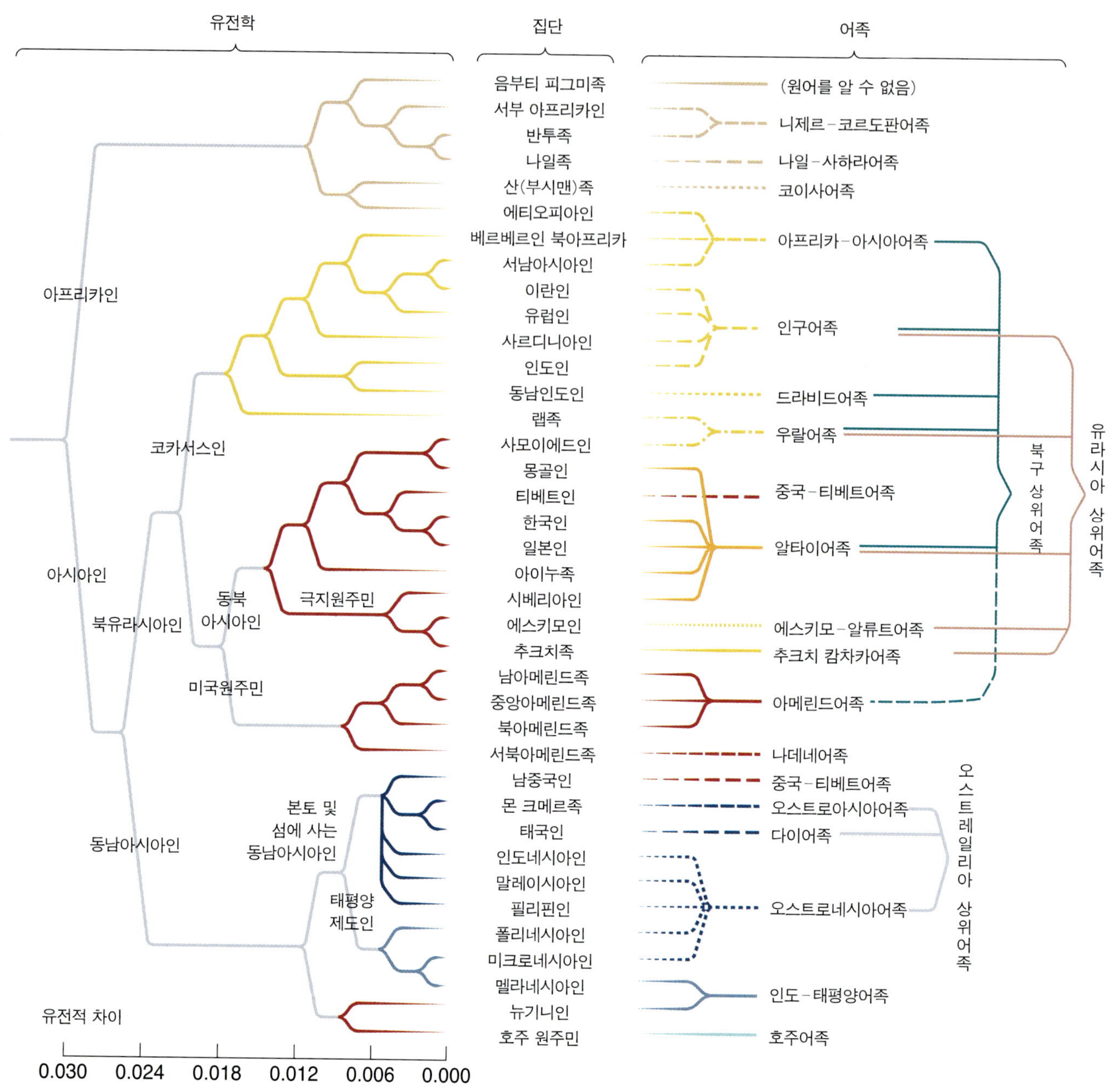

유전적 및 언어학적 증거를 비교한 결과 세계인 집단 사이에 놀랍도록 밀접한 관계가 나타난다. 즉, 유전자 지도는 연관된 어족 지도에 상응한다. 이러한 일치로 말미암아 조상이 되는 아프리카 집단으로부터 현대인이 비교적 최근에 기원했다는 개념이 등장하였다.

미 대륙에의 도래

500년 전에 이루어진 미 대륙의 〈발견〉은 유럽 지성인들에게는 엄청난 충격을 주었다. 광대하고 알려지지 않은 세계의 존재는 세계의 완전성이라는 종래의 생각을 뒤바꾸어 놓았다. 미국 원주민들도 알려지지 않은 해안으로부터 사람들이 그들의 땅에 도착했다는 사실에 동일한 충격을 받았다. 양쪽 그룹은 종교적인 것으로부터 외계의 것까지 다양한 범위의 설화를 만들어서 다른 사람들의 존재에 대하여 설명하려고 골몰하였다. 200년 전 토머스 제퍼슨의 시대에 아시아 인종과 북미 원주민과의 조상 관계를 밝히기 위하여 언어학적이며 고고학적인 증거들을 해석

하여 과학자들은 선사 시대의 어떤 시점에 일단의 사람들이 아시아를 빠져나와 미국의 북동쪽에 들어와서 후에 남쪽에 퍼지게 되었다고 추론하였다. 지금 학자들이 제기하고 있는 의문점들은 첫째, 어떻게, 그리고 둘째, 언제 이런 정착이 이루어지게 되었는가 하는 점이다.

200년이 지났어도 학자들은 아직도 동일한 의문점에 매달리고 있다. 수 세대에 걸쳐 학자들은 고고학, 고생물학, 그리고 언어학에서 증거들을 세밀하게 조사해 왔다. 예를 들자면, 미국에는 세 종류의 주요 언어 집단이 있다. 처음의 두 집단, 즉 북극 지역의 에스키모 – 알류트Eskimo – Aleut 족과 북서쪽의 나데네Nadene 족은 비교적 동질적인 집단이다. 세번째 족인 아메린드Amerind 족은 엄청난

콜럼버스의 미 대륙 도착과 원주민과의 첫번째 조우를 묘사한, 16세기 플랑드르의 판화가인 테오도르 드 브리의 유명한 그림

다양성을 보인다. 에스키모-알류트 족과 나데네 족은 두 번에 걸쳐 별도로 도래한 후손들로 생각된다. 더욱 문제가 되는 것은 아메린드 족의 기원이다. 그들은 후에 대규모의 언어적인 분화를 겪은 단일 이주민의 자손들인가? 혹은 그들은 동일한 유전적 자원을 가진 집단으로부터 다수에 걸쳐 독립적으로 도래한 사람들의 후손인가? 도래 시기의 문제에 관해서도 거의 의견 일치가 이루어지지 않고 있다. 일부 고고학자들은 처음 도래한 시기를 11,000년 전 정도로 잡고 있다(소위 후기 도래설). 반면에 다른 고고학자들은 정착이 32,000년 전에 이미 시작되었다(소위 초기 도래설)는 증거를 확신하고 있다.

1980년대 중반에 스탠퍼드의 조셉 그린버그는 모든 북미 인디언의 언어를 분석하였다. 이미 예측되었듯이 그는 에스키모-알류트와 나데네 족을 두 개의 분리된 어군 phyla으로 묶었다. 또한 그는 600여에 달하는 모든 아메린드 족의 언어들을 하나의 어군으로 묶었다(공통적인 근원을 갖는다는 주장은 그들의 다양성 때문에 논쟁의 여지가 있지만). 애리조나 주립대학의 크리스티 터너Christy Turner에 의해 수립된 치아의 증거와 카발리-스포르자에 의해 마련된 혈액형과 같은 고전적인 단백질 마커로부터 얻은 정보들은 이 세 그룹 분석을 지지하였다.

동시에 세 가지 계열의 정보들은 세 시점-도래 가설을 뒷받침해 주었다. 아메린드 족의 조상들이 제일 처음 도래하였으며, 그 다른 나데네 족이 들어왔고, 마지막으로 에스키모-알류트 족이 들어왔다. 기껏해야 대략적인 시간적인 척도를 알려줄 수밖에 없지만, 시간에 따른 언어 변화의 속도(언어연대학glottochronology)에 근거하면 각각의 사건은 12,000년 이상, 9,000년 그리고 5,000년 전에 일어났다고 추정된다. 아메린드 연대가 불확실한 까닭은 1만 년 이상 되면 언어 연대 추정이 거의 불가능해지기 때문이다.

미 대륙으로 사람이 도래한 것은 비교적 최근의 사실이므로 분자인류학의 영역에서 빠른 돌연변이 속도를 갖는 게놈 분석이 요구되었다. 따라서 미토콘드리아 DNA 분석이 그 문제를 다루는 적절한 도구라고 판단되었다. 1980년대 중반에 시작된 이 방법은 몇몇의 실험실에서 시도되어 왔는데 이제까지는 각각 상반되는 결과를 나타냈다. 그러나 다음과 같은 두 가지 점에서는 의견이 일치한다. 미 원주민은 아시아에서 기원했다는 것과, 아메린드, 나데네, 그리고 에스키모-알류트 등 세 어족의 각각은 유전적인 친밀성을 보인다는 것이다. 불일치를 보이는 점은 도래의 시점과 패턴이다.

더글러스 월리스의 실험실에서는 피마 인디언(애리조나 주의)과 일부 아시아 집단의 미토콘드리아 DNA에서 유전자 다형성을 비교하여 그 문제에 처음으로 접근했다. 그들은 아메린드 족 사이에는 4개의 미토콘드리아 계열이 있는 것을 발견하였고 각각 A, B, C, 그리고 D라고 표지하였다. 각 계열에서는 유럽인과 아프리카인에게는 나타나지 않는 보기 드문 아시아 족의 미토콘드리아 DNA 마커라는 특징이 나타났다. 이 결과로 미루어볼 때 아메린드 족은 아시아에서 유래했음이 확실해졌다.

그러나 미국 집단에서의 그 마커의 빈도는 아시아 집단보다는 매우 높았다. 월리스와 그의 동료들은 이것을 신세계에서의 전반적인 유전적 변이의 감소, 즉 집단 병목 현상의 결과로 해석하였다. 다른 말로 하자면, 아시아에서 미 대륙으로 이주하여 아메린드 족을 형성한 집단은 수백이나 수천을 넘지 않으며, 원래 집단에 상당히 존재했던 유전적 변이를 일부밖에 가지고 있지 않았다고 추정된다.

월리스 그룹은 비교되는 집단의 숫자를 아시아 집단 외

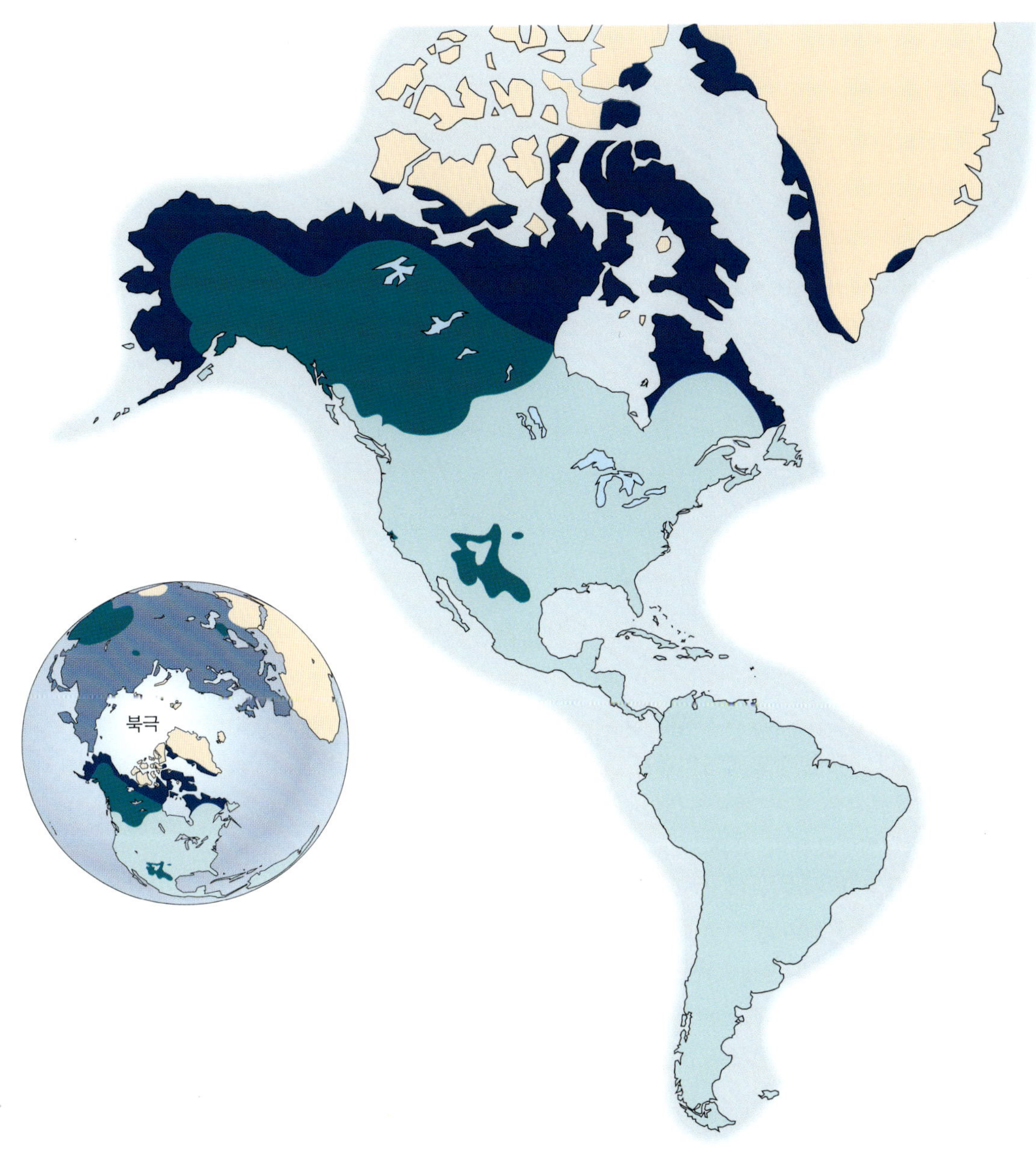

스탠퍼드 대학교의 조셉 그린버그는 미 대륙의 많은 언어를 세 종류로 나누었다. 에스키모-알류트(남색), 나데네(초록색), 그리고 아메린드(연두색). 아메린드 족이 신세계에 최초로 도래하였으며, 에스키모-알류트가 마지막으로 도래하였다.

에도 남미, 중미, 그리고 북미 집단(아메린드 집단과 나데네 집단을 비교)을 포함하는 다수로 늘렸다. 원래의 패턴이 유지되었을 뿐만 아니라, 더욱 자세해졌다. 예를 들어 네 가지 미토콘드리아 계열에 표현되어 있는 유전적 변이로 보아 병목 현상으로 추정되는 시기 후에 나타났으며 이로써 미 대륙에는 소집단이 도래했고, 후에 급속히 퍼졌다는 개념이 강화되었다. 게다가 아메린드 집단에 속한 구성원들은 네 가지 미토콘드리아 계열(A, B, C, D) 중 어느 것 하나를 가지고 있었으나, 나데네 족에서는 A 계열만이 나타나서 별도로 이주했음을 알려주고 있다. 이들 계열 내에서의 변이의 정도는 아메린드 집단에서는 나데네 집단보다 네 배나 높아 아메린드 족이 처음 이주했음을 알 수 있다. 100만 년 동안 서열의 방산이 2-4퍼센트의 속도로 일어나는 것에 근거하여 월리스 그룹은 아메린드 창시자들이 도래한 시기를 21,000년에서 42,000년 전 사이로, 나데네 집단의 도래시기를 5,250년에서 10,500년전 사이로 잡고 있다. 이 패턴은 세 시점 - 도래 모델과 부합되지만, 아메린드 그룹이 더 빨리 도래한 것으로 나타난다.

최근에 월리스와 그의 동료들은 중미 치브차Chibcha 어 사용족에 관한 유전적인 연구로부터 얻은, 보정치를 적용한 서열 방산 속도를 가지고 연대를 다시 계산하였다. 1994년 초 그들은 아메린드 족이 22,000년에서 29,000년 전에 도래하였다고 연대를 정정 발표하였다. (네 가지 미토콘드리아 계열 중에서 B는 나머지 것보다 가장 변이가 적은데, 이에 근거하면 13,500년이라는 연대가 계산된다. 이것에 의하면 아메린드 집단이 두번째로 이주해왔을 가능성도 제기된다.) 통계학적으로 이들 결과는 도래가 초기에 혹은 후기에 일어났는가를 결정해 주지는 않는다. 그러나 초기에 일어났을 가능성이 더 크다.

중간 시기에 유타 대학의 릭 워드Ryk Ward가 행한 두 번째 연구에서는 다른 결과가 나왔다. 워드의 그룹은 월리스와 그의 동료들에 의해서 언급된 미토콘드리아 계열에서 대규모의 변이를 발견하였는데 그 자체로는 7만 년이 넘는 도래 연대를 나타내는 것이었다. 워드와 그의 동료들이 후에 제안하였듯이 더욱 합리적인 해석은 이 변이의 대부분은 그들이 미 대륙으로 들어오기 전에 집단에서 발생했으며, 도래한 집단의 크기는 수천을 넘을 정도로 컸다는 것이다. 이 경우에 도래 연대를 낮추기 위해서는 다른 증거(고고학적인 데이터와 같은)들이 필요하다.

미토콘드리아 DNA 서열 방산의 속도를 보정하여 수행된 후기 분석에 의하면 유타 그룹은 아메린드 족에 대해서는 13,000년 전에, 그리고 나데네 족에 대해서는 6,200년 전에 도래했다고 추정된다. 따라서 이것은 후기 도래 모델과 부합한다. 유타와 에모리 실험실에 의해서 제안된 상이한 결론은 주로 상이한 서열 방산 속도로부터 유도되었다. 지금까지 이들 차이점은 해결되지 않고 있으며, 미 대륙으로의 정착시기는 해결되어야 할 문제로 남아 있다.

워드와 그의 동료들은 아메린드와 나데네 족 사이의 언어학적이며 유전적인 차이에 관한 연구를 수행했다. 그들이 제기한 질문은 언어와 유전자가 비슷한 속도로 변화하느냐는 것이었다. 그렇다는 것을 단언하기 위해서는 아메린드 집단 내에서의 유전적 차이가 아메린드와 나데네 족 사이에서보다는 적어야 한다. 아메린드어는 한 개의 어군을 형성하고 나딘은 별도의 어군을 형성한다.

실제로 아메린드 족 내에서의 유전적 차이는 아메린드와 나데네 족 사이에서의 유전적 차이와 다소 비슷하게 나타나, 언어적 진화가 유전적 진화보다는 빠르게 나타남을 알 수 있었다. 〈우리는 이것을 언어적 다양성이 유전적 다양성과는 기본적으로 다른 방식으로 일어나기 때문이라고 추측한다〉라고 워드와 그의 동료들은 최근에 썼

1927년 뉴멕시코의 폴섬 근처에서 고고학자들은 마지막 빙하기 말에 멸종되었던 아메리카 들소의 한 종을 발굴하여 그 골격에 박혀 있는 창촉을 발견하였다. 이것은 초기에 미 대륙에도 사람이 존재하였음을 알려준 최초의 중요한 증거였다. 그 발견으로 말미암아 신세계로 사람들이 들어온 연대는 적어도 1만 년 이전으로 추정되었다.

6년 후 뉴멕시코에서는 다시 한번 이전에 사람이 거주했음을 알려주는 더욱 많은 증거가 나타났고, 이는 사람이 거주했던 연대를 그보다 1,300년 전으로 더 끌어올렸다. 창촉은 다시 한번 사람의 존재를 알려주는 단서가 되었는데 이번에는 매머드의 뼈와 함께 발견되었으며, 고생물학자들에 의하면 그 동물은 아메리카 들소보다도 이전에 멸종되었다고 한다. (연대에 대한 측정은 후에 방사성 탄소법으로 이루어졌다.) 가늘고 긴 특징적인 형태를 갖는 창촉과 그것을 만들었고 사용했던 사람들에게 클로비스라는 이름이 붙여졌다.

이후 60여 년 동안 클로비스 사람들보다 더욱 이른 시기에 미 대륙에 사람이 살고 있었다는 주장이 수십 번에 걸쳐 나타났는데 어떤 것은 25만 년 전에 거주했다는 주장도 있었다. 자세히 조사한 결과 대부분 허구임이 드러났다. 댈러스의 남감리교 대학의 고고학자이며 미 대륙으로의 사람의 이주 문제를 전공한 데이빗 멜처는 〈고유적지에서 너무도 많은 헛된 희망 사항이 발표되었기 때문에 거의 연례적으로 이루어지고 있는 새로운 주장들에 대해서.미국 고고학자들은 아주 회의적이 되었다〉

고 언급하였다. 빙하 작용의 결과로 해수면이 낮아졌을 때 베링 해협으로 이주했던 북동아시아인들인 클로비스 사람들이 최초의 거주자였다는 강력한 확신이 이 시대에 등장하게 되었다. 그들의 거주지와 사냥 활동에서 얻은 풍부한 증거로 판단해 보건대 이 사람들은 북쪽에서 남쪽으로 빨리 이동하여 수세기 내에 티에라 델 후에고에 도달했고 그들이 도착한 곳에 있던 36속의 대형포유동물을 멸종시킨 것 같다. 이상하게도 그들 자신의 뼈는 거의 발견되지 않고 있다.

아시아 인종의 미 대륙으로의 이주 연대는 여러 요인에 의해서 한정이 된다. 첫째, 4만 년 이전에는 북동아시아에 인간이 거주한 증거가 없다. 이는 이주 연대의 상한선을 설정해 준다. 둘째, 마지막 빙하 작용의 불안정한 강도는 베링 해협을 35,000년에서 11,000년 전에 드러내주어 두 대륙 간의 이동을 가능케 하였다. 그러나 18,000년 전 이 빙하기 후기의 최고조 시기에는 북미를 둘러싸고 있었던 동쪽과 서쪽의 빙산이 서로 붙어 남쪽으로의 이동을 방해하였다. 따라서 35,000년에서 28,000년 전과 14,000에서 11,000년 전의 두 번의 기회에 걸쳐 얼음의 남쪽으로 이동이 가능했다.

근년에 11,500년보다 더 오래된 고고학적 유적지가 발견되었는데 이로써 클로비스 이전의 사람들이 이런 기회를 포착했음을 알 수 있다. 그것 중에서도 가장 신빙성이 있는 곳은 세 군데라고 할 수 있다. 하나는 북미에 있으며, 나머지는 남미에 있다.

피츠버그 인근의 메도우크로프트 바위 거주지는 20년

1만 년 전 미 대륙에 살았던 사람들이 제작한 특징적으로 뾰족한 창촉인 클로비스 촉.

이상 발굴되었다. 몇몇 다른 거주지 표면에서 돌로 된 유물들이 발견되었는데 그들 중 가장 오래된 것은 방사성 탄소법에 의하여 17,000년 전의 것으로 측정되었다. 연구팀의 책임자인 피츠버그 대학의 제임스 아도바시오는 클로비스 이전의 연대가 가능한가라는 비평에 대하여 맞섰다. 초기 시대에 메도우크로프트의 환경은 냉랭했을 것이 틀림없는데, 왜냐하면 로렌티드 빙하의 남쪽

가장자리가 겨우 북쪽 100킬로미터에 위치하고 있었기 때문이다.

남아메리카에서 클로비스 이전에 사람이 정착했다는 것을 보여주는 가장 강력한 증거는 칠레 남부의 몬테 베르데 유적지이다. 여기에는 이탄 소택지 하에 보존된 직사각형의 오두막이 줄지어 남아 있다. 켄터키 대학의 톰 딜헤이와 그의 동료들은 1976년과 1985년 사이에 그 유적지를 발굴하여 벽난로, 동물의 뼈와 가죽, 그리고 나무와 돌로 된 도구를 발견하였다. 벽난로에 들어 있는 숯을 방사성 연대 측정한 결과 가장 오래된 거주지는 13,000년이나 되었다는 사실이 밝혀졌다. 가까운 거주지들은 약간 부정확하기는 하지만 33,000년 전으로 연대 측정이 되었다.

브라질 북동부의 페드라 프라다의 유적지에서는 가장 오래된 연대가 주장되고 있다. 계곡의 평원 위에 자리잡은 바위 거주지인 페드라 프라다는 사람, 도마뱀, 아르마딜로, 그리고 재규어 등을 포함하는 수많은 채색 기호와 그림으로 장식되어 있다. 브라질의 고고학자인 니에데 가이든이 지휘를 맡은 유적지 탐사에서 벽난로와 돌연장들이 발굴되었다. 벽난로의 숯은 방사성 동위 원소법에 의해 42,000년 전의 것으로 연대 측정이 되었다. 가이든은 이것이 그 유적지의 진정한 연대라고 생각했으나, 다른 고고학자들은 이것이 과대평가되었다고 믿고 있다. 클로비스 이전의 것이라니, 혹시 그럴지도 모른다. 그러나 3만 년 전 이상이라니? 아마도 그렇지는 않을 것이라고 그들은 주장한다.

만약 사람들이 클로비스 이전의 시대의 미 대륙에서 얼음의 남쪽에 있었다면, 먹이감이 풍부했던 얼음의 북

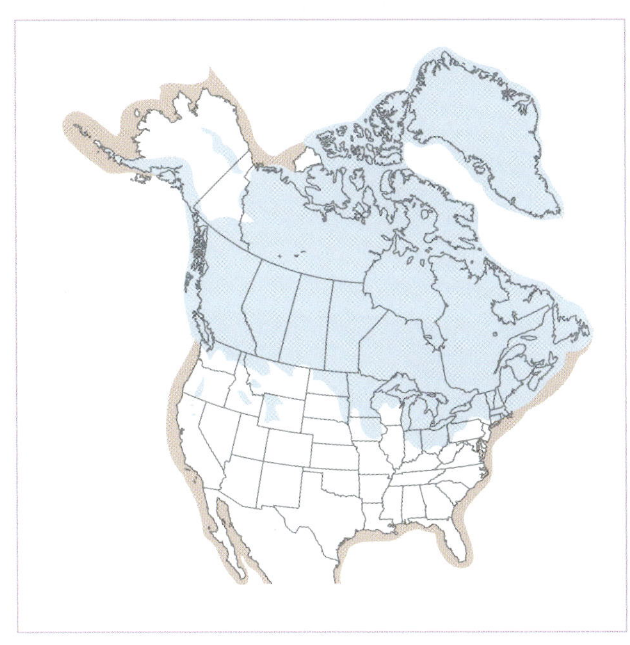

마지막 빙하기 동안에 해수면은 극적으로 낮아졌으며, 새로운 해안선(갈색) 및 북미와 아시아 사이의 베링 해협을 드러내어, 구세계로부터 신세계로 첫 번째로 사람들이 정착하게 되었다. 미 대륙에 사람이 정착한 연대에 대하여는 아직도 논란이 있다.

쪽에도 초기에 이주한 증거가 있어야 한다. 유콘에 있는 올드 크라우 분지와 블루피시 동굴의 두 유적지에서 인공적으로 만들어진 박편의 돌과 부서진 뼈들이 발견되었다. 이들 유적지의 연대는 정확하게 측정되기는 어렵지만 25,000년 전이나 그 이상으로 거슬러올라간다.

현재 밝혀진 고고학적인 증거에는 많은 의문점이 있다. 클로비스 사람들이 남긴 대규모의 기록에 의해서 추정할 수 있는 갑자기 늘어난 거주가 의미하는 바는 무엇인가? 그것은 그처럼 최근에 대규모의 이동과 사람들의

산포가 이루어졌다는 것인가? 그렇지 않다면 이미 신세계 대륙에 존재했던 사람들 사이에서 새로운 문명적 표현이 빨리 퍼져나간 것인가? 클로비스 이전의 고고학적인 기록들에 의하면 초기에 이주가 이루어졌음을 알 수 있다. 그러나 그것이 희소한 것을 볼 때 인구 팽창과 거주가 제한적으로 이루어졌음을 알 수 있다. 어떤 경우가 되었건 북미인으로부터 얻은 유전적 증거에 의하면 그들은 클로비스 시기보다 오래전에 미 대륙에 도착했던 사람들의 후손이라는 것이다.

15세기에 콜럼버스가 도착할 때까지 미 대륙은 수천의 다양한 언어와 문화를 가진 종족들의 고향이었다. 오늘날에는 이 중 반수의 언어만이 남아 있다. 그리고 그 중 다수의 언어는 사라지려는 위기에 처해 있다. 모든 언어들은 아시아 대륙으로부터 도래한 일부 이민 집단의 후손인 사람들이 빨리 다양화되었음을 나타내는 증거이다.

다. 〈만약 언어적인 차이를 사회적이며 역사적인 사건에 의해 추진되는 문화적 현상으로 볼 수 있다면, 그것은 '갑작스런' 변화와 '정체된' 시간성을 나타낼 것이다.〉 언어적 변화와 유전적 변화는 오랜 과거에 분지된 집단 내에서만, 두 메커니즘에 의한 산물의 차이가 고르게 되는 충분한 시간이 주어졌을 때라야만 부합하는 패턴처럼 나타날 것이다.

이제 분자인류학은 학문적으로 확고한 분야를 이루었다. 물론 그것은 사람의 선사 시대에 관한 전통적인 연구를 완전히 대체할 수는 없으나, 강력한 보조 학문이다. 여기서 예를 든 연구들에서 그러한 위력이 나타나지만 분자적 기법의 복잡성도 또한 나타난다. 만약 그러한 복잡성이 없다면 일치되는 답변이 곧 도출되겠지만, 미 대륙에로의 사람들의 도래 문제에서 나타났듯이 이것은 실제로 그렇게 단순하지 않다.

얼룩말과 근연 관계인 콰가는 19세기 말 멸종하였다. 고DNA를 이용하여 이 동물을
최초로 복원하였다.

고DNA의 복원　8

호박 속에 들어 있는 흡혈곤충으로부터
공룡의 DNA를 추출하여
공룡을 부활시킨다는 상상력은
고DNA 연구라는
새로운 분야의 과학을 낳게 되었다.

이 마지막 장에서 분자적 진화의 이야기는 대담하게 과거로, 그리고 불확실하지만 미래로 옮겨간다. 스티븐 스필버그의 장대한 1993년도 영화인 쥐라기 공원은 호박 속에 갇혀 있는 곤충의 뱃속으로부터 공룡의 DNA를 복원시켜 이들 멸종한 가공할 도마뱀들을 부활시키는 것이 가능하다는 개념, 더 적절하게 표현하자면 환상을 열린 무대로 이끌어내었다. 그 영화는 1990년 출간된 마이클 크라이튼의 『쥐라기 공원』에 근거했으나, 그 소설의 아이디어는 그보다 10여 년 전 발표된 바 있는 뉴욕 록빌 센터의 고생물학자이자 작가인 찰스 펠라그리노Charles Pellagrino의 생각에 근거한다. 1977년 뉴저지에서 발굴된 9,500만 년 된 호박 조각 속에서 그는 완벽하게 보존된 것으로 보이는 파리를 발견했으며, 그것이 상상력을 자극했다. 〈30년 정도 기술이 더 발달한다면 우리는 파리의 뱃속에 들어 있는 DNA를 추출하여 유전 정보를 읽어낼

수도 있을 것이다. 만약 운이 좋다면 우리는 공룡의 혈액과 피부를 발견하게 될 것이다.〉 그는 그러한 생각을 《옴니 Omni》라는 과학과 공상 과학 소설을 다루는 잡지에 발표하였다. 그는 또한 부분적으로 손상된 유전 암호가 있다면, 유전적인 외삽법을 사용하여, 즉 현재 살아 있는 공룡의 근연종들의 유전자에서 빌려와서 그 유전 암호들을 재구성할 수 있다고 제안하였다. 그는 계속하였다. 〈우리는 공룡의 그 유전자를 세포의 핵에 넣어 난황과 알 껍질을 만들어준 다음 우리 자신의 공룡을 부화시킬 수도 있을 것이다.〉 아직 그가 말한 지 30년이 지나지 않았다. 그리고 쥐라기 공원의 인기에도 불구하고 공룡은 아직 멸종한 채로 남아 있다. 하지만 펠라그리노의 상상력의 핵심, 즉 멸종한 생물로부터 DNA를 추출해내는 일은 성취되었으며 아직 적절한 이름은 붙일 수 없지만 집합적으로 고DNA 연구라고 부를 수 있는 여러 분야의 새로운 과학

호박은 조직을 보존하는 데 놀랄 만한 능력을 갖고 있어서, 이 황금색의 무른 물질 속에 갇힌 곤충들은 DNA 분자 조각은 물론이고 세포 구조의 대부분을 유지하고 있다. 이 그림에서 우리는 부서진 호박 조각으로부터 곤충의 조직이 분리되고 있는 것을 볼 수 있다. 곤충과 핀셋의 끝이 비디오 화면상에 나타난다.

184

을 낳게 되었다. 그 과학은 1984년에 시작되었고 분자진화학의 학문적 발전에 기여해 왔으며, 그 산파 역할을 한 사람은 앨런 윌슨이다.

이 연구에서 극복해야 하는 기술적인 어려움은 배가된다. 첫번째로 수백 년, 수천 년, 심지어는 수백만 년 동안 죽어 있었던 조직 내 DNA의 좋지 않은 물리적 상태가 그것이다. 두번째로 그러한 DNA를 복구할 수 있는 방법을 개발해야 한다. 윌슨과 그의 동료들은 선구적인 업적을 통하여 이러한 어려움을 극복할 수 있는 첫발을 내디뎠다.

모든 종류의 생물로부터 고DNA를 추출해낼 수 있다면 이 책의 앞에서 기술된 바 있는 일련의 연구들을 과거에까지 연장시킬 수 있을 것이다. 집단생물학, 자연사, 그리고 인류학 분야에서의 그와 같은 연구는 현존하는 생물의 유전 정보에 근거하여 과거에 관한 정보를 제공해 주고 있다. 이 새롭고도 잠정적인 차원의 연구로 말미암아 과학자들은 직접적으로 유전자 역사의 문제를 거론할 수 있게 되었음은 물론, 과거에 존재했던 DNA의 자료를 토대로, 현재에 제기되는 의문점에 답할 수 있게 되었다.

부활한 DNA

1980년대 초기까지 생물학자들은 동물의 가죽, 골격, 그리고 미라화된 몸과 같은 죽은 조직은 단백질이나 DNA와 같은 고분자를 포함한다고 알고 있었다. 실제로 몇몇 연구자들은 아미노산 서열을 얻게 되면 진화학적인 의문에 힌트를 얻을 수 있지 않을까라는 생각으로 그러한 표본으로부터 단백질 추출을 시도한 적도 있었다. 그 결과는 특별히 유망한 것은 아니었는데, 이는 특히 단백질

분자들이 심하게 분해되었기 때문이었다. 이에 대체하여 절편화되었느냐에 상관없이 서로 다른 단백질들을 인식할 수 있는 항체의 능력을 활용하는 방법이 개발되었다. 이 방법은 보다 성공적인 것으로 나타났으나 그들 자신의 유전자에 들어 있는 유전 정보와는 더욱 거리가 있는 방법이었으며 따라서 세세한 유전자 비교가 불가능하였다. 만약 절편이 된 상태에서라도 유전자를 복구할 수 있다면, 아주 광대한 유전 정보의 풀을 끄집어낼 수 있게 될 것이었다.

버클리 연구소의 러셀 히구치Russell Higuchi와 함께 일하면서 윌슨은 죽은 지 오래된 생물에서 DNA를 추출할 수 있는지를 알아보려고 마음먹었다. 그들은 암스테르담 동물원에서 1883년에 죽은 콰가(*Equus quagga*)의 마른 근육과 가죽을 얻어 독일 마인츠의 자연사박물관에 보괸히였다. 그 동물은 해부학에 근거하여 볼 때 얼룩말과는 근연 관계가 가깝고 말과는 먼 마지막까지 남아 있던 개체였다. 얼룩말과 마찬가지로 콰가도 얼룩무늬를 가지고 있었으나 몸의 앞쪽에만 남아 있었다.

그 당시 널리 쓰이던 기법을 사용하여 윌슨과 그의 동료들은 콰가의 조직으로부터 DNA를 추출하였는데 그 양은 살아 있는 조직에서 얻을 수 있는 양의 백 분의 일에 불과하였다. 그들은 미토콘드리아 DNA를 목표로 삼았는데, 왜냐하면 각 세포는 각 미토콘드리아 게놈의 복사본을 여러 개 가지고 있기 때문이다. 다시 한번 상용 기법을 사용하여 버클리 연구팀은 DNA 절편을 선택하여 뉴클레오티드 서열을 분석하기에 충분한 양을 얻으려고 그들을 클로닝하였다. 클로닝이란 선택된 DNA 분자를 박테리아에서 스스로 복제할 수 있는 운반체 DNA 분자에 결합시키는 방법이다. 이 기법은 신선한 조직에서는 잘 수행되지만 죽은 지 오래된 조직의 분해된 DNA를 가지고 사용

할 때에는 더욱 어려운 점이 많다.

예상한 대로 콰가의 DNA는 길이가 500 염기쌍을 넘지 않으며 대개 100 염기쌍 정도로 짧은 절편으로 존재하는 것으로 나타났다. (이와는 대조적으로 신선한 조직에서는 통상적으로 10,000 염기쌍 이상의 DNA 사슬이 추출된다.) 연구자들은 콰가와 산지얼룩말(*Equus zebra*)에서 각각 대략 115 염기쌍을 갖는 두 개의 짧은 절편을 비교하였다. 윌슨과 그의 동료들은 처음에는 비교 가능한 229 뉴클레오티드 위치를 갖는 콰가와 산지얼룩말 DNA 내에서 12개의 차이를 지적하였다. 후에 그들은 죽어 있던 조직 내에서 분해 과정의 결과 2개의 차이점이 생겼음을 발견하였다. 콰가와 얼룩말 사이에서 발견된 총 10개의 차이점은 해부학적인 유사성에서 예상되듯이 인접한 유전적 근연 관계를 나타내고 있다.

후속 실험에서, 버클리 연구자들은 이들 서열들을 평원얼룩말(*Equus burchelli*)과 말(*Equus caballus*)의 대응하는 DNA와 비교하였다. 5,000만 년 전에 살았던 에오히푸스속Hyracotherium으로부터 현대의 속인 말속Equus에 이르기까지 말과(科)의 진화사 추적은 고생물학에서 전설적인 이야기에 속한다. 그럼에도 불구하고 말속 내의 근연 관계에는 불명료한 점이 아직도 남아 있었으며, 특히 콰가의 분류학적 근연성도 그중의 하나였다. 근래에는 서로 다른 해부학적 측면 비교에 근거하여 세 가지 가설이 제안된 바 있다. 첫째 가설은 콰가는 말과 가까운 근연 관계를 나타내며 평원얼룩말이나 산지얼룩말과는 동떨어진 것으로 분류하고 있다. 두번째 가설에서는 콰가는 산지얼룩말보다는 평원얼룩말에 더욱 가깝다고 분류하고 있다. 세번째 가설은 콰가는 전혀 별개의 종이 아니며, 다만 평원얼룩말의 극단적인 변종일 뿐이라고 결론짓고 있다.

윌슨과 그의 동료들의 분자적인 분석에 의하면 이 마지막 가설이 지지를 받고 있는데, 왜냐하면 콰가와 평원얼룩말 사이에는 DNA 서열이 근본적으로 아무런 차이점을 나타내지 않고 있기 때문이다. 이 발견에 고무되어 남아프리카 케이프 주에 있는 브로리크헤이드 육종 센터의 연구자들은 뒤쪽의 무늬가 희미한 평원얼룩말 표본들을 선택적으로 교배함으로써 콰가를 복원하려고 노력하고 있다. 1990년대 초에 이르러, 짙은 갈색의 등 색깔을 가지며, 앞쪽의 줄무늬는 선명하지만 뒤쪽은 비교적 엷은 콰가의 표본을 신기하게 닮은 후손들이 태어났다. 크라이튼 류의 공상 과학 소설과 같은 일은 일어나기 어렵겠지만, 고DNA 기법이 중요한 역할을 하여 언젠가는 콰가가 아프리카의 평원을 거니는 것을 보게 될 것이다.

1984년 11월 《네이처》에 발표한 논문에서 윌슨과 그의 동료들은 콰가에 대한 초기의 연구에 대하여 〈이 연구는 클로닝이 가능한 DNA 서열에 담긴 정보가 멸종된 종의 잔해에서 복구될 수 있다는 것을 보여준 최초의 증거가 될 것〉이라고 언급하고 있다. 그들은 또한 시베리아의 얼어붙은 스텝 지역에 보관된 4만 년 전의 매머드로부터 DNA를 이미 추출했다고 언급하였으며, 수백만 년 된 호박에 갇혀 있는 곤충으로부터 DNA를 복구시킬 수 있는 가능성에 대해서도 가정하였다. 윌슨과 그의 동료들은 다음과 같은 예언적인 문구로 그들의 논문을 결론짓고 있다. 〈만약 DNA가 일반적으로 장기간 보존된다는 것이 증명된다면 고생물학, 진화생물학, 고고학, 그리고 법의학 등 여러 분야에서 이롭게 쓰일 수 있을 것이다.〉

미라로부터 분자 〈낚시〉에 이르기까지

윌슨과 그의 동료들이 콰가로부터 얻은 조직을 가지고

연구하고 있을 때에 스반테 파보Svante Pääbo라고 하는 다른 연구자는 유사한 방식을 생각하고 있었다. 스웨텐의 움살라 대학에서 분자바이러스학에 관한 학위 논문을 준비하면서 파보는 많은 종류의 생물의 신선한 조직에서 DNA가 쉽게 추출될 수 있다는 사실을 알았으며, 동일한 기법이 죽은 조직에서도 활용될 수 있지 않을까 하는 데 흥미를 가지고 있었다. 그는 특히 사람의 미라에 관심을 가지고 있었다. 파보는 미라가 비교적 풍부한 그 자신의 대학과 베를린의 국립 박물관의 고고학 수장품들에서 시료를 찾았다. 그는 이들 표본으로부터 DNA를 추출할 수 있었는데 이는 수천 년 전에 죽은 사람의 몸으로부터 유전적인 정보를 얻어낸 최초의 사례였다. 그러나 버클리 그룹과 마찬가지로 그는 DNA가 심하게 절편화되어 있으며 길이가 고작 100에서 200염기쌍 정도로 측정된다는 사실을 알아냈다.

이러한 크기의 DNA 절편을 클로닝하는 것은 어려운 일인데, 이는 물리·화학적으로 대개 변형되어 복제가 방해받기 때문이다. 또한 완전한 페이지의 위치를 찾아내는 것보다 문장의 조각을 가지고 책의 어느 부분에 속해 있을지를 추적하는 것이 훨씬 어려운 일인 것처럼, 이미 알려진 유전자에 이 짧은 DNA 절편을 비교해 본다는 것은 어려운 일이다. 이와 같은 불확실성 때문에 DNA의 근원에 대한 의문이 제기될 수 있다.

예를 들어 파보가 약 2000년 전의 이집트 미라로부터 DNA 조각을 분리하고 클로닝했을 때, 그는 그 DNA가 건조된 사람의 조직에서 자라거나 보존된 세균이나 균류의

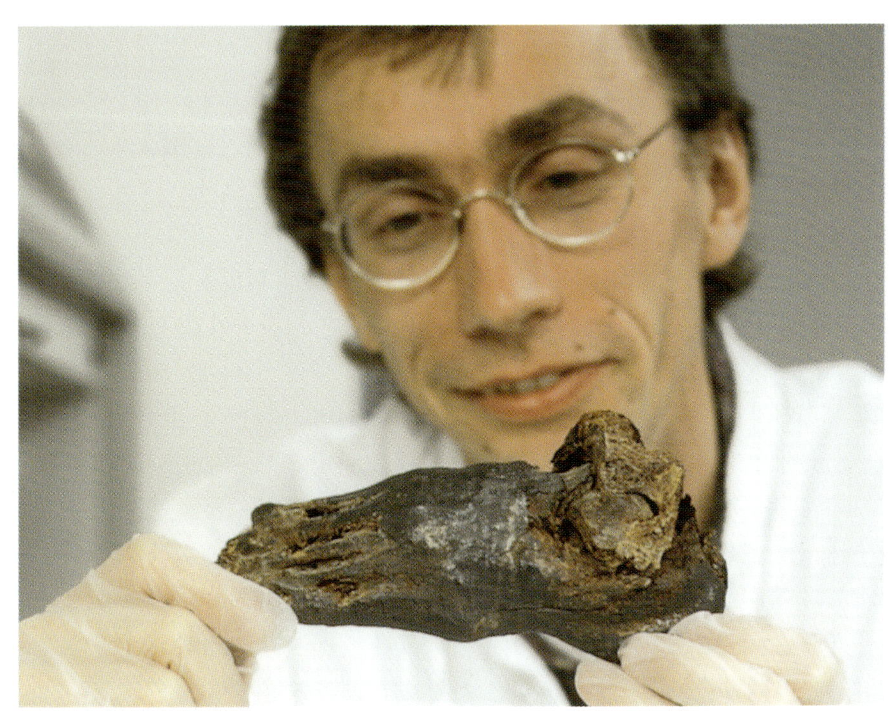

스반테 파보는 고DNA 연구를 개발한 선구자 중의 한 사람이다. 이 사진에서 그는 고DNA 연구로 그를 처음 진출하게 고무하였던 미라와 유사한 이집트 미라의 다리를 다루고 있다.

유전 물질이 아니라 진짜로 사람의 유전 물질이라는 확신을 가져야만 했다. 초기부터 인식되었듯이 고DNA 연구에 있어서 이같은 오염의 가능성은 항상 문제가 되는 것으로 보인다. 오염의 가능성은 그 이후에는 점점 강조되었다. 파보의 경우에 그 해법은 Alu-반복 단위라고 알려진 짧은 서열을 가지고 연구하는 것이었는데, 그것은 사람 게놈의 특성이라고 할 수 있으며 매우 많은 수로 존재한다. 그들을 찾아내고 동정하는 것은 비교적 쉽다.

1984년 말까지 파보는 그가 2,310년에서 2,550년 전으로 연대 추정되는 몇몇의 미라로부터 상당히 긴 DNA 절편을 분리해냈다고 자신했다. 그는 버클리 연구소에서 행해지고 있는 연구를 알지 못했으며 최초로 고DNA에 관해 발표하게 될 것이라고 기대했다. 그해 11월에 윌슨과 그의 동료들에 의해 고DNA에 대한 연구 결과가 먼저 출판됨으로써 그는 선점권을 잃게 되었다. 그러나 이전에는 서로 몰랐던 경쟁자가 곧 협력자가 되었으며, 파보는 결국 윌슨의 연구소에 합류하여 선도적이고 생산적인 관계를 맺게 되었다. 오래지 않아 칠레 남부의 땅나무늘보 ground sloth와 호주의 유대류 늑대를 포함하는 여러 멸종 동물로부터 DNA가 분리되었다. 그럼에도 불구하고 고DNA가 전형적으로 작은 절편으로 존재하기 때문에 비롯되는 기술적인 문제들은 해결되지 않은 채로 남아 있었다.

DNA를 클로닝하는 것은 분자를 가지고 〈낚시〉를 하는 것과 같다. 낚싯대에 운반체 DNA를 달고 무엇인가 흥미로운 것이 낚이기를 희망하는 것이다. DNA가 세균 내에서 충분히 복제된 후라야만 잡은 것이 흥미로운 것인가를 알 수 있다. 신선한 조직을 가지고는 다수의 서로 다른 DNA 절편을 복구하여 다수의 서로 다른 종류의 클론을 생산할 수 있다. 죽은 조직을 가지고는 운이 좋으면 기껏해야 몇 종류의 완전한 절편을 복구할 수 있는데, 이는 주로 DNA를 복제하는 세균 효소 시스템이 짧은 절편에 대하여는 비효율적이며 오류를 일으킬 가능성이 높아지기 때문이다. 신선한 조직을 가지고는 여러 차례 〈낚시질〉을 가서 동일한 DNA 절편을 얻을 확률이 높다. 이렇게 되어야 실험 과학에서 기본적으로 요구되는 반복 분석이 가능하다. 그러나 죽은 조직으로부터 DNA 클로닝을 할 때에는 매우 효율이 낮기 때문에 얼마나 낚시질을 반복하든지 간에, 즉 동일한 서열을 가지고 반복적인 복구를 한다는 것이 실제적으로 불가능하다. 따라서 반복 실험은 1984년과 1985년 초에 사용할 수 있었던 기법으로는 불가능한 것이었다. 파보는 후에 그 상황을 다음과 같이 기술하였다. 〈그러므로 시간 여행에 열중하고 있는 분자진화학자는 실망스런 상황에 빠지게 되었다. 그들은 실험을 반복함으로써 그들의 결과를 검정할 수 없기 때문에 고DNA 연구는 완전히 신뢰받는 과학으로 평가받지 못했다.〉 영국 레스터 대학의 알렉 제프리스는 더욱 비관적이었다. 콰가에 대한 윌슨과 그의 동료들의 성공에 대하여 논평하면서 그는 〈화석의 DNA를 연구함으로써 분자생물학을 장대한 진화에 융합시켜보겠다는 희망은 아직은 소박한 꿈에 지나지 않는 것 같다〉라고 썼다.

자연은 손이 닿지 않는 곳에 그 비밀을 간직하여 관심을 끄는 듯이 보였으며 상황은 비관적이었다. DNA는 특히 좋지 않은 환경에서는 막 죽은 조직에서 부서지기 쉬운 분자이다. 생물이 죽게 되면 분해는 두 곳에서 시작된다. 첫째는 내부적인 것으로서 조직 자신이 가지고 있는 분해 효소에 의한다. 많은 종류의 분자들을 분해할 수 있는 이들 효소들은 보통 세포 내의 소기관이나 다른 구조 내에 포장되어 있으며 따라서 DNA와 만나기는 어렵다. 죽게 되면, 이들 구조들은 부서지기 시작하고 핵을 포함한 세포의 다른 부위로 효소들을 쏟아내게 된다. 둘째는 환경 내에 편재하는 세균과 균류의 작용에 의한 것으로 외부적인 것이다. 살아 있는 세포에서 DNA를 구조적으로 지지하고 보호하는 단백질들이 두 종류의 생물들에 의해 쉽게 분해되어 DNA가 효소에 의해 쉽게 분해될 수 있게 만든다. 게다가 일단 보호 단백질이 벗겨지면 DNA는 분자를 파괴할 수 있는 물과 산소에 노출되어 그 영향으로 손상된다. 장기적으로는 배경 복사background radiation 때문에 DNA 사슬이 끊어지게 된다. 세포가 죽은 후 분해가 너무 빨리 일어나기 때문에 대부분의 경우 장기간의 손상은 문제가 되지 않는다. 파보는 이에 대하여 언급하였다. 〈오래된 분자의 평균 길이(약 100염기쌍)는 그 원료가 13,000년 된 칠레 남부의 땅나늘보나 혹은 4년 된 마른 돼지고기나 마찬가지이다.〉 실제로 4일(심지어는 4시간) 밖에 안 된 돼지고기 조각에서도 분해 과정은 이미 상당히 진행되고 있다. 자연의 이 피할 수 없는 사실 때문에 유전적인 과거는 과학이 접근할 수 없는 곳에 떨어져 있는 것으로 여겨졌다.

성공과 유혹

1985년 당시 시터스 법인의 연구자였던 캐리 멀리스 Kary Mullis는 중합효소 연쇄 반응(PCR)을 개발했는데, 그 방법에 따라 정확하게, 그리고 위력적으로 DNA의 작은 절편을 복제하게 되었다. 우리는 이전의 장에서 어떻게 PCR이 진화생물학, 자연사, 그리고 인류학에서 분자적인 조사에 많이 기여했는지를 알게 되었다. 이들 연구에서 비록 어렵기는 했으나 가능하기는 했던 이전의 방법은 훨씬 쉬워졌다. 그러나 PCR이나 이와 유사한 위력을 갖는 방법의 발명은 고DNA 연구가 과학으로서 자리잡는

데 초석이 되었다. 자연이 죽음 직후부터 DNA 사슬을 손상하게끔 한다는 사실은 더 이상 실제적으로 극복할 수 없는 진전의 장애는 되지 못했다. 이제 희미해진, 분해되고 손상된 분자로부터 DNA의 선택된 분절을 복구할 수 있게 되었다. PCR로 말미암은 충격은 새로운 기법이나 이론에 의해서 과학에 있어서의 진보가 얼마나 이루어질 수 있는가를 보여주는 놀라운 실례이다.

윌슨은 멀리스와 가깝게 접촉하고 있었다. 그래서 이제 파보가 합류한 그의 그룹은 최초로 고DNA에 PCR을 적용하였다. 첫번째 임무 중의 하나는 콰가 DNA의 데이터를 검사하는 것이었고, 이 방법으로 그들은 산지얼룩말 DNA와 비교했을 때 두 개의 오류가 있었음을 밝혀내었다. 그 다음 버클리 그룹은 더욱 오래된 조직, 즉 플로리다의 리틀 솔트 스프링 함락공에서 7,000년간 보존되어 있었던 사람에서 뇌의 DNA를 복구하려고 노력했다. 몇

캐리 멀리스는 중합효소 연쇄 반응 기법을 개발하였는데, 이로써 적은 양의 DNA를 작업이 가능할 정도의 양으로 증폭할 수 있게 되었다. PCR이나 그와 유사한 방법이 없었다면 과거의 DNA 연구 분야는 불가능했을 것이다.

가지 기술적인 난관을 극복한 끝에 그 그룹은 현재의 미국 원주민에 존재하지 않는 유형의 미토콘드리아 DNA의 분절을 얻는 데 성공했다. 이것은 이미 우리가 앞 장에서 보았듯이 미 대륙에 사람이 도래한 문제를 유전적인 과거로 확장시킨 노력을 시작한 것이었다.

1980년대 말과 1990년대 초까지 미국과 유럽의 십여 개 연구소는 종류가 다른 다수의 생물들로부터 얻은 조직에 PCR을 경쟁적으로 적용했는데, 그 조직들은 죽은 지 수십 년, 혹은 수백 년에서, 수만 년, 심지어는 수백만 년 지난 것도 있었다. 이런 방법이 개발되는 동안에 옥스퍼드 대학의 한 팀은 괄목할 만한 업적을 이룩했다. 연구자들은 초기에는 뼈로부터 추출할 수 있는 DNA의 양이 가장 적을 것이라는 판단을 내렸으며, 따라서 이미 언급한 바와 같이 부드러운 조직을 가지고 집중적으로 연구했다. 1987년 말 에리카 하겔버그Erika Hagelburg와 그녀의 동료들은 뼈의 무기질 환경 때문에 나타나는 어려움을 상쇄하는 새로운 DNA 연구법을 시행하기 시작했으며 1년 내에 성공을 거두었다. 그러나 수년이 지나서야 비로소 그들은 그 DNA가 실제의 것이며 오염된 것이 아니라는 것을 확신하게 되었다.

1989년도에 발표된 이러한 확인 보고는 고DNA 연구에서의 이정표가 되었는데, 왜냐하면 이것은 다른 무엇보다도 인류 집단의 유전 연구를 훨씬 더 과거로 이끌고 갈 가능성을 열어 주었기 때문이다. 예를 들어 네안데르탈인의 뼈로부터 DNA가 추출된다면 어떨 것인가? 이는 현생 인류의 기원에 대한 생생한, 그리고 아마도 결정적인 데이터를 마련해 줄 것이다. 만약 네안데르탈인이 인류의 선사 시대의 곁가지에서 멸종하고 말았고 연속적인 진화 계열상에 있는 집단이 아니라면 그들의 DNA는 후기 유럽인의 것과는 매우 다를 것이다. 몇몇 실험실에서는 네안

데르탈인의 DNA를 복구하려고 노력 중인데 아직까지 성공을 거두지는 못하고 있다.

하겔버그 팀이 뚜렷한 성공을 거두자 곧 새로운 질문 세례를 받았는데, 그중 가장 중요한 것은 오염의 가능성이었다. 그 연구 대상은 (옥스퍼드 주의 발굴지에서 출토된) 5,000년 전의 사람이었기 때문에 연구자들은 그 DNA가 사람의 것이라는 것을 증명해야 할 뿐만 아니라 연구자들 자신의 DNA가 아니라는 것도 확실히 해야 하였다. 인류학적인 표본은 연구 도중에 종종 만져야 할 필요가 있기 때문에 따라서 오래된 뼈는 현대인의 DNA로 오염될 가능성이 크다. 엄청난 증폭 능력 때문에 피부로부터 떨어져 나오거나 재채기할 때 에어로졸에 실려 나오는 서너 개의 세포도 PCR 기법으로 충분히 복제할 수 있다. 옥스퍼드 팀의 일원인 브라이언 사이크스는 최근, 고DNA 연구자들이 모인 국제 회의에서 경고의 이야기를 들려준 바 있다. 그의 실험실은 매머드의 뼈로부터 DNA를 추출하려고 몇 달을 소비하여 마침내 성공했다. 그러나 결국 추출된 것은 빙하시대 깊숙이 있었던 유전 정보가 아니라 실험실 소속 연구원 한 사람의 DNA임이 밝혀졌다고 한다.

그들 기법의 타당성을 검정하는 방법으로 하겔버그와 그녀의 동료들은 1545년 영국 해협에 가라앉은 헨리 8세의 기함인 메리 로즈의 잔해로부터 얻은 돼지 뼈에서 DNA를 추출하려고 선택했다. 르네상스 시대의 만찬 접시 위의 맛좋은 요리는 고DNA 연구가 괄목할 정도로 신장할 수 있는가를 가늠하는 시금석이 되었다. 뼈로부터 추출한 DNA는 돼지로부터 유래한 것이지 사람으로부터 유래한 것은 아니라는 것이 밝혀졌다. 1991년에 거둔 이와 같은 성공은 다음과 같은 익살맞은 표제로 그 사건을 기념하기 위한 영국의 신문을 장식하였다. 〈돼지는 DNA

의 베이컨이 되어 돌아오다.〉 분자인류학의 분야에서 수십만 년까지는 아직 안 되지만 적어도 수천 년 묵은 뼈를 실험할 수 있는 방법이 이제 열리게 되었다.

박물관 발굴

고DNA 연구 분야에서 일하는 다른 사람들이 볼 때는 인류학자의 시간에 대한 욕구란 정말로 소박한 것이다. 잠시 동안 가장 오래된 DNA를 찾으려는 경쟁이 일었던 적이 있었다. 1990년 초 리버사이드 소재 캘리포니아 대학의 에드워드 골든버그Edward Goldenberg와 마이클

클레그Michael Clegg가 아이다호의 클라키아에 있는 고대 호수의 점토층에 보관되어 있던 1,700만 년 전의 목련 잎에서 DNA를 분리했다고 발표하여 다른 연구자들의 도전을 효과적으로 일축하였다. 그 발굴지의 보존 상황은 경이적인 것으로서 일부 잎들은 아직도 녹색을 띠고 있어서 엽록소가 남아 있었음을 알수 있었으며, DNA를 비롯한 다른 고분자들도 남아 있음을 추측할 수 있었다. 일부 절편은 800염기쌍에 달한다고 보고된 DNA를 복구하자 양극화된 반응이 나타났다. 일부 연구자들은 실험을 반복할 수 있었으며 따라서 그들의 주장에 신뢰를 표시했고 윌슨과 파보를 포함한 다른 연구자들은 복구에 실패하여 의구심을 표현했다. 우리가 뒤에 검토하겠지만, 의구심을

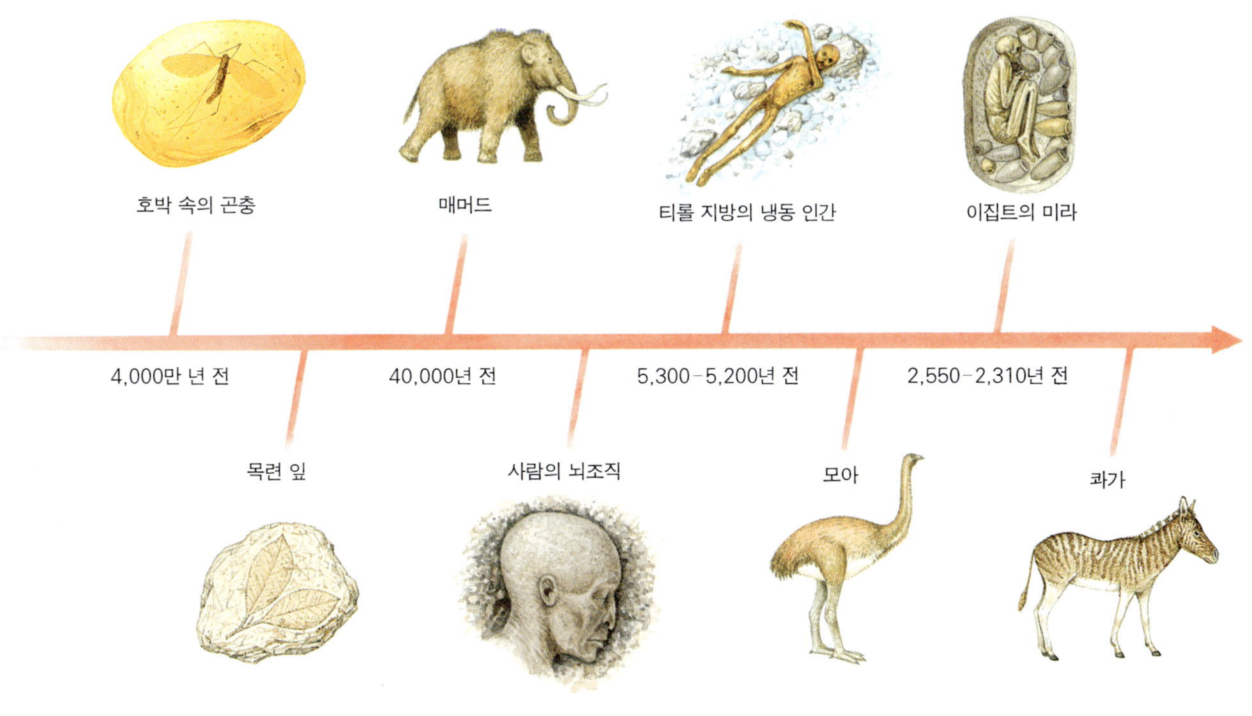

고DNA가 추출되었다고 주장되는 생물들의 출현 연대

표현한 쪽이 옳은 것으로 나타났다.

그러나 오래지 않아 1,700만 년이라는 연대는 1992년 말에 각각 복구된 2,500만 년 된 흰개미의 DNA, 그리고 2,500만 년에서 4,000만 년 되는 벌의 DNA와 1993년 6월에 마침내 복구된 1억 3,000만 년 된 바구미의 DNA의 보고에 비해 빛을 잃고 말았다. 이들 생물들 각각은 죽었을 당시 호박에 갇히게 되었으며 경이적인 보존 과정을 거친 것이 명백하다(다음 쪽 상자글 참조). 참여한 연구자들은 뉴욕의 미국 자연사박물관 및 버클리 소재 캘리포니아 대학교 소속이었다. 골든버그에 의해서 발기된 〈밀리언 플러스 클럽〉은 새로운 소속원들을 속속 규합하였다.

이런 거창한 발표에는 세상에서 가장 오래된 DNA라는 단순한 주장보다도 더 중요한 무엇인가가 있었다. 이들 생물로부터 DNA를 얻을 수 있었던 생물학자들은 계통학의 어떤 의문점에 대하여 더욱 효과적으로 답하게 되었다. 예를 들어 AMNH 팀에 의하여 화석 흰개미로부터 복원된 DNA는 진화적으로 바퀴와 흰개미 사이를 연결시켜 주는 것으로 보고 있는, 아직도 생존하는 호주 흰개미의 DNA 서열과 유사하다. 그러나 단일한 개체에 국한된 데이터를 가지고는, 특히 시간 간격이 크게 벌어져 있다는 것을 고려할 때, 살아 있는 그룹과 계통학적으로 불확실하게 분석되는 그룹 사이의 유전적 유연 관계를 조사하는 것은 어쩔 수 없이 실낱같이 빈약한 증거에 의존하고 있다고 해야 할 것이다.

가장 오래된 DNA에 대한 다양한 발표는 필연적으로 공중의 관심을 끌게 되었는데, 이는 쥐라기 공원이 실현될 가능성을 환기하였기 때문이다. 또한 고DNA 연구자들 스스로는 그로 말미암아 박물관 수장품의 가치와 그들의 가장 효율적인 이용 및 과거의 표본이 현대의 DNA에 의해 오염될 위험성에 관한 문제에 관해 활발한 교류를

하게 되었다. 물론 그 문제들 중 호박 속에 든 곤충에 관한 연구는 새로운 것은 없었지만 시각적으로 화려했기 때문에 주목을 받게 되었다.

야외생물학자들은 수세기 동안 나비에서 들소까지, 딸기와 딱정벌레에서 조개삿갓과 새까지 모든 종류의 생물 표본을 열심히 수집하였다. 각 자연사박물관의 뒷방들은 이 같은 노력의 결실들을 높다랗게 쌓고 있었다. 새로운 종들은 그러한 수장품에 근거하여 명명되었으며 그들 사이에서 비교가 이루어졌다. 그 소장품들은 자연사가들 중 탐구자와 인내심 깊은 목록 편찬자들의 기념물이었으며 오랜 시간 동안 분류학과 계통학 분야에서 전통생물학의

호박 속에 갇힌 후 최초로 DNA가 추출되었던 곤충 표본과 유사한 2,500만 년 된 도미니카 공화국의 호박 속에 들어 있는 멸종한 흰개미 마스토테르메스 엘렉트로도미니쿠스(*Mastotermes electrodominicus*).

호박 속에 보존된 태고적 형태의 생물——균류, 화분 및 송백류의 꽃——은 석탄기 동안인 3억 년 전 남부 스코틀랜드에서 형성된 호박으로부터 발견된다. 그러나 호박 속에 갇혀서 1억 3,000만 년 이상 보존된 생물체의 예는 드물다. 그들이 희귀한 것은 이와 같이 오래된 연대 범위 내에서는 거의 아무런 연구가 이루어지지 않았기 때문이다. 불과 10년 전만 해도 생물학자들은 호박 속에 매몰되어 있는 생물들을 단지 호기심거리, 즉 자연의 조화에 의하여 멋지게 만들어진 진귀한 물건이지만 과학적인 가치는 없는 것으로 간주하였다. 부서지기 쉬운, 꿀빛의 무덤에 갇혀 있는 죽은 지 오래된 생물들은 과거의 생물의 그림자이며, 실체가 없는 유령으로 간주되었다. 1982년 3월 버클리 소재 캘리포니아 대학의 조지 포이너와 로베르타 헤스는 4,000만 년 된 발트 지방산 호박에 보존되어 있는 각다귀의 암컷으로부터 절편화된 근육 및 다른 세포의 상세한 내부 구조를 조사한 전자 현미경 사진을 발표하였다. 끈적끈적한 용액으로부터 부서지기 쉬운 고체로 서서히 변화하는 동안에 호박 수지는 표본을 20세기까지 거의 완전하게 보존한 타임캡슐이 되었다. DNA도 비록 절편화된 상태이기는 하나 보존되었다.

포이너와 헤스의 발견으로 말미암아 다음과 같은 질문이 제기되었다. 호박 수지의 어떤 화학적 성분 때문에 그토록 놀랍도록 보존이 될 수 있는가? 수지는 포도주 제조, 국부적인 항생제, 및 방수제를 만드는 데 보존제로 사용되었다. 고대와 근세 역사를 통하여 널리 사용되

었으므로 포이너는 호박 수지의 성분이 이미 분석된 지 오래라고 생각했지만 사실은 그렇지 않았다. 솔직하게 이야기하자면 화학자의 입장으로 보면 완전히 무시될 문제는 아니었으나, 기술적인 어려움 때문에 연구가 이루어지지 못했다. 수지는 무수한 성분이 뒤섞인 것이다.

호박 수지는 칠레소나무의 근연종인 다양한 종류의 카우리 소나무로부터 생산된다. 화학적인 혼합물에는 다양한 유기 분자들(당, 알코올, 에스테르, 그리고 테르펜의 혼합물)이 포함된다. 서로 다른 종의 나무에서는 이 기본적인 조합이 달라지며, 심지어는 동일한 나무에서도 혼합물의 비율이 달라질 수도 있다. 이들 화학 물질 중 어느 것이 수지에 의한 탈수, 조직의 고정, 그리고 세균을 배제할 수 있으며, 이들 종류 중 어떤 것이 보존을 촉진하는가? 수지 속의 알코올과 당은 조직으로부터 물을 추출하는 데 효과적일 것이며, 따라서 보존에 필수적인 탈수가 이루어지게 한다. 일부 산화물들은 실험실에서 생물학자가 사용하는 고정제인 글루탈알데히드처럼 작용하는 알데히드를 생성할 것이다. 그러나, 수지의 대부분의 보존력은 산소나 세균과 같은 파괴적인 생물을 배제하기 때문에 비롯된다고 봐야 한다.

보존의 방법이야 어떻든 그 과정이 신속히 이루어져야만 한다는 것은 명백하다. 생물체가 죽자마자 그 조직의 분해는 두 부분에서 이루어진다. 첫째는 내부적인 것으로 조직 자신의 효소에 의해서이다. 그 다음은 외부적인 것으로 환경 내에 편재하는 세균과 균류에 의한 것이다.

수지의 보존적 특징에 필적할 만한 신비로운 일 중의 하나는 호박으로 변화하는 과정이다. 끈적끈적하고 냄새가 나는 수지는 상당히 빨리, 유연하지만 아직 냄새를 갖는 코펄이라고 불리는 고체가 된다. 약 400-500만 년 후에 그 물질은 유연성을 잃어버리며 무정형이며, 냄새가 없고, 유리와 같은 물질인 진짜 호박이 된다. 이 변형의 주된 화학 반응은 중합으로서, 이것에 의하여 짧은 테르펜이 길다란 사슬을 형성하며 호박에게 고형성을 부여하게 된다. 대부분의 합성 중합체들은 한 가지 형태의 단순한 화학적 단위(단량체) 여러 개를 연결하여 길다란 사슬(중합체)을 형성한다. 호박에서 각 단량체들은 그리 단순하지 않으며, 혼합되어 있다고 봐야 옳다. 따라서 형성된 중합체는 무척 복잡하다. 호박의 중합 과정에 필요한 혹은 중합 반응을 촉진하는 물리적인 조건은 알려지지 않고 있다.

그러나 전통적인 화석화 과정이 보존할 수 없는 섬세하고 연약한 생물들과 생물들 사이의 작용도 호박이 보존할 수 있다는 것은 또다른 신비라 할 수 있다. 일례로는 3,500만에서 4,000만 년 된 도미니카 공화국산 호박에 보존된, 가장 초기의 것이라고 알려진 코프리니티스 도미니카나(*Coprinites dominicana*)라는 주름이 진 버섯을 들 수 있다. 도미니카 공화국산 호박에 보존된 것으로 대나무 종자를 들 수가 있는데 여기에는 사연이 있다. 종자의 꼭지는 갈고리처럼 생겼으며 포유동물의 털가닥이 이 갈고리들 중의 하나에 달려 있는데, 법의학적 소견에 의하면 이것은 육식동물의 털로 드러났다고 한다. 〈따라서 아마도 초기의 고양이과 동물이 숲 속을 어슬렁거리다가 대나무 줄기를 스치게 되었고 그때 몇 개의 종자가 매달리게 되었으며, 그 다음 그 동물이 나무에 비빌 때 종자가 떨어져 나가게 되었고, 그들 중 하나가 새로운 수지에 자리잡게 된 것이다〉라고 포이너는 말한다. 그 뒤 보존 과정이 진행되었으며 표본이 과학적인 조사를 받게 된 것은 그로부터 2,500만 년 뒤의 일이다.

호박에서 발견되는 가장 커다란 생물 그룹은 물론 곤충이다. 그러나 세균, 균류 및 식물의 조각도 흔히 발견된다. 수지 광상은 비교적 작기 때문에 포유동물이 발견된 예는 거의 없다. 1996년대 초까지 개구리나 도마뱀 등만이 발견되었다. 과거의 생태계 내의 포유동물이나 새의 존재는 털이나 깃털에 의해 알려졌다.

최초의 포유류 표본은 1,800만 년에서 2,000만 년 되기초를 세워 왔다. 그들은 소속된 연구소의 자랑이다. 그러나 분자생물학의 대두와 함께 이들 수장품들은 그들의 특권을 잃게 되었으며, 한번 왔다가 사라져간, 과거 세대의 지적인 열정을 보여주는 것에 불과했다. 실제로 몇몇 주요한 수장품들은 최근 십여 년 간 분자생물학의 도구들 및 실험 공간을 확보하기 위하여 분산되었다.

박물관의 수장품들을 한때 망각 속에 빠지도록 위협했던 요인이 이제는 또한 그들의 가치를 보강, 배가시켜 준다는 점에서 역설적이다. 고DNA 연구는 동물 가죽의 더미와, 핀에 꽂힌 곤충들의 상자들과, 압착된 식물들을 해부학적인 정보의 저장소보다도 훨씬 중요한 어떤 것으로 변모시켰다. 그것들은 이제 유전적 역사의 가치를 따질는 도미니카 공화국의 호박에 들어 있는 뾰족뒤쥐 비슷한 작은 동물이라고 미국 자연사박물관의 연구자들은 보고한 바 있다. 척추동물 화석의 직접적인 증거가 없더라도 보존된 벼룩, 진드기, 모기, 각다귀, 쇠등에와 흡혈 파리 등과 같은 기생생물의 수효가 엄청난 것을 보면 그들의 존재를 짐작할 수 있다.

호박에서 절묘하게 생물이 보존된다는 사실은 멸종된 생물과 현존 생물의 해부학을 가장 미세한 부분까지 비교했을 때 소진화적 변화를 연구하는 데 전혀 새로운 견해를 제공할 수 있다는 것을 의미한다. 호박 수지는 폼페이의 화석처럼 생물이 점액성의 덫에서 움직일 수 없게 된 순간에 활동 중인 생물의 모습을 그대로 고정시킬 수 있다. 4,000만 년 전 교미 중이던 한 쌍의 파리가 황금색의 발트 지방산 호박에서 발견되었다. 레바논 지방의 호박에서는 진드기가 파리를 물어뜯는 것이 발견되었는데, 이는 외부 기생의 가장 오래된 실례라고 할 수 있다. 가장 오래된 내부 기생으로는 투명하게 보이는 선충이 각다귀의 복부에 들어 있는 것으로서 1억 3,500만 년 된 레바논 지방의 호박에 보존되고 있다. 도미니카 공화국에서 출토된 호박에서는 상황은 더욱 극적이어서

선충이 기생하고 있는 숙주인 각다귀의 몸에서 뱀처럼 나오고 있는 것이 관찰되기도 하였다. 도미니카 공화국의 호박에서 다른 종류의 선충들은 암컷 초파리와 비슷한 파리에 기생하고 있었는데, 120종류의 유생 형태가 숙주의 몸에서 발견되었으며 그중 일부는 이미 빠져나오려고 하는 중이었다.

다른 형태의 화석화 과정에서는 볼 수 없는 호박에서 보존된 고정된 행동 중의 하나로 (편리)공생을 들 수 있다. 대개의 경우, 이 행동은 한 생물체에서 다른 생물체로 일방적으로 일어나는 것으로 승객은 이득을 얻지만 숙주는 아무런 손해를 입지 않는 것이다. 예를 들어 호박에 갇힌 전갈을 닮은 곤충 표본들은 딱정벌레, 말벌, 그리고 파리와 같은 다양한 숙주의 몸에 붙어 있는 채로 발견되었다. 기생과 미찬가지로 공생도 만약 호박에 의해 보존되지 않았더라면 다른 화석에서는 찾아볼 수 없는 것이다. 〈호박은 보존되는 생물의 크기를 제한하고 있지만 행동을 고정시킬 수 있는 능력 때문에 우리는 오늘날 우리가 알고 있는 생물들과 오래전에 살았던 생물들의 다양한 삶 사이에 있었던 주요한 연관을 깨닫게 해준다〉고 포이너는 언급하고 있다.

수 없는 저장물로 인식되고 있다. 그리고 때로는 〈유전자 러시〉라고 할 만큼 꼭 발굴해야 할 광맥이 되었다. 예전의 그 수집가들이 당대의 목적을 위해서 했던 것처럼 오지로 떠돌지 않았더라면, 이 유전적 역사는 사라져버리고 말았을 것이다. 실제로 지금도 호박 속에 들어 있는 곤충을 발견할 수도 있고 화석화된 뼈를 수집할 수도 있으나,

우리는 더 이상 일세기 전에 살았다가 멸종해버린 집단의 표본을 수집할 수는 없게 되었다.

호박 속에 든 곤충에 의해 조명되었던 중요한 관심사 중의 하나는 미래에 어떻게 박물관의 수장품들을 이용할 것인가 하는 점이다. 결국 새로운 가치가 발견되자 그들은 새로운 위험에 빠지게 되었다. 박물관의 관리자는 천

성적으로 그리고 직업적으로 보수적이다. 그들의 일이란 표본을 보존하는 것이다. DNA를 추출하기 위해서 이들 표본에서 시료를 취한다면 필연적으로 그것들을 파괴하거나, 혹은 그것들을 조금씩 손상시키게 될 것이다. 분자생물학자들은 천성적으로 그리고 직업적으로 약간 자기주장이 강할 수 있다. 그리고 이미 과학의 이와 같은 발전 단계에서는 필연적으로, 연구자들이 원하는 것이라면 무엇이든지 취할 수 있다는, 즉 박물관의 표본에 무소불위로 접근할 권리를 가지고 있다는 불평이 터져나올 수 있을 것이다. 수장품의 관련성과 그 표본 자체의 중요성이라는 측면에서는 그 재료의 가치를 고려하지도 않은 채 말이다.

그러나 그 분야는 이미 성숙하고 있다. 분자생물학자와 박물관의 생물학자들은 함께 연구하고 있으며, 분자적 진화를 연구하는 다른 분야와 마찬가지로 이전에는 독립된 학문이었던 영역이 교차되거나 융합되고 있다. 확실히 장구한 미래를 가진 과학의 수명으로 볼 때 10년이란 짧은 시간이다. 이미 어떤 수집할 표본을 어떻게 선택할 것인가, 그리고 누가 유전적 정보와 연구 중에 생성되는 증폭된 DNA에 대한 권리를 가지는가에 대하여 상당한 이해가 이루어졌다. 연구자들이 실제적인 생물학적인 의문점들을 해결해야 할 필요성을 인식하게 되었고, 진귀한 표본들은 단순히 드물기 때문만이 아니라 집단생물학이나 진화생물학이라는 커다란 문제를 연구하는 재료로서 수집되었다는 점이 가장 중요하다. 다른 말로 표현하자면 주요한 연구프로젝트를 위하여 확고한 증거가 주의 깊게 수집되었다.

호박 속에 든 곤충의 연구에 의해 드러난 두번째 문제는 PCR을 사용할 때 결과를 오도하는 오염 가능성의 문제이다. 고DNA를 연구하는 사람들은 이러한 위험성을 이미 알고 있었다. 하지만 1993년 초 영국의 화학자인 토머스 린달Thomas Lindahl이 《네이처》에 발표한 논문에서, 수백만 년 된 생물로부터 복구한 DNA는 DNA가 그처럼 오랜 기간 동안 남아 있을 수 없기 때문에 오염된 것이 틀림없다고 발표했을 때, 그것을 심각하게 재고해 보는 계기가 마련되었다.

호박에 갇힌 곤충의 조직을 빼내는 것은 섬세한 조작을 필요로 하며, 통상적으로 현미경에서 미세한 바늘과 주사기를 사용한다(위).
분광광도계로 고DNA를 조사하고 있다. 이 기계는 맨눈으로는 볼 수 없는 DNA를 연구자들이 볼 수 있도록 만들어 준다(아래).

린달의 대담한 주장은 강력한 지지를 받았다. 다른 어느 누구보다도 그는 시간에 따른 DNA 분자의 분해를 연구하는 데 권위자였다. 1970년대에 린달은 물속에 녹아 있는, 보호 단백질을 갖지 않는 DNA 분자인 나출된 DNA의 분해에 관한 꼼꼼한 실험을 수행하였다. 이 과정은 빠르고 불가피한 것으로서, 최고의 DNA가 존재한다는 주장에 대하여 그는 회의를 느끼지 않을 수 없었다. 〈완전히 수화된 DNA는 적절한 온도에서 수천 년이라는 기간에 걸쳐 작은 절편으로 스스로 분해될 것이다〉라고 그는 1993년의 논문에서 쓰고 있다. 가장 적절한 조건 하에서만 〈수만 년 정도 된 유용한 DNA 서열이 복원될 가능성이 있다〉고 그는 계속하였다. 그는 그보다 오랜 기간 동안 DNA가 보존될 수는 없을 것이라고 생각하였다.

린달의 고도로 비판적인 논문은 고DNA 연구자들로 하여금 그들의 가정과 실험 과정을 더욱 정밀하게 되짚어 보도록 하였다는 점에서 유익한 방향으로 학문을 이끌었다. 예를 들어 호박에 든 곤충에서 DNA를 추출하기 위해서 PCR을 사용하려는 연구자들은 살아 있는 곤충을 연구하는 연구자들과의 접촉을 소심할 정도로 회피하여 현대의 DNA 오염물을 고DNA로 오인하지 않도록 한다. 그 논문에 자극된 연구자들은 죽은 조직에서의 DNA의 분해에 영향을 미치는 요인에 대하여 거의 아는 바가 없음을 깨닫게 되었다. 다수의 연구자들이 지적하였듯이 자연 환경 내에서의 DNA는 시험관에 든 수용액 내의 조건과는 다른 상황에 직면하게 된다. 하지만 이런 조건 하에서 분해가 가속되기보다는 억제된다고 하여도, 아무도 그것에 어떤 원칙이 있다고는 할 수 없는 것이다.

DNA는 어떤 경우에는 수만 년 정도, 적어도 핵산 화학자가 보기에는 아주 이상한 일이지만 어떤 경우에는 수천만 년까지도 존속된다. 그 보존의 기작은 화학적인 블랙박스라고 할 만하다. 플로리다 대학교 의과대학의 생물학자인 윌리엄 하우스워드William Hauswirth는 최근 그것에 관해 언급했다. 〈전세계적으로 누적된 10여 년에 걸친 연구 경험으로 미루어볼 때 어떤 유형의 조직이나 보존 지역이 가장 좋은 질을 갖는 고DNA를 보존하는가를 정확하고 쉽게 알아낼 수 있는 기준은 없는 것 같다.〉 박물관 관리자와 분자진화학자들 사이에 조화로운 협동 관계가 맺어졌듯이 화학자와 고DNA 연구자들 사이에도 협력 정신이 싹트고 있다. 두 연구자들은 왜 DNA가 〈존재해야만〉 할 시기보다 더 오래 존속하는가를 알아내는 데 관심을 가지고 있다. 그 문제는 결국 고DNA 연구 분야를 존재하도록 하는 화학은 무엇인가 하는 데 귀착한다.

고DNA 연구의 적용——쥐, 토끼 그리고 붉은 늑대들

마지막 부분에서는 고DNA를 개별적인 과학적 의문점에 적용하는 몇 가지 실례를 보여주려고 한다. 소개된 화제들은 지금 수행되고 있는 광범위한 연구를 소개하려는 것에 불과하며, 포괄적인 것은 아니다. 그들은 계통학, 인류학 및 집단생물학에 걸쳐 있다. 이 부분은 공룡의 DNA를 복구하려는 공상으로 되돌아와서 끝난다.

집단에 고DNA를 적용하는 연구는 1990년 스반테 파보, 켈리 토머스Kelly Thomas, 그리고 프랜시스 빌라블랑카Francis Villablanca에 의해서 캥거루쥐kangaroo rat에 처음으로 도입, 시도되었다. 모하비 사막에서 흔히 볼 수 있는 종류인 이들 동물은 지난 세기 동안에 수집되었으며 박물관에는 그들의 가죽이 수장되었다. 버클리 팀은 모하비 지역의 세 집단을 대표하는 48장 정도의 가죽으로부터 미토콘드리아 DNA 절편을 추출하여 서열을 결정하였다. 그들은 그 다음 동일한 세 지역으로부터 살아 있는 개체들을 채집하여 동일한 DNA 절편을 추출하였다. 세 지역에서 현대의 DNA와 고DNA를 비교한 결과 60년에서 80년 전의 집단은 DNA의 유형이나 그들 유형 간의 변이로 판단하건대 현재의 집단과 매우 유사하게 나타났다. 이러한 결과로 미루어보아 집단은 안정적이었으며 지역 간의 이동은 거의 없었다는 것을 알 수 있었다. 결과는 그다지 극적으로는 보이지는 않지만, 이 연구는 고DNA 연구의 발달에 있어서 이정표라 할 만하였다. 그것은 어떻게 집단에 대한 지식을 얻는 데 사용될 수 있는지를 보여주었다.

사람들은 우연이거나 고의적이거나 간에 수천 년 간 동물의 이동에 영향을 끼쳐 왔다. 유럽의 토끼가 대표적인 예이다. 오릭톨라구스 쿠니쿨루스(*Oryctolagus cuniculus*)종은 이베리아 반도에서 기원하였으며 점차 세계의 대부분으로 분포 영역을 확장해 갔는데, 이렇게 된 데는 사람의 영향이 컸다. 이들 집단의 이동을 이해하기 위하여 프랑스 지프-수르-이베트Gif-sur-Yvette 분자유전학연구소의 연구팀은 현대 및 과거의 토끼 집단의 미토콘드리아 DNA를 분석하였다.

그들의 기원 중심에서는 상당한 형태적, 유전적 다양성이 나타났고, 두 개의 주된 미토콘드리아 계열로 나눌 수 있었다. 남부 스페인에서의 A형과 북부 스페인과 남부 프랑스의 B형이 그것이다. 프랑스 팀은 튀니지 부근의 젬브라 섬의 고고학 유적지를 조사하여 로마 시대에 토끼가 도입된 증거를 찾아냈다. 비록 젬브라에서 발견되는 현대의 토끼는 그들의 형태에서는 남부 스페인의 집단과 유사하지만, 그들의 미토콘드리아의 DNA 타입은 북부 집단과 유사하였다. 젬브라의 고고학적 유적지에서 발굴되는 토끼의 뼈로부터 추출한 DNA도 마찬가지였다. 또한 젬브

라에서 발견되는 현대 집단의 유전적 변이 정도로 보아 약 1,400년 전 그들 토끼들이 단일한 소집단으로부터 유래했다는 것을 알 수 있었다.

고DNA 연구는 생물 종 보존의 노력에도 일익을 담당하기 시작했는데, 이는 명백하게 멸종 위협을 받고 있는 종들의 운명을 결정하는 데 있어서 중요한 현 집단의 유전적 역사에 관한 의문점을 풀어주기 때문이다. 예를 들어, 붉은늑대red wolfs는 미국 동남부에서 한때 흔히 볼 수 있었던 종이었지만, 1900년 이래 급격하게 그 수효가 감소하였다. 사람의 유입으로 늑대의 서식처는 파괴되었고, 사냥꾼들은 늑대를 사냥감으로 삼았으며, 나머지 늑대들은 코요테와 잡종을 형성하기 시작했다. 1960년대까지 텍사스 동남부의 소집단을 제외하고는 야생 상태의 순종 붉은늑대는 실제적으로 멸종되었다.

20년이 지나자 그 종은 사로잡힌 것들만 남게 되었는데, 이들은 1970년대 텍사스에서 잡힌 개체들의 집단을 번식시킨 것이었다. 그러나 동부 노스캐롤라이나에 있는 앨리게이터 리버 국립 야생동물 보호소에 사로잡혀 번식된 종을 방사하였다. 회색늑대와 코요테의 선조라고 생각되는 붉은늑대는 야생 상태에서 다시 안전하게 될 수 있을까? 그러나 사로잡혀 번식된 종들의 유전적 정체에 대하여는 고질적인 의문점이 있었다. 그들은 정말로 순종인가, 혹은 코요테와 잡종을 형성하여 다른 유전자가 도입되었는가? 몇몇 현대적인 유전적 분석의 결과 이런 의혹은 타당성이 있는 것으로 드러났다. 로스앤젤레스 소재 캘리포니아 대학의 로버트 웨인Robert Wayne과 그의 동료들은 PCR을 사용하여 우선은 현 집단의 조직에 대하여, 그 다음은 박물관의 수장품들의 모피 조직을 사용하여 조사하였다. 최초의 결론은, 사로잡혀 번식된 동물은 실제로 회색늑대grey wolf와 코요테의 잡종이라는 것이었다.

붉은늑대(오른쪽의 모피)와 회색늑대(왼쪽의 모피) 사이의 진화 관련성은 20세기 초에 수집되어 박물관에 보관된 모피로부터 DNA를 추출함으로써 밝혀졌다. 이들 모피들은 스미소니언 연구소의 수장품 중의 일부이다.

이런 결과는 의도가 뚜렷한 보존적 노력에도 불구하고 실망스러운 소득을 낳았을 뿐이라는 것을 의미했다.

그러나 웨인과 그의 동료들이 야생에서 잡종이 형성되기 이전이라고 생각되는 20세기 초에 얻은 붉은늑대 가죽으로 계속 연구한 결과 더욱 놀라운 사실이 밝혀졌다. 이들 동물도 역시 잡종이었던 것이다. 가정을 수정해야 하였다. 즉, 붉은늑대는 회색늑대와 코요테의 조상이라기보다는 이들의 잡종이었으며, 당연히 별개의 종은 아니었던 것이다.

우리는 6장에서 보존주의자들은 그들이 다루는 종이 유전적으로 퇴락하지나 않았을까 하는 의구심을 가지면서도 포획 번식을 통하여 집단을 재확립시키려고 하는 문제에 흔히 직면한다는 것을 알았다. 치타의 경우에 행해졌던 것처럼 박물관에 수장된 이들 종의 이전 집단에 의지하여 종의 유전적 변이의 실제적인 역사를 추적할 수 있는 것이다. 어떤 종의 유전적 상태를 알았을 때 희망과 두려움을 갖게 되지만 보존주의자들은 오직 남아 있는 것만 가지고 일을 할 수 있을 따름이다. 게다가 그러한 집단을 번식시킬 것인가 혹은 지리적으로 또는 유전적으로 거리가 있는 집단으로부터 얻은 개체를 잡종화할까를 결정할 때, 그들은 유전적 연관을 갖는 일부 현존종을 구조하기 위하여 어떤 일이라도 긴급히 할 필요가 있다는 생각에 사로잡힐 것이다. 고DNA 연구로부터 얻은 정보는 절망적인 경우에는 도움을 줄 수는 있지만, 멸종한 종을 되살리거나 완전히 멸종한 유전적 변이를 복구시킬 수는 없다.

고DNA 연구의 적용 —— 유대류와 모아새

사람이 아닌 동물에 고DNA 연구를 적용해도 종과 속의 진화사 및 집단의 근래 역사에 새로운 전기를 마련해 줄 수가 있다. 두 가지 흥미로운 사례를 이미 멸종한 호주의 유대류 늑대와 뉴질랜드의 커다란 새인 모아에서 찾아볼 수 있다.

호주와 남미에 원래 살고 있던 포유동물은 유대류이다. 이들 동물에서 대부분의 회임은 외부에서, 즉 어미가 가지고 있는 주머니에서 이루어진다. 이 두 대륙에 살고 있는 많은 동물의 형태는 유사하기 때문에 그들 사이에 진화적인 관련성이 가정되어 왔다. 한 예가 호주 늑대인 틸라시누스 시노세팔루스(*Thylacinus cynocephalus*)로서 그들은 한때 호주 전역에 살았으나 이제는 멸종된 상태이다. 그 종류는 남미의 육식성 유대류인 보르히에니드

borhyenid와 관련되어 있다고 주장되었다. 예를 들어 호주의 종과 남미의 종은 세 가지 치아 특징 및 특이한 골반의 형질을 공유하고 있다. 이와 대조적으로 호주의 늑대는 뒷다리의 두 가지 특징으로 보아 호주의 다른 유대류와 더욱 밀접한 관계를 갖고 있다고 할 수 있다. 4 대 2로 남미의 관련성이 우세하기 때문에 일부 사람들은 두 대륙이 이미 수천만 년 전에 분리되었다는 사실에도 불구하고 두 종 사이의 진화적인 연관성을 가정하기도 하였다.

런던의 자연사박물관에서 근무하는 리처드 토머스 Richard Thomas와 그의 동료들은 호주 늑대인 하이드 hide로부터 두 개의 미토콘드리아 DNA 절편을 분리하여 기대와는 매우 다른 결과를 얻을 수 있었다. 호주와 남미의 현존 유대류의 DNA를 비교한 결과 두 대륙의 종 사이에는 유전적 연관성이 없었다. 호주 늑대의 조상은 호주에 있으며 남미와는 상관이 없었다. 호주와 남미 유대류

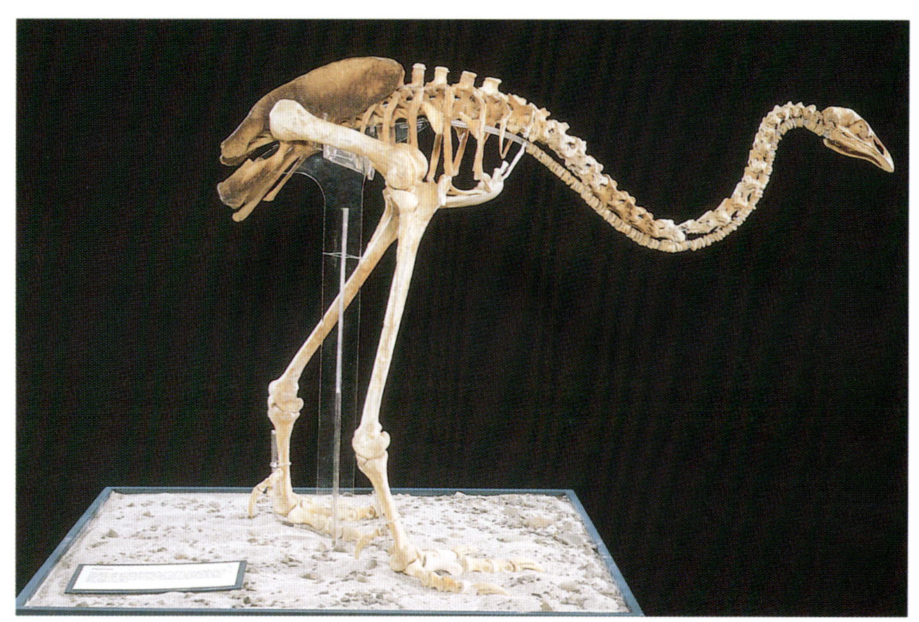

1,000년 전 뉴질랜드에서 사람이 살기 전에 번성했던 타조를 닮은 거대한 새인 모아의 뼈 표본.

200

의 놀라운 형태적 유사성은 강력한 수렴 진화의 결과였던 것이다. 또한 이들 유대 육식동물들은 태생 육식동물과도 형태적으로 유사하였는데 이것도 수렴 진화의 결과였다.

호주와 지리적으로 인접해 있는 뉴질랜드의 두 섬에는 한때는 모아라고 하는 타조를 닮은 거대한 새 12속이 살고 있었다. 선사 시대에는 뉴질랜드에는 포유동물이 거의 없었으며, 다른 대륙에서는 포유동물이 차지하는 육식동물의 지위를 이 섬에서는 날지 못하는 모아가 차지하고 있었다. 백만 년 전 최초의 정착민인 마오리 족이 도착했을 때부터 모아의 집단은 감소하기 시작했으며, 이 거대한 새는 곧 멸종하고 말았다. 모아의 역사와 관련된 두 가지 진화적인 의문점이 미해결 상태로 남아 있다. 첫째는 각 모아새 종류들의 기원과 관계이고, 둘째는 뉴질랜드의 국가적 상징인 키위라는 작고 날지 못하는 새와의 관련성이다.

모아는 장구한 진화적인 계통을 갖는 것으로 알려졌으며(약 8,000만 년), 미라화된 모아의 부드러운 조직으로부터 미토콘드리아 DNA를 분석한 결과 마오리 족이 도착했을 때 존재했던 종류들은 기원이 3,000만 년 이하로 드러났다. 고DNA를 추출, 분석하는 연구를 수행하고 있는 웰링턴 소재 빅토리아 대학의 앨런 쿠퍼Alan Cooper에 의하면 이 생물사는 섬의 지리사를 반영한다고 한다. 3,000만 년 이전에는 섬의 표면적은 현재의 15퍼센트 정도로서 지질 작용으로 대부분이 물속에 잠겨 있었다고 한다. 그 후 7백만 년 동안 섬의 대부분은 물에 잠긴 채로 있었으며 이때까지 이전에 존재했던 모아 종류의 대부분이 멸종되었다고 한다. 2,600만 년 전 지표면이 다시 확장하자 새로운 생태학적 기회가 종 분화를 가속화했다. 이 시기에 모아의 새로운 종과 속이 생겨났다.

미토콘드리아 DNA를 분석한 쿠퍼의 결과는 그가 조사한 모든 모아 속이 서로 인접해 있음을 보여준다. 그러나 키위와는 관련성이 없는 것으로 나타났는데, 그 근연종은 호주의 에뮤emu와 화식조cassowary라고 한다. 키위의 조상은 뉴질랜드에 날아서 도착했으며, 포식이 없는 섬에서는 대개 그렇듯이 그 뒤에 나는 능력을 잃어버린 것이 확실한 것 같다.

고DNA 연구의 적용——사람의 선사 시대

윌리엄 하우스워드와 그의 동료에 의해서 고DNA는 인류학에 최초로 그리고 가장 본격적으로 적용되었는데, 이를 사용하여 그들은 8,200년과 6,900년 전 사이에 살았던 미국 인디언 집단의 인구 구조와 동태에 대한 의문점을 해결할 수 있었다 1980년대 초기에 그들은 플로리다의 이탄 늪에서 177개의 두개골과 91개의 뇌를 발굴하였다. 특수한 화학적 환경 때문에 개체와 뇌 속의 DNA가 보존되었다. 이탄 환경은 산소를 제거하였고, 방울져 흘러가는 석회 광천은 산성을 완충해 주어 유전 물질이 파괴되는 것을 막아주었다.

발굴된 개체들은 약 50세대 전의 것으로 판명되었다. 면역계(주요 조직 적합 복합체major histocompatibility complex: MHC)와 관련이 있는 미토콘드리아 DNA와 핵 DNA 표본을 복구한 결과 하우스워드와 그의 동료들은 이들의 사회적인(혼인) 행동에서 남성과 여성 사이에 존재했던 차이점이 어떤 것이었는가를 밝힐 수 있게 되었다. 그 발굴지가 나타내는 1,300년 동안 그리고 집단 내에서 미토콘드리아의 연관성은 거의 찾아볼 수 없었다. 여성은 군집 내에서 남아 있는 경향이 강했으며, 인접한 집단에서 유전적으로 다른 여성이 유입된 경우도 없는 것으

인류학과 고고학에서는 우연한 사건이 주요한 역할을 하는 경우가 있다. 1991년 9월 두 명의 독일 등산가들이 티롤 지방의 외츠탈러 알프스에서 3,200미터의 빙하에 부분적으로 묻혀 있던 사람의 시체를 발견했을 때가 바로 그러한 경우였다. 처음에 두 사람은 최근에 몹쓸 조난을 당한 동료 등산가의 시체라고 생각했다. 그러나 오스트리아 국경의 이탈리아에 면한 쪽의 깨지기 쉬운 얼음 지형에서 그런 일을 발견한다는 것은 흔한 일은 아니었다. 더욱 자세히 관찰한 결과 색다른 사연이 얽혀 있으리라는 것을 알아낼 수 있었다. 죽은 사람은 밀짚으로 안감을 댄 조잡하게 바느질을 한 가죽 겉옷을 입고 있었다. 그의 곁에는 현대의 등산가들의 장비라고는 할 수 없는, 금속 도끼, 단순한 돌칼, 불을 피우는 데 사용하는 부시를 담은 가죽 가방, 나무로 만든 배낭, 그리고 활과 화살통 등이 있었다. 그는 명백하게 과거로부터 출현한 사람이었으며 흔히 냉동 인간이라고 불렸다.

과학적인 관점에서 볼 때는 안타깝게도 몇몇의 무지한 비전문가들이 빙하로부터 그 냉동 인간을 빼내려고 시도하였으며, 그 결과 가치 있는 증거가 파괴되고 말았다. 예를 들자면, 그 사체는 길이 18미터, 너비 5.5미터 정도 되는 얕은 참호에 누워 있었으나 참호 속에서 원래 취하고 있었던 몸의 자세는 기록되지 못해서 죽음의 원인을 결정하려는 노력을 수포로 만들었다. 빼내려고 노력하는 도중에 그의 의복은 찢어졌으며, 바지를 벗길 때 잔인하게도 그의 외부 생식기가 떨어져 나갔다. 그 과정 동안에 압축 공기 착암기를 사용하였는데 이것도 그의 왼쪽 골반을 상하게 만들었다. 마침내 전문가들이 현장에 도착했을 때 냉동 인간은 오른쪽 신발을 잃은 채 발가벗겨져 있었다. 그의 등에는 석탄으로 칠해진 줄을 가진 굵은 문신이 있었다.

냉동 인간이 주요한 고고학적 보물이라는 것을 뒤늦게 인식한 오스트리아와 이탈리아 당국은 냉동 인간의 몸을 차지하기 위하여 각축을 벌였다. 비록 그는 현재 국경을 기준으로 할 때 이탈리아 쪽에서 죽었지만 오스트리아의 전문가들이 사체를 발견했기 때문에 오스트리아가 그 경쟁에서는 이겼다. 냉동 인간의 잔해는 이제는 인스부르크 대학의 해부학과에 보존되어 있다. 그는 빙점 바로 이하에서 보관되고 있으며, 녹을 때 일어날 수 있는 부패를 방지하기 위해서 30분 내에 냉장고로 되돌려져야하기 때문에 그를 연구하고 싶어하는 사람들은 연구를 되도록 빨리 수행해야 한다. 인스부르크 대학의 해부학자인 베르너 플라츠는 인류학적인 연구를 지휘하고 있으며, 반면에 콘라트 스핀들러는 고고학 분야를 담당하고 있는데 여기에는 냉동 인간의 소지물과 그의 몸에 있는 문신 등이 포함된다. 그의 치아에 나타난 닳은 정도를 보아 냉동 인간의 연령은 25세에서 40세 정도인 것 같다.

처음에는 냉동 인간이 약 4천 년 전에 죽은 것으로 판정되었는데, 왜냐하면 그의 도끼가 청동제로 추정되었으며 그 정도의 연대를 가진 고고학 유적지에서 종종 발견되고 있었기 때문이다. 그러나 도끼는 후에 구리로 만들어진 것으로 밝혀졌으며, 청동기 이전에 나타난 더욱 무른 재료를 사용한 기술의 산물이었다. 옥스퍼드와 취리히에서 각각 방사성 동위 원소를 사용하여 피부와 **뼈**의 표본을 연대 측정한 결과 냉동 인간은 5,200년에서 5,300년 전 사이에 죽었음이 판명되었다.

이 연대를 갖는 두개골은 유럽에서는 흔하지만 이것은 잘 보존된 채 발견된 최초의 사체였다. 냉동 인간의 살과 기관은 건조된 이집트의 미라나 산소가 없는 늪의 침전물에 묻혀 있는 신석기 시대의 사체보다는 더욱 생생한 상태를 유지하고 있다. 과학자들은 따라서 200세대 전에 살았던 사람의 피부 문신에서부터 위장의 내용물까지 직접 볼 수가 있다. 그리고 고DNA를 연구하는 방법이 막 개발된 현장에 냉동 인간이 등장한 것은 물론

이다. 이러한 이유로 해서 냉동 인간은 고고학의 세기적 발견이라고 불린다.

냉동 인간은 메소포타미아에서 문명이 발생했을 때 살았는데, 그 당시는 중앙집권제가 발달하였고 기념 건축물과 야심 찬 관개 계획과 도시 및 민족국가가 출현한 시대였다. 수메르에서는 문자가 발명되었다. 그러나 냉동 인간과 그의 동료 유럽 거주자들의 생활은 훨씬 단순했다. 그들은 작고 안정적인 마을에서 살았으며 농업과 사냥 수단을 가지고 생활하였다. 냉동 인간은 활과 14개의 화살이 든 화살통을 가지고 있었으며, 만약 기회가 주어지면 영양이나 염소를 사냥하려고 하였을 것이다. 그의 등에 있는 문신과 목걸이에 있는 하얀 대리석 장

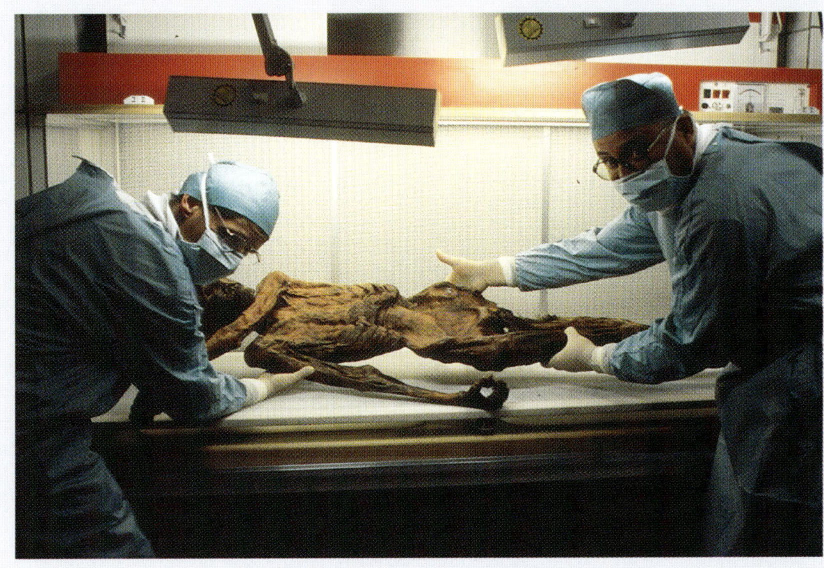

1991년 9월 등산가들이 티롤 지방의 외츠탈러 알프스에서 약 5,000년 전에 죽은 사람의 사체를 발견하였다. 여기서 보는 그의 몸은 인스부르크 대학교의 해부학과에 냉동 상태로 보관되고 있다.

냉동 인간이 죽었을 당시 소지했던 도구의 일부

식, 그리고 귀걸이를 걸기 위해 귓밥을 뚫은 흔적 등은 상징적인 신체 장식을 나타내주며, 약 35,000년 전에 서부 유럽에서 살았던 초기 정착민들에 의해서 발달된 것과 유사하다. 냉동 인간이 죽었을 때는 비록 젊은 나이였지만 휴스턴의 텍사스 대학 앤더슨 암 센터의 방사선 학자에 따르면, 그는 목과, 등 그리고 한쪽 엉덩이에 퇴

로 추론되었다. 이와는 대조적으로 MHC의 유전자 간의 변이는 미토콘드리아의 변이에 근거하여 추정된 것보다는 훨씬 커서, 유전적으로 다른 인접 군집 사이에서 여성보다는 남성이 결혼을 통하여 교환되었을 가능성을 암시하고 있다. 이런 패턴은 선사 시대의 사회에서 기대할 수 없는 것이었으나, 이들 데이터들은 〈그러한 특이한 행동에 대한 최초의 유전적 증거〉라고 하우스워드는 말한다.

비록 아직까지는 앞 장에서 기술된 논쟁에 해결의 실마리가 보이지 않지만, 미 대륙의 도래 패턴에 관한 의문도 고DNA로부터 얻은 정보를 사용하여 밝혀질 수 있다. 만약 그러한 실마리라는 것이 있다 해도 그것의 어떤 면은 매우 복합적이다. 예를 들어 작은 수의 이동이라는 기초적인 가정은 세 주요 언어군 사이의(178쪽 참조) 미토콘드리아 DNA형의 차이에 근거하고 있다. 파나마에 소재한 스미소니언 열대 연구소의 코니 콜맨Connie Kolman과 그녀의 동료에 따르면, 미토콘드리아형의 차이는 비교적 단순하게, 그리고 최근에 발생한 것이라고 한다. 그들은 파나마에서 약 7천 년 전 그 지방에 정착한 공통 집단으로부터 분리되었다고 추정되는, 서로 다른 언어를 사용하고 있는 치브차 족과 초코Choco 족 집단의 미토콘드리아 DNA를 분석하였다. 초코 족은 아메린드 족에서 발견되는 주요한 미토콘드리아 형의 4가지를 모두 가지고 있

204

행성 골격질환의 일종인 골관절염으로 고통을 받고 있었다. 그의 생애 전반부에 냉동 인간은 8개의 갈비뼈가 부러진 적이 있으며, 한쪽 엉덩이의 약한 골절로 고통을 받고 있었다. 이러한 점에서 그는 과거의 뼈를 조사해서 나타난 것과 같이 초기 농업 사회의 삶이 혹독했다는 것을 증명하고 있다. 또한 냉동 인간의 혈관에 칼슘이 축적된 것으로 보아 심장병을 앓고 있었음이 드러났다. 이는 냉동 인간이 죽을 때 노출된 보존 조건이 매우 양호한 경우라야만 가능한 진단이다.

　냉동 인간이 죽을 때 산에서 무엇을 하고 있었는가는 상상하기 곤란하다. 법의학 전문가가 현장에 도달하기 전에 사체가 교란되었음에도 불구하고 그의 죽음의 방식에 대해서는 무엇인가 이야기할 수가 있다. 그는 동물의 고기와 열매를 가지고 있었고, 따라서 굶어 죽은 것은 아니다. 또한 치명적인 상처를 입은 흔적도 없다. 독

일, 오스트리아, 그리고 스웨덴 출신의 해부학자와 인류학자로 이루어진 팀은 냉동 인간의 왼쪽 귀에서 단서를 찾아냈다고 추측하고 있다. 그는 왼쪽으로 누웠음에 틀림이 없으며, 그의 머리를 단단한 곳에 대고 빨리 잠이 들었다. 그 결과 그의 귓바퀴는 머리 아래에서 접혀졌으며, 그 뒤로 깨어나지 않았다. 연구자들은 냉동 인간이 참호에 도달한 때는 무척 지친 상태였다고 추정하고 있다. 아마도 일기가 나빠져서 그는 참호에서 쉴 곳을 찾았으며 쉬기 위해서 누웠다. 지쳐서 곤한 잠이 든 나머지 그는 귓바퀴가 접힌 불편함도 느끼지 못했다. 잠자는 동안에 그는 혼수 상태에 빠져들었으며 뒤이어 몸이 노출되면서 체온이 급격히 떨어졌고(저체온증) 목숨을 잃었다. 거센 바람은 그의 몸이 얼음에 묻히기 전에 조직을 재빨리 탈수시켰는데, 이는 효과적인 냉동 건조 과정이었다.

는 반면, 치브차 족은 두 가지만을 가지고 있다. 이는 치브차 족에서는 지난 7,000년 동안에 두 개의 미토콘드리아 DNA 유형을 잃었음을 의미하며, 아메린드, 나데네 그리고 에스키모-알류트 족들의 DNA 양상과 비교할 때 의문점을 던져준다.

　이러한 결론에 대하여 세 번에 걸친 도래 가설의 제안자들이 반론을 제기하였으나 아직 해결은 되지 않고 있다. 더욱 많은 데이터가 축적된다면 전체적인 그림이 더욱 복잡하게 될 것이라는 점은 그리 놀라운 일이 아닐 것이다. 그 목표는 다음의 사례가 제시하듯이 상세한 사실로부터 전반적인 패턴을 알아내는 것이다.

에리카 하겔버그가 과거의 뼈로부터 DNA를 추출하는 기법을 개발했을 때 그녀가 관심을 가지고 있었던 최초의 인류학적 의문점은 태평양의 정착민, 특히 이스터 섬의 역사에 관한 것이었다. 지구상에서 가장 고립된 유인도 중의 하나인 이스터 섬은 역사가들을 매혹시켜 왔는데, 그들은 어떤 사람들이 최초로 정착하게 되었는가 하는 문제에 관하여 서로 의견을 달리하였다. 어떤 사람들은 몇 천 년 전에 태평양 전역에 걸친 폴리네시아 민족의 대이동의 일환으로서 정착하였다고 생각하였다. 다른 사람들은 두 번에 걸쳐 도래하였는데 첫번째는 페루로부터 코카소이드Caucasoid 족이 도래하였으며, 그 다음 서쪽에서

폴리네시아인이 도래하였다는 것이다. 후자의 학설을 주장한 가장 저명한 학자는 토르 헤이에르달Thor Heyerdahl이었는데, 그는 바다의 해류가 미 대륙으로부터 이 섬으로 뗏목을 옮겨줄 수 있는가를 확인하는 영웅적인 항해 실험을 수행한 바 있었다. 페루와 이스터 섬 사이의 물질 문명이 유사한 것도 이 가설을 지지해 주었다.

수백 년 전에 이 섬에 살았던 12명의 두개골 잔해로부터 미토콘드리아 DNA가 분리되었다. 남아 있는 미토콘드리아 DNA가 그 문제를 해결해 줄 것이었다. 하겔버그와 그녀의 동료들이 찾아낸 12명 모두는 고대와 현대의 폴리네시아 집단의 특징을 가지고 있는 것으로 나타났다. 폴리네시아 형은 9개의 염기쌍의 결실과 세 염기쌍의 치환이라는 특징을 가지고 있다. 유전자 지문과 마찬가지로 이 양상은 초기 이스터 섬의 정착자들이 헤이에르달이 믿었듯이 미 대륙 계통이 아니라 폴리네시아 계통이라는 것을 알려주고 있다.

고DNA 연구는 1991년 9월 놀라움 속에서 발견된 티롤 지방의 빙하에 묻혀 있던 5천 년 된 미라 인간(앞의 상자글 참조)의 중요한 단서를 밝혀 주었다. 그 발견은 너무도 이상스러워서 일부 관찰자들은 그것을 가짜, 즉 미지의 범인이 이미 이집트나 남미에 있던 미라가 된 사체를 최근 녹기 시작하는 얼음 속에 옮겨 놓았다고 추측할 정도였다. 유럽 제국 출신의 연구자들로 구성된 대규모 연구진이 사체로부터 유전자를 분석하여 보고하였다. 미라를 만졌던 많은 사람들로부터 오염을 심각하게 받았으므로 그것은 단순한 일은 아니었다. 사체로부터 추출한 DNA가 오염된 것이 아니라는 증거를 제시한 후에 그들은 이 사체가 이집트나 남미의 것이 아니라, 현대 중부와 북부 유럽인의 것과 일치한다는 점을 밝혀내었다. 따라서 그 사체가 가짜라는 억측은 일축되었다.

공룡 DNA

최근 두 연구 그룹은 공룡의 DNA를 밝히는 것도 시간 문제라고 호언하였다. 1993년 7월 몬타나 주립대학의 잭 호너는 공룡 중에서 아마도 가장 유명한 종이라고 할 수 있는 티라노사우루스 렉스(*Tyrannosaurus rex*)의 화석 뼈에서 혈액 세포라고 간주되는 것을 발견하였다고 보고하였다. 고생물학자인 잭 호너 Jack Horner는 공룡에 대한 주의 깊고 창의적인 연구 업적 때문에 명망이 높았다. 그는 만약 혈액 세포가 뼈 속에 들어 있는 것이 사실이라면 그것으로부터 DNA를 추출하는 것이 가능하지 않을까라는 가능성을 제기했다. 그러나 지금까지 아무것도 발견되지 않았다.

1994년 말 브라이엄 대학의 연구자들은 그 주장을 한 단계 진척시켜, 석탄광으로부터 발굴된 8천만 년 전의 공룡의 뼈로부터 DNA를 추출하였다고 주장하였다. PCR을 사용하여 스콧 우드워드와 그의 동료들은 각각 130염기쌍 이상인 미토콘드리아 DNA 중 시토크롬 b 효소의 9개 분절을 얻었다. 그 DNA 서열을 현대의 포유동물, 새 혹은 악어 등의 어떤 그룹의 서열과 일치시키려는 노력을 기울였으나 이러한 시도는 실패로 끝났다. 이것은 놀라운 일이었다. 왜냐하면 공룡의 DNA는 공룡의 후손이라고 생각되는 새의 DNA와 어느 정도 유사할 것으로 기대되었기 때문이었다.

저명한 학술지《사이언스》에 발표된 그 보고서는 환호와 회의가 뒤섞인 반응을 받았다. 그 분야에 종사하는 대부분의 연구자들은 다른 연구 그룹이 동일한 화석 뼈의 표본을 가지고 유사한 DNA를 얻어 그 결과를 반복할 수 있는지를 지켜보기로 했다. 추출된 DNA가 특이하다고 주장되었기 때문에 일부 연구자들은 그것이 실제로 공룡

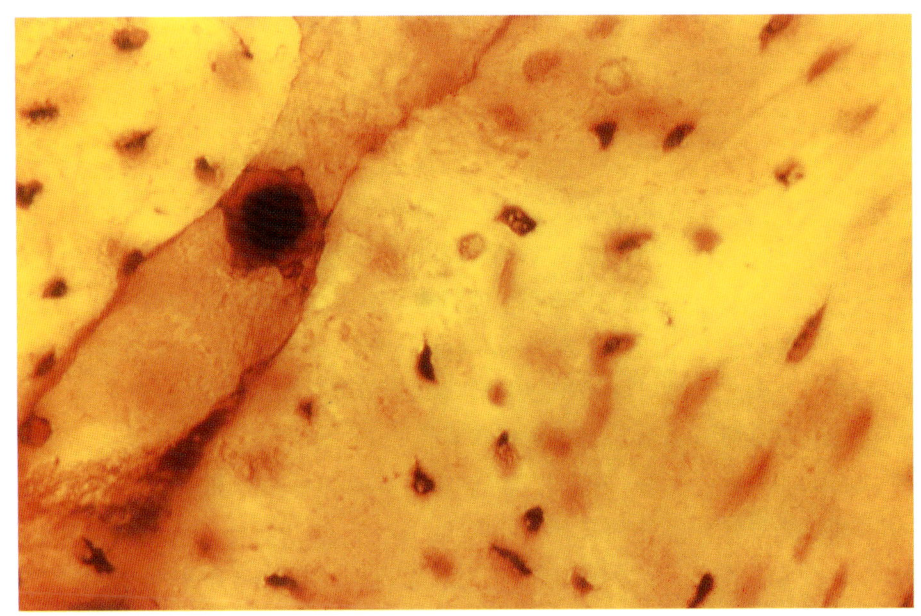

세세한 미세 구조가 화석 뼈에 나타나고 있다. 여기에서 우리는 몬태나 주의 보즈맨 소재 록 키스 박물관에서 제작한, 아마 가장 유명한 공 룡 중의 하나일 티라노사우루스 렉스의 다리 뼈의 현미경 절편을 보고 있다. 작고 둥근 미 세 구형 모양의 것이 혈관 통로의 안쪽에서 발 견되며 혈액 단백질인 헤모글로빈의 주요한 구성 성분인 헴을 포함하고 있는 것으로 나타 났다. 파충류의 적혈구는 핵을 포함하고 있기 때문에 DNA가 화석 뼈에 존재할 가능성도 있 었다. 그러나 새로운 연구에 의하면 그것은 불 가능하다고 밝혀졌다.

의 것이라고 생각했다. 펜실베이니아 주립대학의 블래어 헤지스Blair Hedges와 몬태나 주, 보즈맨의 록키스 박물 관의 매리 슈바이처Mary Schweitzer와 같은 다른 학자들 은 그것을 오염물이라고 의심했다. 여섯 달 후에 우드워 드의 보고서가 나타났는데, 그들은 공룡의 DNA라고 추정 되는 서열을 스스로 분석하여 아마도 사람의 것 같다고 결론을 내렸다. 그리고 헤지스와 슈바이처가 의혹을 제기 한 지 정확히 1년 후에 1996년도 《사이언스》에는 화석 뼈 에서 공룡의 DNA가 온전하게 추출될 가능성이 거의 불 가능하다는 연구 논문이 게재되었다. 그 연구에 의하면 가장 좋은 보존의 조건, 즉 추운 기후라고 할지라도 죽은 지 10만 년 정도의 조직에서만 DNA가 복구될 수 있는 가 능성이 있다는 것이다. 따뜻한 기후에서는 불과 수천 년 내에 사용할 수 있는 DNA의 양은 거의 사라져 버린다.

뮌헨 대학의 스반테 파보, 헨릭 포이나르 Henrik Poinar, 그리고 마티아스 회스Matthias Höss 등은 어떤 특정한 조직 표본이 온전한 DNA를 포함하고 있는가를 결정하는 지표로서 아미노산의 단순한 화학 반응을 색다 른 방법으로 사용하는 연구에 참여하고 있다. 아미노산은 자연계에서, 그들의 3차원적인 구조에 따라 D형과 L형이 라는 두 가지 거울상 형태로 나타난다. 생물이 아미노산 의 풀에서 단백질을 조립할 때, 그들은 배타적으로 L형만 을 사용한다. 조직이 죽으면 단백질 사슬은 분해되기 시 작하고, L형의 아미노산은 라세미화racemization라고 알 려진 과정을 통하여 D형으로 서서히 전환되는데 결국 두 형태가 동량으로 혼합되는 상태에 이른다. 최근 다양한 조건에서 라세미화의 동태가 연구된 바 있다. 1993년 샌 디에이고 소재 캘리포니아 대학의 제프리 바다Jeffrey Bada는 라세미화의 속도가 탈퓨린화depurination라고 부르는 DNA의 주된 분해 과정의 속도와 매우 관련이 깊다는 사실을 발견하였다. 그는 따라서 온전한 DNA를 나타내는 대체 지표로서 라세미화를 정량적으로 측정하는 연구를 하기 위하여 파보와 그의 동료들로 구성된 연구진에 합류하였다.

연구자들은 아스파르트산aspartic acid을 측정하기로 하였는데, 왜냐하면 그것은 다른 아미노산보다 라세미화가 빠르게 진행되기 때문이다. 이들은 50년에서 4만 년에 이르는 연대를 나타내는 조직에서 L형의 아스파르트산을 측정하였으며, 온전한 DNA가 존재하지 않을 때에는 D/L의 비가 0.08 이상이라는 것을 알아냈다. 이들은 다음으로 6,500만 년 된 티노사우루스 렉스의 뼈, 1,700만 년 된 목련의 잎, 그리고 다양한 연대의 호박 속의 곤충을 포함하는, 고DNA 추출이 이루어졌다고 주장되는 표본에서 이 D/L 비를 측정하였다. 호박에 갇힌 동물들을 제외하고는 모든 표본에서 D/L 값은 분해의 역치를 초과하였다. 이 연구자들은 〈공룡의 화석에서 DNA가 복구될 가능성은 희박하다〉는 결론을 내렸다.

그 연구 결과를 논평하면서 스콧 우드워드는 공룡의 DNA를 추출했다는 초기의 주장이 커다란 타격을 받게 되었다는 점을 인정했다. 분해 과정은 너무 빨라서 뼈에서 장기간 보존될 수는 없다. 이와는 대조적으로 호박의 화학적 환경은 적어도 3,500만 년(조사된 가장 오래된 화석의 연대) 동안이나 분해를 방지할 수 있었다. 따라서 마이클 크라이튼은 호박에 들어 있는 곤충에서 공룡을 부활시키려는 상상을 할 권리가 있는 것이다.

만약 호박 속에 들어 있는 흡혈 곤충으로부터 공룡의 DNA를 추출할 수 있다 하더라도 쥐라기 공원은 아직도 허구에 불과하다. 공룡은 멸종했으며 앞으로도 되살릴 수 없을 것이다. 원료 DNA로부터 살아 있는 종으로 개체를 만들어내기 위한 배 발생의 복잡한 과정을 알아낸다고 하더라도 알 속에 안전하게 격리된 완전한 염색체 한 벌로부터 시작하는 배 발생과는 비교가 안 될 정도로 장벽이 엄청날 것이다. 그런데 생물학자들은 아직 배 발생의 복잡한 과정도 알지 못하고 있다. 멸종한 동물의 죽은 지 오래된 조직에서 복원한 DNA 조각들은 대단히 적은 것이다. 길이가 200 염기쌍 정도 되는 DNA의 조각들을 온전한 세포 속의 완전한 유전자 한 벌을 구성하는 수십억의 뉴클레오티드와 비교해 보라. 따라서 《옴니》에 발표되었던, 잃어버린 DNA를 채워서 그것을 알 속에 넣겠다는 찰스 펠라그리노의 공상은 창조적이기는 하지만 백일몽에 불과하다.

어떤 생물이 멸종하게 된다면, 생명의 시작까지 거슬러 가는 유전자와의 관련성은 영원히 상실된다. 고DNA 연구는 10년 전 아무도 가능하다고 생각하지 못했던 것을 가능하게 했지만, 불가능한 것을 성취할 수는 없는 것이다. 비록 멸종한 종을 되살리지는 못한다 해도 고DNA 연구는 아직도 존재하는 생물계에 대해 새로운 통찰력을 제공해 주며 그 생물계가 지속적으로 뒤얽혀서 생존할 수 있도록 도와줄 것이다.

옮기고 나서

다윈의 진화론은 그리스 로마 시대 이래 지속된 종 원형의 개념, 이를테면 신이 자신의 의도에 따라 종을 종류별로 창조했다는 생각을 뒤엎은 혁명적인 생명과학이다. 그러나 그것이 전복적인 만큼 기존의 학문 세계를 지배하고 있던 학자들의 반론도 만만치 않았다. 진화론을 뒷받침하는 반복적인 실험이 불가능한 데다, 잃어버린 고리 등 화석적인 증거들이 갖춰지지 않은 까닭에 이것은 혹독한 비판을 받게 되었다.

1950년 이후 다윈의 진화론만큼이나 중요한 생명과학의 발전이 이루어졌다. 왓슨과 크릭 등에 의해 밝혀진 DNA의 분자 구조는 마침내 분자생물학이라는 새로운 학문 분야를 탄생시켰다. 일견 학문적으로 무관하게 보이는 분자생물학의 지원 아래 진화론은 그간의 굴레를 벗어나 탄탄한 학문으로서의 위치를 굳힐 수 있게 되었다.

하지만 진화론에 대해 우리가 알고 있던 사실은 얼마나 피상적이었는가? 적자생존, 자연선택, …… 등 몇 마디 말을 나열하다 보면 우리는 사실상 진화론에 대해 별로 아는 것이 없음을 고백할 수밖에 없게 된다. 르윈은 국내에서도 이미 번역이 된 『오리진』, 『인류의 시대』 등을 통하여 우리에게 친숙한 생물학 관련 전문 저술가이다. 『진화의 패턴』을 통해서 그는 다시 한번 알기 쉽게 진화의 기작과 분자생물학적 적용 사례 등을 우리에게 알려주고 있다. 〈과학의 기본적인 생각들은 대개 단순하고 일반적으로 모든 사람이 이해할 수 있는 언어를 통해 표현된다고 한다〉면 르윈이야말로 이를 잘 실천하고 있는 사람이다.

* * *

책을 번역하면서 번역 작업이 얼마나 어려운지 다시 한번 뼈저리게 느끼게 되었으며, 르윈의 좋은 의도가 번역을 통하여 자칫 난삽해지지는 않았는지 심히 염려된다. 그간 좋은 책을 유려한 문체로 번역하여 우리의 지식을 넓여준 선배 제현들에게 진심으로 감사하는 마음이 깊어진 것은 그나마 다행스러운 일이다.

무엇보다도 안타까웠던 것은 이 책을 번역하면서 우리나라의 생물학의 빈약성을 깨닫게 되었다는 점이다. 심지어는 동일한 학회에서 만들어 낸 사전과 용어집에서도 번역한 전문용어들이 서로 일치하지 않는 경우가 있었으며, 각종 번역 교재마다 사용된 용어들도 각각 달랐다.

또한 〈homoplasy〉, 〈paraplasy〉, 〈xenoplasy〉와 같은 용어들은 역자의 무지인지는 몰라도 아직 국내에 제대로 번역이 되어 있지 않았기 때문에 적절한 용어로 번역하느라 애를 먹었다. 결국 여러번의 교정을 거쳐 각각 원상동, 파생상동, 외래상동 등으로 번역하였다. 우리나라에 목이 존재하지 않는 〈Macroscelidea〉는 원어의 뜻을 나름대로 해석하여 거각목으로 해석하였다. 물론 이 같은 용어의 번역 사용에는 학회의 공인이 따라야 하는 것이지만 전공용어에 익숙하지 않은 일반 독자를 위해서 일단 만용을 부려보기로 하였다. 다만 금후 동료학자들의 검토와 교정을 위하여 영문을 병기함으로써 이로 말미암은 혼란을 애써 피하고자 하였다. 정부는 유행병처럼 번져가는 첨단 과학기술에 대한 지원도 시급하지만, 정상적인 학문의 발전을 위해 용어 정리, 사전 편찬, 기본 저서 번역 등이 무엇보다도 절실하다는 사실을 깨닫기를 바란다.

생명의 계통수를 다룬 3장에서는 새 이름을 번역하느라 많은 애를 먹었다. 분류학자의 말에 따르자면 새들의 영역 다툼 때문에 멀리 떨어진 외국에 존재하는 새가 우리나라에 존재하는 비율은 10퍼센트를 넘지 않는다고 한다. 당연히 외국의 새 이름을 우리나라 말로 옮기는 것은 무리가 따를 수밖에 없었다. 다른 동물의 이름을 번역하는 것도 쉽지 않았다. 학자의 이름이나 영어 이외의 외국어는 학자들의 자문이나 기존의 번역서를 참고하여 발음과 가깝게 표기하였음을 알려둔다. 그리고 여러 번역이 존재할 경우에 가장 이해하기 쉬운 번역을 선택하려고 노력하였다.

* * *

이처럼 용어 해석에 따른 여러 가지 부담 때문에 교정에 교정을 거듭해도 마음에 흡족한 기분이 들지는 않았지만, 국내에 이 같은 종류의 서적이 번역된 사례가 드물고, 불비한 것이

라도 향후 이 분야의 발전을 위해서는 징검돌이 된다는 것으로 위안을 삼고자 하였다. 모든
이유에도 불구하고 번역물에 포함되어 있는 오류들은 전적으로 역자의 무능력 때문이라 생
각하고 이에 대한 지적과 충고가 있기를 바라며, 그로 말미암아 향후에는 더 나은 번역물을
낼 수 있기를 간절하게 소망한다.

　서투른 번역으로 교정지가 심하게 더러워질 때까지 용어를 번역하고 덧칠하는 혼란을 참
아내며 그간 이 책의 발간을 위해 애써준 사이언스북스 편집부의 많은 격려도 커다란 힘이
되었음을 밝히고 싶다. 또한 번역하는 기간 동안 주변에서 많은 불편을 감수해준 여러 사람
들에게도 널리 용서를 구하고 싶다.

2002년 2월
태백에서 동해로 불어오는 바람에 맞서
전방욱

제2장

Atchley, W. R., and W. M. Fitch. Gene trees and the origin of inbred strains of mice. *Science* 254(1991): 554-558.

King, M.-C., and A. C. Wilson. Evolution at two levels in humans and chimpanzees. *Science* 188(1975): 107-116.

Patterson, C., ed. *Molecules and Morphology in Evolution.* Cambridge University Press, 1987.

Hillis, D. M. Homology in molecular biology. In *Homology: The Hierarchical Basis of Comparative Biology*, B. K. Hall, ed. Academic Press, 1993.

Hillis, D. M., et al. Analysis of DNA sequence data: phylogenetic inference. *Methods in Enzymology* 224(1993): 456-487.

Patterson, C., et al. Congruence between molecular and morphological phylogenies. *Annual Reviews of Ecology and Systematics*, 24(1993): 153-188.

de Queriroz, A., et al. Separate versus combined analysis of phylogenetic evidence. Annual Reviews of Ecology and Systematics, 26(1995): 657-681

Swofford, D. L. When are phylogeny estimates for molecular and morphological data incongruent? In *Phylogenetic Analysis of DNA Sequences*, M. M. Myamoto and J. Cracraft, eds., 295-333. Oxford University Press, 1994.

Hillis, D. M., et al. Aplication and accuracy of molecular phylogenies. *Science* 264(1994), 671-667.

Hillis, D. M., et al. To tree the truth: biological and numerical simulations of phylogeny. In *Molecular Evolution of Physiological Processes*. D. M. Fambrough, ed. The Rockefeller Press, 1994.

Stewart, C.-B. The powers and pitfalls of parsimony. *Nature* 361(1993): 603-607.

제3장

Doolittle, R. F., et al. Determining divergence times of the major kingdoms of living organisms with a protein clock. *Science* 271(1996): 470-477.

Pace, N. Origin of life: facing up to the physical setteing. *Cell* 65(1991): 531-533.

Rivera, M. C., and J. A. Lake. Evidence that eukaryotes and eocyte prokaryotes art immediate relatives. *Science* 257(1992): 74-76.

Schlegel, M. Molecular phylogeny of eukaryotes. *Trends in Ecology and Evolution* 9(1994): 330-335.

Woese, C. R. There must be a prokaryote somewhere. *Microbiological Reviews* 58(1994): 1-9.

Woese, C. R., et al. Towards a natural system of organisma. *Proceedings of the National Academy of Sciences*, 87(1990): 4576-4579.

Conway Morris, S. The fossil record and the early evolution of the Metazoa. *Nature* 361(1993): 219-225.

Erwin, D. Metazoan Phyogeny and the Cambrian radiation. *Trends in Ecology and Evolution* 4(1991): 131-134.

Gray, M. W. The endosymbiont hypothesis revisited. *International Reviews of Cytology* 141(1992): 233-357.

Knoll, A. The early evoltuion of the eukaryotes:a geological perspective. *Science* 256(1992): 622-627.

Sidow, A., and W. K. Thomas. A molecular framework for eukaryotic organisms. *Current Biology* 4(1994): 596-603.

Ahlberg, P. E., and A. R. Miner. The origin and eraly diversification of the tetrapods. *Nature* 368(1994): 507-514.

Bailey, W. J., et al. Rejection of the flying primate hypothesis by phylogentice evidence from the epsilon-globin gene. *Science* 256(1992): 86-89.

Boore, J. L., et al. Deducing the pattern of arthropod phylogeny from mitochondrial DNA arrangements. *Nature* 376(1995): 163-167.

Graur, D. Molecular phylogeny and the higher classification of Eutherian mammals. *Trends in Ecology and Evolution* 8(1993): 141-146.

Meyer, A. Molecular evidence on the origin of tetrapods. *Trends in Ecology and Evolution* 10(1995): 111-116.

Milinkovitch, M. C. Molecular phylogeny of cetaceans prompts revision of morphological transformations. *Trends in Ecology and Evolution* 10(1995): 328-334.

Novacek, M. J. Mammalian phylogeny: shaking the family tree. *Nature* 356(1992): 121-126.

Sibley, C. G., and J. E. Ahlquist. Reconstructing bird phylogeny by comparing DNA's. *Scientifci American*(February 1986): 82-92.

Gargas, A., et al. Multiple origins of lichen symbiosis in fungisuggested by SSU rDNA phylogeny. *Science* 268(1995): 1492-1495.

Hillis, D. M., et al. Application and accuracy of molecular phylogenies. *Science* 264(1994): 671-677.

Meyer, A., and A. C. Wilson. Monophyletic origin of Lake Victoria cichlid fish is suggested by mitochondrial DNA sequences. *Nature* 347(1990): 550-553./

제4장

Lewontin, R. C. Electrophoresis in the development of evolutioary genetics: mileston or millstone? *Genetics* 128(1991): 657-662. (And references therein.)

Gillespie, J. H. Molecular evolution and the neutral allele theory. In P. H. Harvey, and L. Partridege, eds., *Oxford Surveys in Evolutionary Biology* 4(1987): 10-37.

Gould, S. J. Through a lens, darkly. *Natural History*(September 1989): 16-24.

Kimura, M. The neutral theory of molecular evolution: a review of recent evidence. *Japanese Journal of Genetics* 66(1991): 367-386.

Ohta, T. The nearly neutral theory of molecular evolution. *Annual Reviews of Ecology and Systematics* 23(1992): 263-286.

제5장

Ayala, F. J. On the virues and pitfalls of the molecular evolutionary clock. *The Journal of Heredity* 77(1986): 226-235.

Britten, R. J. Rates of DNA sequence evolution differ between taxonomic groups. *Science* 231(1986): 1393-1398.

Fitch, W. M., and Ayala, F. J. The superoxide dismutase molecular clock revisited. In *Tempo and Mode in Evolution*, W. M. Fitch, and F. J. Ayala, eds., 235-252. National Academy of Sciences, 1995.

Gillespie, J. H. Natural selection and the molecular clock. *Molecular Biology and Evolution* 3(1986): 138-155.

Kimura, M. Molecular Evolutionary clock and the neutral theory. *Journal of Molecular Evolution* 26(1987): 24-33.

Martin, A. P., et al. Rates of mitochondrial DNA evolution in sharks are slow compared with mammals. *Nature* 357(1992): 153-155.

Martin, A. P., and S. R. Palumbi. Body size, metabolic rate, generation time and the molecular clock. *Proceedings of the National Academy of Sciences (USA)* 90 (1993): 4807-4091.

Special issue: Molecular evolutionary clock. *Journal of Molecular Evolution* 26(1987): 1-171.

Zuckerkandl, E. On the molecular evolutionary clock. *Journal of Molecular Evolution* 26(1987): 34-46.

제6장

Burke, T. Spots before the eyes: molecular ecology. *Trends in Ecology and Evolution* 9(1994): 355-357.

Burke. T., et al. Molecular variation and ecological problems. In *Genes in Ecology*, R. J. Berry, et al., eds. 229-254. Blackwell Scientific, 1992.

Amos, B., et al. Social structure of pilot whales revealed by analytical DNA profiling. *Science* 260(1993): 670-672.

Amos, B., et al. Evidence for mate fidelity in the gray seal. *Science* 268(1995): 1897-1899.

Burke, T. DNA fingerprinting and methods for the study of mating success. *Trends in Ecology and Evolution* 4(1989): 139-144.

Chapela, I. II., et al. Evolutionary history of the symbiosis between fungus-growing ants and their fungi. *Science* 266(1994): 1691-1697.

Gibbs, H. L., et al. Realized reproductive success of polygynous redwinged blackbirds revealed by DNA markers. *Science* 250(1990): 1394-1397.

Mulder, R. A., et al. Helpers liberate female fairy-wrens from constraints on extra-pair mate chocie. *Proceedings of the Royal Society* (B). 255(1994): 223-229.

Queller, D. C. Microsatellites and kinship. *Trends in Ecology and Evolution* 8(1993): 285-288.

Richman, A. D., and T. Price. Evolution of ecological differences in the Old World leaf warblers. *Nature* 355(1992): 817-821.

Baker, C. S., et al. Mitochondrial DNA variation and world-wide population structure of humpback whales. *Proceedings of the National Academy of Sciences (USA)* 90 (1993): 8239-8243.

Bowen, B. W., and J. C. Avise. Tracking turtles through time. *Natural History* 12/94: 36-42.

Avise, J. C. Molecular population structrue and the biogeographic history of a regional fauna. *Oikas* 63(1992): 62-76.

Ferris, C., et al. Native oak chloroplasts reveal an ancient divide across Europe. *Molecular Ecology* 2 (1993): 337-344.

Joseph, L. J., et al. Molecular support for vicariance as a source of diversity in rainforest. *Proceedings of the Royal Society* (B) 260(1995): 177-182.

Avise, J. C. A role for molecular genetics in the recognition and conservation of endangered species. *Trends in Ecology and Evolution* 4(1989): 279-281.

O'Brien, S. J. Genetic and phylogenetic analyses of endangered species. *Annual Reviews of Genetics* 28(1994): 467-489.

O'Brien, S. J. A role for molecular genetics in biological conservation. *Proceedings of the National Academy of Sciences (USA)* 91 (1994): 5748-5755.

Daugherty, C. H., et al. Neglected taxonony and continuing extinctions of tuatara (*Sphenodon*). Nature 347 (1990): 177-179.

May, R. M. The cheetah controversy. *Nature* 374 (1995): 309-310.

Menotti-Raymond, M., and S. J. OBrien. Dating the genetic bottleneck of the African cheetah. *Proceedings of the National Academy of Sciences (USA)* 90 (1993): 3172-3176.

Special issue on conservation genetics. *Molecual Ecology* 3 (1994): 277-435.

Roelke, M. E., et al. The consequences of demographic reduction and genetic depletion in the endangered Florida panther. *Current Biology* 3(1993): 340-350.

제7장

Bailey, W. Hominoid trichotomy: a molecular overview. *Evolutionary Anthropology* 2(1993): 100-108. (And references therein.)

Goodman, M. A personal account of the origins of a new paradigm. *Molecular Phylogenetics and Evolution* 5 (1996): 269-285.

Rogers, J. The phylogenetic relationships among Homo, Pan, and Gorilla: a population genetics perspective. *Journal of Human Evolution* 25 (1993): 201-215.

Ruvolo, M., et al. Gene trees and hominoid phylogeny. *Proceedings of the National Academy of Sciences (USA)* 91 (1994): 8900-8904.

Special issue on molecular anthropology. *Molecular Phylogenetics and Evolution* 5 (1996): 1-285.

White, T. D., et al. Australopithecus ramidus, a new species of early hominid from Aramis, Ethiopia. *Nature* 371(1994): 306-329.

Wood, B. The oldest hominid yet. *Nature* 371(1994): 280-281.

Bowcock, A. M., et al. High resolution of evolutionary trees with polymorphic microsatellites. *Nature* 368(1994): 455-457.

Cavalli-Sforza, L. L. Genes, people and languages. *Scientific American* (November 1991): 104-110.

Cavalli-Sforza, L. L., et al. Demic expansion and human evolution. *Science* 259 (1993): 639-646.

Dorit, R. L., et al. Absence of polymorphism at the ZFY lucus on the human Y chromosome. *Science* 268(1995): 1183-1185.

Lahr, M. M., and R. Foley. Multiple dispersals and modern human origins. *Evolutionary Anthropology* 3(1994): 48-60. (And references therein.)

Ruvolu, M. A new approach to studying modern human origins. *Molecular Phylogenetics and Evolution* 5 (1996): 202-219.

Stoneking, M. DNA and recent human evolution. *Evolutionary Anthropology* 2 (1993): 60-73. (And references therein.)

Stringer, C. B. The emergence of modern humans. *Scientific American* (December 1990): 98-104.

Thorne, A. G., and M. H. Wolpoff. The multiregional evolution of humans. *Scientific American* (April 1992): 76-83.

Tishkoff, S. A., et al. Global patterns of linkage disequilibrium at the CD4 locus and modern human origins.

Science 271 (1996): 1380-1387.

Wilson, A. C., and R. L. Cann. The recent African genesis of humans. *Scientific American* (April 1992): 68-73.

Hoffecker, J. F., et al. The colonization of Beringia and the peopling of the New World. *Science* 259 (1993): 46-53.

Meltzer, D. J. Why don't we know when the first people came to North America? *American Antiquity* 54 (1989): 471-490.

Meltzer, D. J. Pleistocene people of the Americas. *Evolutionary Anthropology* 1(1993): 157-169. (And references therein.)

Merriweather, D. A., and R. E. Ferrel. The four founding lineage hypothesis for the New World. *Molecular Phylogenetics and Evoluton* 5 (1996): 241-246.

Szathmary, E. J. E. Genetics of aboriginal North Americans. *Evolutionary Anthropology* 1 (1993): 202-220. (And references therein.)

Torroni, A., et al. Mitochondrial DNA for the Amerinds and its implications for timing their entry into North America. *Proceedings of the National Academy of Sciences (USA)* 91 (1994): 1158-1162.

Ward, R. H., et al. Genetic and linguistic differentiation in the Americas. *proceedings of the National Academy of Sciences (USA)* 90 (1993): 10,663-10,667.

Weiss, K. M. American origins. *Proceedings of the National Acadmey of Sciences (USA)* 91 (1994): 833-835.

제8장

Brown, T. A., and K. A. Brown. Ancient DNA and the archeologist. *Antiquity* 66 (1992): 10-23.

DeSalle, R., et al. DNA sequences from a fossil termite in Oligomiocene Amber and their phylogenetic implications. *Science* 257 (1992): 1933-1936.

Gibbons, A. Possible dino DNA find is greeted with skepticism. *Science* 266 (1994): 1159.

Hagelberg, E. Ancient DNA studies. *Evolutionary Anthropology* 2 (1993): 199-206.

Handt, O. Molecular genetic analyses of the Tyrolean Ice Man. *Science* (1994): 1775-1778.

Hardy, C., et al. Origin of the European rabbit (Oryctolagus cuniculus) in a Mediterranean island: zoogeography and ancient DNA examination. *Journal of Evolutionary Biology* 7 (1994): 217-226.

Hauswirth, H. Dead men's molecules. *Yearbook of Science and Technology*, 122-137. Encyclopedia Britannica, 1994.

Lewin, R. Fact, fiction and fossil DNA. *New Scientist* (29 January 1994): 38-41.

Lindahl, T. Instability and decay of the primary structrue of DNA. *Nature* 362 (1993): 709-715.

Pääbo, S. Ancient DNA. *Scientific American* (November 1993): 60-66.

Poinar, G. O., Jr, Still life in amber. *The Sciences* (March/April 1993): 34-38.

Poinar, H. N., et al. Amino acid racemization and the presevation of ancient DNA. *Science* 272 (1996): 864-866.

Ross, P. E. Eloquent Remains. *Scientific American* (May 1992): 115-125.

Sjovold, T. The Stone Age iceman from the Alps. *Evolutionary Anthropology* 1 (1992): 117-124.

Thomas, R. H., et al. DNA phylogney of the extinct marsupial wolf. *Nature* 340 (1989): 465-467.

Woodward, S. R., et al. DNA sequence from Cretaceous period bone fragments. *Science* 266 (1994): 1229-1232.

Sources of Illustrations

Chapter 1 Facing page 1: © Rosamond Purcell. Allrights reserved Page 2: D. N. Dalton/Natural History Photo Agency Page 3: James Holmes/CellMark Diagnostics/Photo Researchers Page 5: Reproduced by permission of The Linnaean Society of London Page 6: Photography by Julia Margaret Cameron, 1868. National Portrait Gallery, London Page 10: © Rosamond Purcell. All rights reserved Page 16: Benali-Landmann/Gamma Liaison **Chapter 2** Page 18: © Rosamond Purcell. All rights reserved Page 21: Oil painting by H. W. Pickersgill, 1845. National Portrait Gallery, London Page 22: Adapted from a figure in Charles G. Sibley and Jon E. Ahlquist, Reconstructin bird phylogeny by comparing DNA's, Scientific American 254(2): 84. © 1986 by Scientific American, Inc. All rights reserved Page 27: Wolfgang Hennig Page 32: John Reader/Photo Researchers Page 49: From Roger Lewin, Human Evolution, 3rd ed., Blackwell Scientific publications, 1993 Page 50: M. E. Bisher and A. C. Steven Page 51: From J. J. Bull et al., Experimental molecular evolution of bacteriophage T7, Evolution 47 (1993): 993-1007 **Chapter 3** Page 52: © Rosamond Purcell. All rights reserved Page 59: Based on a figure in C. R. Woese et al., Towards a natural system of organisms, Proceedings of the National Academy of Sciences 87 (1990): 4576-4579 Page 60: Photograph by Thomas Brock, University of Wisconsin at Madison. Courtesy of University of Wisconsin Office of News and Public Affairs Page 61: Reg Morrison/AUSCAPE Page 62: Adapted from a figure in M. Schlegel, Molecular phylogeny of eukaryotes, Trends in Ecology and Evolution 9 (1994): 331 Page 67: From A. Knoll, The early evolution of the eukaryotes: a geological perspective, Science 256 (1992): 623 Page 70: From K. G. Field et al., Molecular phylogeny of the animal kingdom, Science 239 (1988): 748-753 Page 73: Peter Scoones/Planet Earth Pictures Page 75: From D. Graur, Molecular phylogeny and the higher classification of Eutherian mammals, Trends in Ecology and Evolution 8(1993); 141-146 Page 76: Stephen Dalton/Natural History Photo Agency Page 78: Jean-Paul Ferrere/AUSCAPE Page 79: From C. G. Sibley and J. E. Ahlquist, Reconstructing bird phylogeny by comparing DNA's, Scientific American 254(2): 82-92. © 1986 by Scientific American, Inc. All rights reserved Page 80: Hans and Judy Beste/AUSCAPE Page 82: Photograph by Andreas Spreinat. Courtesy of Axel Meyer, University of California at Berkeley **Chapter 4** Page 86: Peter Ginter/Bilderberg Page 91: Rockefeller University Archive Center Page 92: Indiana University Archives Page 97: William B. Provine, Cornell University Page 102: From Motoo Kumura, The neutral theory of molecular evolution, Scientific American 241(5). © 1979 by Scientific American, Inc. All rights reserved Page 103: Eviatar Nevo, Institute of Evolution, University of Haifa **Chapter 5** Page 106: Frans Lanting/Minden Pictures Page 110 (left): Emile Zuckerkandl Page 110 (right): Janet Fries/Black Star page 111: Chip Clark Page 112: Jane Scherr, Wilson Laboratory, University of California at Berkeley Page 113: Vincent Sarich **Chapter 6** Page 120: Wolfgang Volz/Bilderberg page 123: From J. D. Watson, M. Gilman, J. Witkowski, and M. Zoller, Recombinant DNA, 3rd ed. © 1992 by Scientific American Books. All rights reserved Page 126: William Taufic Photography, Inc. Page 128: Michio Hoshino/Minden Pictures Page 130 (left): Robert Erwin/Natural History Phtographic Agency page 130 (right): Art Wolfe Page 131: A.N.T./Natural History Photographic Agency Page 133: Margaret Welby/Planet Earth Pictures Page 134: Doug Perrine/Planet Earth Picutres Page 136: Madhusudan Katti/Trevor Price Page 137: Mark

218

W. Moffett/Minden Pictures Page 139: Haroldo Palo Jr./Natural History Photographic Agency page 142: Pete Atkinson/Planet Earth Pictures Page 147: Georgette Douwma/Planet Earth Pictures page 151: Frans Lanting/Minden Pictures Page 153: Art Wolfe Page 155: Art Wolfe Page 160: Fotocentre/Natural History Photographic Agency **Chapter 7** Page 162: © Rosamond Purcell. All rights reserved Page 166: Morris Goodman Page 169: John Reader/SPL/Photo Researchers Page 170: © 1995 David L. Brill/Atlanta Page 176: Douglas Wallace, Emory University Page 178: Adapted from a figure in Allan C. Wilson and Rebecca L. Cann, The recent African genesis of humans, Scientific American 266(4): 69. © 1992 by Scientific American, Inc. All rights reserved Page 179: Adapted from a figure in Allan C. Wilson and Rebecca L. Cann, The recent African genesis of humans, Scientific American 266(4): 72. © 1992 by Scientific American, Inc. All rights reserved Page 181: Ira Block Photography, Ltd. Pages 185 and 186: Alison S. Brooks, Department of Anthropology, George Washington University Page 192: Engraving by Theodore De Bry, 16th century. Rare Book and Special Collections Division, Library of Congress Page 194: From Joseph H. Greenberg and Merritt Ruhlen, Linguistic origins of Native Americans, Inc. All rights reserved Page 197: Rick Wicker, Denver Museum of Natural History Photo Archives. All rights reserved **Chapter 8** Page 200: © Rosamond Purcell. All rights reserved Page 202: Benali-Landmann/Gamma Liaison Page 206: Thomas Stephan/Black Star Page 209: Philip Saltonstal page 212: Photograph by Jacky Beckett. © American Museum of Natural History Page 217: Benali-Landmann/Gamma Liaison Page 221: Alex Webb/Magnum Page 223: Photograph by J. Nauta. The Museum of New Zealand Te Papa Tongarewa, Wellington, New Zealand Pages 227 and 228: Wolfgang Neeb, University of Innsbruck Stern/Black Star Page 231: Photograph by Mary Higby Schweitzer, Montana State University. Source of bone tissue: Museum of the Rockies

찾아보기

1판 1쇄 펴냄 2002년 2월 25일
1판 3쇄 펴냄 2009년 1월 10일

지은이 로저 르윈
옮긴이 전방욱
펴낸이 박상준
펴낸곳 (주)사이언스북스

출판등록 1997. 3. 24.(제16-1444호)
(135-887) 서울시 강남구 신사동 506 강남출판문화센터
대표전화 515-2000, 팩시밀리 515-2007
편집부 517-4263, 팩시밀리 514-2329
www.sciencebooks.co.kr

값 25,000원